江苏省高等学校重点教材（2021-2-223）

机械制造装备及设计

主　编　吴卫东
副主编　彭小敢　宋树权
参　编　许晓琴　洪　捐　周　博

机械工业出版社

本书的内容包括：机械制造业的地位、发展现状及发展趋势；机械制造装备的定义、分类和应具备的主要功能；金属切削机床的结构组成、功能和特点；金属切削机床的传动和动力系统设计；机床的典型部件设计；机械加工生产线设计；金属切削机床夹具；金属切削刀具等。本书旨在帮助读者了解金属切削机床及相关的夹具、刀具，了解常规机械加工方法和特种加工方法涉及的机械制造装备；帮助读者在编制机械加工工艺时能根据工件的生产纲领、结构形状、尺寸参数、精度要求、工件材料等技术要求以及企业或社会具备的工艺装备条件，合理地选择已有机床、通用夹具、刀具等，或根据工件的特点和技术要求设计或改造机床、刀具、夹具等。本书还介绍了现有机械制造装备和机械制造装备技术的最新发展成果。

本书基于二十大报告中关于"深入实施科教兴国战略、人才强国战略、创新驱动发展战略"的要求，在详细讲授基础理论知识的同时融入探索性实践内容，以增强学生的自信心和创造力，即用学科理论知识促进学生活跃思维、敢于创新，尽可能地将新思路在实践中进行创造性的转化，推动科学技术实现创新性发展。

本书可作为普通高等院校机械类和近机械类专业的教材，也可供相关专业的师生及工程技术人员参考。

图书在版编目（CIP）数据

机械制造装备及设计/吴卫东主编．—北京：机械工业出版社，2023.4
（2024.6重印）
江苏省高等学校重点教材
ISBN 978-7-111-72748-4

Ⅰ.①机… Ⅱ.①吴… Ⅲ.①机械制造—工艺装备—设计—高等学校—教材　Ⅳ.①TH16

中国国家版本馆 CIP 数据核字（2023）第 040043 号

机械工业出版社（北京市百万庄大街22号　邮政编码100037）
策划编辑：余　皞　　　　责任编辑：余　皞　章承林
责任校对：郑　婕　何　洋　封面设计：陈　沛
责任印制：李　昂
北京捷迅佳彩印刷有限公司印刷
2024年6月第1版第2次印刷
184mm×260mm·14.5印张·357千字
标准书号：ISBN 978-7-111-72748-4
定价：49.00元

电话服务　　　　　　　　　网络服务
客服电话：010-88361066　　机　工　官　网：www.cmpbook.com
　　　　　010-88379833　　机　工　官　博：weibo.com/cmp1952
　　　　　010-68326294　　金　书　网：www.golden-book.com
封底无防伪标均为盗版　　　机工教育服务网：www.cmpedu.com

前言

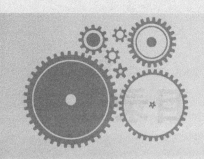

　　本书是普通高等院校机械类专业的专业课程教材。

　　本书介绍了机械制造业的地位、发展现状及发展趋势，机械制造装备的定义、分类和应具备的主要功能，金属切削机床、刀具、夹具的基本概念、分类、工作原理、组成部分等，帮助读者了解各类金属切削机床、刀具、夹具的功能、工艺范围、选用和设计要点，培养相关的工程能力，为机械加工生产工艺设计和机床、刀具、夹具等工艺装备相关知识的学习和工程实践打下良好的基础。本书具体内容有：机械制造装备的设计类型、设计方法；金属切削机床的总体设计、运动和动力设计、部件设计等；机械加工生产线的基本概念、类型、工艺范围、设计内容、工艺设计、专用机床设计、工件输送装置等；机床夹具的功用、分类、组成、定位方案设计、夹紧方案设计、导向或对刀装置设计、与机床的定位和连接设计；金属切削刀具的基本概念、分类，在机械制造工业中的作用、材料及合理选用、使用和设计应当注意的问题，以及车刀、孔加工刀具、铣刀、螺纹刀具、齿轮刀具等各种刀具的结构等。

　　本课程内容的参考学习时数为60学时，课程学习的目的是帮助读者掌握机械制造装备的设计原理和方法，培养机械制造工艺的设计及工艺装备的选用和设计能力。

　　本书适应现代机械设计制造的实际需求，根据机械类专业的人才培养目标组织教学内容，把行业最新的发展现状、趋势和动态等纳入其中，注重基础知识、基本方法的学习和专业基本能力的培养，理论联系实际，实用性较强。

　　参加本书编写的有：盐城工学院吴卫东、洪捐和周博（绪论，第一章，第二章，第三章第一、二节）、彭小敢（第三章第三、四节，第四章）、宋树权、许晓琴（第五章）。本书由吴卫东担任主编，彭小敢、宋树权担任副主编。

　　本书在编写和出版过程中，得到了有关高校领导和教师的关心和支持，得到了江苏省重点教材建设项目基金和盐城工学院教材基金的资助，参考和借鉴了一些教材中的相关内容，在此一并向资助单位和相关作者表示衷心感谢。

　　由于编者水平有限，书中难免存在不妥甚至错误之处，恳请读者批评指正。

编　者

目录

前言
绪论 ·· 1
 第一节 机械制造业的地位与发展现状 ········ 1
 第二节 机械制造业的发展趋势 ················ 4
 第三节 机械制造装备应具备的主要功能 ···· 6
 第四节 机械制造装备的定义及分类 ·········· 8
 习题与思考题 ·· 15
第一章 金属切削机床 ······························· 17
 第一节 机床的基本知识 ························ 17
 第二节 车床 ·· 25
 第三节 磨床 ·· 39
 第四节 齿轮加工机床 ···························· 43
 第五节 数控机床 ································· 53
 第六节 其他机床 ································· 70
 习题与思考题 ·· 74
第二章 机械制造装备设计 ·························· 76
 第一节 机械制造装备的设计类型 ············ 76
 第二节 机械制造装备的设计方法 ············ 77
 第三节 金属切削机床设计 ···················· 84
 习题与思考题 ······································· 119
第三章 机械加工生产线 ··························· 121
 第一节 机械加工生产线概述 ················ 121
 第二节 机械加工生产线工艺方案的
     设计 ······································ 124
 第三节 机械加工生产线专用机床 ·········· 126
 第四节 机械加工生产自动线的工件转运
     装置 ······································ 136
 习题与思考题 ······································· 146
第四章 机床夹具设计 ····························· 148
 第一节 机床夹具概述 ·························· 148
 第二节 机床夹具定位机构设计 ·············· 152
 第三节 机床夹具夹紧装置设计 ·············· 165
 第四节 机床夹具的其他装置 ················ 173
 第五节 典型机床夹具 ·························· 176
 第六节 机床夹具设计方法 ···················· 182
 习题与思考题 ······································· 185
第五章 金属切削刀具 ····························· 187
 第一节 概述 ······································· 187
 第二节 车刀 ······································· 189
 第三节 孔加工刀具 ······························ 196
 第四节 铣削和铣刀 ······························ 206
 第五节 螺纹刀具 ···································· 212
 第六节 齿轮刀具 ···································· 216
 第七节 磨具 ·· 221
 第八节 自动化加工中的刀具 ··················· 223
 习题与思考题 ··· 226
参考文献 ·· 227

绪论

第一节 机械制造业的地位与发展现状

制造业是指工业时代利用某些资源（物料、能源、设备、工具、资金、技术、信息和人力等），按照市场要求，通过制造过程，转化为供人们使用和利用的大型工具、工业品与生活用品等产品的行业。制造业是国家或地区经济发展的重要支柱，也是科学技术发展的载体及将其转化为规模生产力的工具和桥梁。其发展水平是国家或地区的经济实力、科技水平、生活水准和国防实力的标志，国际市场竞争归根到底是制造能力的竞争。装备制造业是一个国家综合制造能力的集中体现，重大装备的研制能力是一个国家工业化水平和综合国力的重要标志。

当前世界已进入知识经济时代，知识经济的主要特征在于知识，直接依赖对知识的创新与利用，知识对经济增长的直接贡献率超过了其他生产要素（如人力、物力和财力等）贡献的总和，成为最主要的生产要素。各项高新技术的迅速发展及其在制造领域中的广泛渗透、应用和衍生，促进了制造技术的蓬勃发展，改变了现代企业的产品结构、生产方式、生产工艺和装备以及生产组织结构。

机械制造业是制造业的核心，是制造农业、冶金、动力、运输、工程、采矿、纺织、食品、化工、石油、印刷等各行各业所需机械产品的工业部门。机械制造业的生产能力和发展水平标志着一个国家或地区国民经济的现代化程度，而其生产能力主要取决于机械制造装备的先进程度。

随着科学技术和社会生产水平的不断提高，机械制造生产模式也发生了巨大的变革。

20世纪10年代到40年代，为了赢得两次世界大战，各国大力发展军工产业，促使制造业飞速发展。

20世纪50年代，战后和平发展时期，为了提高效率、降低成本，大多数企业采用"大批量、少品种"的做法，强调"规模效益"。采用"大量生产制造模式"，在当时非常有效，为社会提供了大量价廉物美的产品。因此被人们普遍接受，并视之为制造业的最佳模式或"传统模式"。

20世纪70年代，市场竞争日益激烈，企业为了在诸多竞争对手中赢得优势，主要通过提高质量和降低成本来实现。其基本原则是"消灭一切浪费"和"不断改善"，把质量最优和成本最低的产品提供给市场。日本丰田公司采用了这些原则，提出了一种新的生产制造模式，在汽车工业领域击败了美国，震惊世界。1990年，美国麻省理工学院总结丰田模式，提出了"精益生产（lean production）"的制造模式。

20世纪80年代，世界经济和人民生活水平有所提高，市场环境发生了巨大变化，主要表现为：消费者需求日趋主体化、个性化和多样化；制造商之间的竞争逐渐全球化。但制造业仍沿用传统的做法，企图依靠制造技术的改进和管理方法的创新来适应变化迅速且无法预料的买方市场，以单项的先进制造技术，如计算机辅助设计（CAD）、计算机辅助制造（CAM）、计算机辅助工艺规划（CAPP）、制造资源规划（MRP）、成组技术（GT）、并行工程（CE）、柔性制造系统（FMS）和全面质量管理（TQM）等作为工具与手段，来缩短生产周期（time）、提高产品质量（quality）、降低产品成本（cost）和改善服务质量（service）。单项先进制造技术和全面质量管理（TQM）的采用确实给企业带来不少效益，但在对市场响应的灵活性方面并没有取得实质性的改观。而且巨额的投资往往不能得到相应的回报，这是因为上述改进还是停留在具体的制造技术和管理方法上，而没有对不适应当前时代要求的传统大批量封闭式生产制造模式进行改造。

20世纪90年代，随着信息科学和技术的发展，经济全球化发展模式使世界变得越来越小，而市场变得更加宽广，经济全球一体化的进程加快，使得快速响应市场成为制造业发展的一个主要方向。快速响应市场的时代要求，催生了许多新的生产制造模式，例如敏捷制造（agile manufacturing，AM）、精益-敏捷-柔性（lean-agile-flexible，LAF）生产系统，快速可重组制造，全球制造等。其中LAF生产系统全面吸收了精益生产、敏捷制造和柔性制造的精髓，包括全面质量管理（TQM）、准时制（JIT）生产、快速可重组制造和并行工程等现代生产和管理技术。

进入21世纪，全球化的规模生产已经成为企业发展的主流。在不断联合重组、扩张竞争实力的同时，企业纷纷加强对其主干业务的投资与研发。不断提高系统成套能力和个性化、多样化的市场适应能力。装备制造业进一步发展，在工业中占重要比重，在社会财富积累、就业方面的贡献均处在前列，为装备制造业的新技术、新产品的开发和生产提供了重要的物质基础。信息装备技术、机器人技术、电力电子技术、新材料技术和新型生物技术等当代高新技术成果开始广泛应用于机械工业，其高新技术含量已成为在市场竞争中取胜的关键。实现产品的信息化和数字化，不仅提高了其性能，使之升级，还可使之具有"智慧"，代替部分人的脑力和体力劳动，从而满足国民经济和人民生活日益增长的个性化、多样化的需求。

迅速发展的信息化、全球化环境以及日益激烈的市场竞争彻底改变了制造业的传统观念和生产组织方式，加速了现代管理理论的发展和创新。因此，在信息化的推动下，全球正在兴起"管理革新"的浪潮。面对日趋严峻的资源和环境约束，世界各国都在制定或酝酿可持续发展的战略和规划，发展绿色制造技术。装备制造业和衍生产业都是资源、能源消耗的大户，故装备制造业成为绿色制造、可持续发展政策和规划的关注焦点。

在中国共产党领导下，新中国成立以来，特别是改革开放以来，经过不懈的努力，我国制造业发展突飞猛进，已成为制造大国，形成了完整的工业体系，是全世界唯一拥有联合国产业分类当中全部工业门类的国家，根据2017年发布的全球制造500强数据，在全球制造500强企业中我国占有76席，与全球产业链、供应链深度融合，已连续十多年成为全球货物贸易出口第一大国。虽然在世界500种主要工业产品中我国有220多种产量位居世界第一，但是我国制造业仍存在自主创新能力薄弱、基础配套能力不足、部分领域产品质量可靠性有待提升、产业结构不合理等问题。未来 30 年，我国经济将持续高速增长，我国产业结构将不断调整和优化，各行各业都面临着新的技术改造和设备更新。这为我国装备制造业的发展提供了巨大的市场，也对装备制造业的科技发展提出了新的要求。

随着社会需求的变化和科学技术的发展，机械制造业的生产模式也发生着巨大的变革。为了与生产模式的变革相适应，机械制造装备的组成也发生了很大变化，单机生产模式的机械制造装备主要是加工装备（机床及工装），属于单机型机械制造装备；而先进的机械制造系统生产模式的机械制造装备则包括了加工装备、物流装备及测控装备，属于系统型机械制造装备。单机型机械制造装备的核心为金属切削机床。一个国家的机床工业水平在很大程度上代表着这个国家的工业生产能力和技术水平。改革开放后，我国机械装备制造业得到迅速发展，目前我国已能生产出多种精密、自动化、高效率的机床和自动生产线，有些机床的技术水平已经接近世界先进水平。据统计 2020 年我国可供市场的数控机床有 1500 多种，几乎覆盖了全部金属切削机床的品种类别和主要的锻压机械，领域之广，可与德国、日本、美国并驾齐驱，能在较大程度上承担为国家重点工程和国防军工建设提供设备的任务。

国民经济中任何行业的发展，必须依靠机械制造业的支持和提供装备，在国民经济生产力构成中，制造业的作用占 60% 以上。当今社会，制造科学、信息科学、材料科学、生物科学四大支柱科学相互依存，但后三种科学必须依靠制造科学才能形成产业和创造社会物质财富。而制造科学的发展也必须依靠信息、材料、生物科学的发展，机械制造业是其他任何高新技术实现其工业价值的最佳集合点，它为各行各业提供各种设备，各行各业的技术改造都离不开设备更新，因此机械制造业的发达程度是代表一个国家综合国力强弱的重要标志。而机械制造业的发展和进步在很大程度上取决于机械制造技术的发展和进步，因为再好的发明创造，如果解决不了制造问题，就不可能变为现实，不可能转化为产品。总之，大力发展机械制造业已成为世界各发达国家加速经济发展、提高综合国力和国家地位的重要途径，也是提高我国综合国力、加速国家经济发展的必要条件。

面对越来越激烈的国际市场竞争，我国机械制造业面临着严峻的挑战。在核心技术、人才、资金以及管理体制和周围环境等方面还存在许多问题，需要不断改进和完善，这些都给我们迅速赶超世界先进水平带来极大的困难。随着各方面的不断发展，我国机械制造业也有了前所未有的良好发展条件。目前，制造业的世界格局正在发生着巨大的变化，欧、亚、美三分天下的局面已经形成，世界经济重心开始逐步向亚洲转移。制造业的产品结构、生产模式也在迅速变革之中。这些给我们带来的是机遇，更是挑战，我们应该正视现实，面对挑战，抓住机遇，深化改革，以进一步振兴和发展我国的机械制造业为己任，励精图治，奋发图强，使我国的机械制造业掌握核心技术，在不久的将来赶上世界先进水平。

以机床制造业为例，我国已形成各具特色的六大发展区域：①东北地区是我国数控车床、加工中心、量刃具的主要开发生产区；②华东的长江三角洲地区成为磨床（数控磨床）、电加工机床、工具和机床功能部件（滚珠丝杠和直线导轨）的主要生产基地；③西南地区重点发展齿轮加工机床、小型机床、专用生产线以及工具；西北地区主要发展齿轮磨床、数控车床、加工中心及工具和功能部件；④中部地区主要发展重型机床和数控系统；⑤环渤海地区主要发展加工中心、数控精密专用磨床、重型数控龙门铣床、数控系统和锥齿轮加工机床、液压压力机；⑥珠江三角洲地区是数控系统的生产基地，生产数控车床和数控系统、功能部件等。这些生产区域的产品以及生产区域所起到的重要作用，使我国自主创新能力得到提高，高新技术产业发生巨大变化，在相关领域取得了突飞猛进的发展。

据2019年相关数据，我国机床消费在世界上排名第一，领先美国。我国的机床生产量也是排名第一，但还不是机床制造强国，与日本、德国、瑞士等机床强国还有差距。机床出口量，德国排第一，日本排第二，我国排第三。但是出口的机床当中，德国和日本出口的是高档机床，我国出口的主要是中低档机床。同时我国的机床进口量也是世界第一。现在，国内国产机床消费比例逐渐增加，但对机床提出了转型升级的要求。

无论是机床行业产值还是消费额，我国都已成为全球第一大市场。我国所有机床企业加在一起，市场份额是全球最大的。中国机床企业虽然在逐步向生产高精尖机床努力，某些技术领域已取得突破，可一些核心部件却也仍然需要进口。在2019年全球十大机床企业中，日本占据了4家，德国4家，美国2家，我国机床企业则未能位列其中。中国的机床企业要如何才能真正做强呢？可以从全球十大机床企业发展中得到启发，这些企业，每一家都有自己擅长的技术领域，都在各自的领域深耕数十年，不但有深厚的技术经验积累，而且已把这些积累系统化、数字化，转换成了核心数控系统，因此才更不容易被其他企业超越。面对我国高端机床发展面临的问题，国资委于2021年8月宣布，要推动企业针对工业母机、高端芯片、新材料、新能源汽车等领域关键核心技术攻关，打造原创技术"策源地"。机床行业要更新发展观念，要摒弃"大而全"，走"专而精"的发展模式。例如，我国一些大型机床厂员工达三四千人，车、铣、镗、钻等机床品种众多，结果没有产品能在国际高端市场打响。瑞士机床公司一般200人左右，一般仅聚焦于两三个特定或细分行业，因此可以深刻理解客户的需求与关注点，不断迭代自己的产品，为客户提供高端产品和优良服务。近年来，我国重视探索新工科模式下的创新人才培养，已着手从"点状突破"到"链式创新"，用产业链创新的思维，打造中国机床业小而精的全产业链集群。

第二节 机械制造业的发展趋势

20世纪60年代以来，电子技术、信息技术和计算机技术高速发展，这些技术在制造技术和自动化方面取得了广泛应用。数控技术的发展和应用使得以机床、工业机器人为代表的机械制造装备的结构发生了一系列的变化，机械结构在装备中的比重下降，而电子技术的硬、软件的比重上升。20世纪70年代末以来，柔性制造系统（FMS）和计算机集成制造系统（CIMS）得到开发和应用，通过计算机集成制造系统，把一个企业所有有关加工制造的生产部门都相互联系在一起，制造过程可以全局优化，降低成本和缩短加工周期，还可以提高产品的质量和制造系统柔性，提高生产效率。数控系统和数控机床得到充分的发展，2020年，我国数控金属切削机床产量为19.3万台，同比增长25.47%，整体数控化率达到43.27%，较2012年提升19.4%。非数控金属切削机床市场规模持续萎缩。

1. 机械制造业发展的总趋势

机械制造业发展的总趋势为高质量、高效率，这一直是机械制造业发展的主要目标。发展总趋势可以概括为柔性化、敏捷化、智能化、信息化。

（1）柔性化 使工艺装备能适应生产不同产品的需要、能适应迅速变更工艺、更换产品的需要。

（2）敏捷化 使生产力推向市场的准备时间缩至最短，使机械制造厂的机制可以灵活转向。在激烈的市场竞争中，供货期与产品质量往往起着比价格更为重要的作用。

（3）智能化　为柔性自动化的重要组成部分，它是柔性自动化的新发展和延伸。人类不仅要摆脱繁重的体力劳动，而且还要从烦琐的计算、分析等脑力劳动中解放出来，以便有更多的精力从事高层次的创造性劳动。因此，生产制造系统的智能化是必然发展趋势，智能化将进一步提高柔性化和自动化水平，使生产系统具有更完善的判断与适应能力。

（4）信息化　机械制造业将不再是仅由物质和能量的力量生产出的价值，而是更多借助于信息的力量生产出的价值。因此，信息产业和智力产业将成为社会的主导产业。机械制造业也将成为由信息主导的，并采用先进生产模式、先进制造系统、先进制造技术和先进组织管理方式的一个全新的产业。

2. 现代机械制造工艺装备的特点

20世纪90年代以来，机械制造业面临市场需求动态多变、产品更新周期缩短、品种规格增多和批量减小等新特点，产品的质量、价格、交货期、产品服务、节能环保成为衡量企业竞争力的五个决定性因素。为适应现代机械制造业的发展趋势，机械制造装备也要与时俱进，不断提高，满足新的要求。

1）高精度、高效率、结构合理、调整方便的数控机床。

2）高精度、高可靠性、结构简单、使用方便、通用可调的夹具。

3）适用于高速切削、超高速切削、干式切削、硬切削的涂层刀具、超硬刀具等；适用于高速磨削、强力磨削、砂带磨削的新型磨具、磨料；高性能复杂模具；激光辅助车削、铣削工艺设备等。

4）可用于生产现场、可与加工制造设备集成使用的高精度测量仪和结构简单、通用性强的高精度量具。

3. 机械制造装备的发展趋势

随着制造业生产模式的演变，对机械制造装备提出了不同的要求，使现代机械制造装备的发展呈现出如下趋势：

（1）向高效、高速、高精度方向发展　高速和高精度加工技术可使数控系统能够进行高速插补、高速实时运算，在高速运行中保持较高的定位精度，极大地提高效率，提高产品的质量和档次，缩短生产周期和提高市场竞争能力。超高速加工的切削速度范围因不同的工件材料、不同的切削方式而异。目前，一般认为，超高速切削各种材料的切削速度范围为：铝合金 $\geq 1600 \text{m/min}$，铸铁 $\geq 1500 \text{m/min}$，超耐热镍合金 $\geq 300 \text{m/min}$，钛合金达 $150 \sim 1000 \text{m/min}$，纤维增强塑料为 $2000 \sim 9000 \text{m/min}$。各种切削工艺的切削速度范围为：车削 $700 \sim 7000 \text{m/min}$，铣削 $300 \sim 6000 \text{m/min}$，钻削 $200 \sim 1100 \text{m/min}$，磨削 $\geq 100 \text{m/s}$。超高速加工2005年已基本实现工业应用，主轴最高转速达 15000r/min，进给速度达 $40 \sim 60 \text{m/min}$，砂轮磨削速度达 $100 \sim 150 \text{m/s}$。超精密加工已基本实现亚微米级加工。而纳米加工技术则是一门新兴的综合性加工技术，它集成了现代机械学、光学、电子、计算机、测量及材料等先进技术成就，使得加工的精度达到纳米级，在短短几十年内使产品的加工精度提高了 $1 \sim 3$ 个数量级，极大地改善了产品的性能和可靠性。近年来，随着各种新型功能陶瓷材料的不断研制成功，以及用这些材料作为关键元件的各类装置的高性能化，要求加工精度高于纳米级，有力地促进了超精密加工技术的进步，促使超精密加工向其极限加工精度——原子级加工挑战。

(2) 多功能复合化、柔性自动化的产品成为发展的主流　近年来，随着市场需求的变化和技术的不断更新，有越来越多类型的机床面世，如纳米加工机床，新型并联机床，超声波铣削机床、激光铣削机床等不同加工组合的复合机床，五至九轴数控机床，五轴联动车-铣复合加工中心，功能齐全完备的车削中心等，以及由单台数控加工设备和自动上、下料装置组成的柔性制造单元（FMC）、柔性制造系统（FMS）、柔性制造线（FML）等。

(3) 实现绿色制造可持续发展战略　实现绿色制造可从绿色设计、绿色生产与工艺、绿色供应链研究、机电产品噪声控制技术、绿色材料选择设计、绿色包装和使用、绿色回收和处理等方面入手，主要研究内容有废旧机械装备的再制造和综合评价与再设计技术、废旧机械零件绿色修复处理与再制造技术、废旧机械装备再制造信息化技术以及废旧机械装备产业化技术等。以绿色技术为导向，以高效节能减排为目标，实施绿色技术改造、绿色制造的研究及应用推广。

(4) 智能制造技术和智能化装备的新发展　智能制造技术包括智能加工机床，工具和材料传送、监测和试验装备等，要求具有加工任务和加工内容的广泛适应性，其拓展知识的主要方向为：信息科学、材料科学、控制科学、生物科学、管理科学、表面科学、微电子技术、激光技术和计算机技术等。只有熟练掌握并不断研究高新技术，才能适应我国由制造大国向制造强国奋进和制造业全球化的发展形势。

第三节　机械制造装备应具备的主要功能

机械制造装备应具备的主要功能，除了一般功能要求以外，还应强调柔性化、精密化、自动化、机电一体化、节材节能、符合工业工程和绿色工程的要求。

一、一般功能要求

机械制造装备首先应满足的一般功能要求有：加工精度，强度、刚度和抗振性，可靠性和加工稳定性，使用寿命，技术经济性。

1. 加工精度

加工精度是指加工后的零件相对于理想尺寸、形状和位置的符合程度，一般包括尺寸精度、表面形状、相互位置精度和表面粗糙度等，满足加工精度是对机械制造装备最基本的要求。影响机械制造装备加工精度的因素很多，其中与机械制造装备本身有关的因素包括几何精度、传动精度、运动精度、定位精度和低速运动平稳性等。

2. 强度、刚度和抗振性

提高机械制造装备的强度、刚度和抗振性，不能靠一味地加大制造装备的重量，使之成为"傻、大、黑、粗"的产品，而是应该利用新技术、新工艺料，对主要零部件和整体结构进行设计，在不增大或少增大重量的前提下，使强度、刚度和抗振性满足规定的要求。

3. 可靠性和加工稳定性

产品的可靠性主要取决于产品在设计和制造阶段形成的产品固有的可靠程度，是指产品的使用过程中，在规定的条件下和时间内能完成的规定功能的能力，通常用"概率"来表示。机械制造装备在使用过程中，受到切削热、摩擦热、环境热等影响，会产生热变形，影响加工性能的稳定性，对于自动化程度较高的机械制造装备，加工稳定性方面的要求尤其重要,提高加工稳定性的措施有减少发热量、散热和隔热、均热、热补偿、控制环境温度等。

4. 使用寿命

机械制造装备经过长期使用,由于零件磨损、间隙增大,其原始工作精度将逐渐丧失。对于加工精度要求很高的机械制造装备,使用寿命方面的要求尤其重要,提高使用寿命应从工艺、材料、热处理和使用等方面综合考虑。从设计角度来看,提高使用寿命的主要措施包括减少磨损、均匀磨损和磨损补偿等。

5. 技术经济性

不能为了盲目追求机械制造装备的技术先进程度而无上限地加大投入,应该在技术先进性和经济性之间进行仔细分析,从而确定哪个是主要因素。因此,做好技术经济性分析能增加装备的市场竞争能力。

二、其他功能要求

1. 柔性化

柔性化包含产品结构柔性化和功能柔性化两重含义。产品结构柔性化是指产品采用模块化设计方法,只需对结构做少量的调整或改进,或只需要通过修改软件,就可以面向不同用户快速地推出个性化的产品。功能柔性化是指只需进行少量的调整或通过修改软件,就可以方便地改变产品或系统的运行功能,以满足不同的用户需要,数控机床、柔性制造单元或系统均能实现功能柔性化。

要实现机械制造装备的柔性化,不一定非要采用柔性制造单元或系统。专用机床,包括组合机床及其组成的生产线,也可以被设计成具有柔性的生产线,能完成一些批量较大、工艺要求较高的工件的加工,其柔性表现在机床可进行调整从而满足不同工件的加工要求。调整方法包括采用备用主轴、位置可调主轴、工夹量具成组化、工作程序软件化和部分动作实现数控。

2. 精密化

随着科学技术的发展和国际化市场竞争的加剧,对制造精度的要求越来越高,已从微米级发展到亚微米级、纳米级。为了提高产品质量,压缩工件制造的公差带,只采用传统的措施、单纯提高机械制造装备自身的精度已经无法达到要求,需要采用误差补偿技术。误差补偿技术可以是机械式的,如为提高丝杠或分度蜗轮的精度采用校正尺或校正凸轮等。较先进的方法是采用数字化误差补偿技术,通过误差补偿信号来提高其几何精度、传动精度、运动精度和定位精度等。

3. 自动化

自动化有全自动化和半自动化之分。全自动化是指能自动完成工件的上料、加工和卸料的生产全过程。半自动化则是上、下料需要人工完成。实现自动化后,可以减少加工过程中的人工干预,降低工人劳动强度,提高加工效率,保证产品质量及机器的稳定性,改善劳动条件。实现自动化控制和运行的方法可分为刚性自动化和柔性自动化。刚性自动化采用传统的凸轮和挡块控制,如采用凸轮机构控制多个部件运动,使之相互协调工作。当工件发生变化时,必须重新设计凸轮及调整挡块,由于调整过程复杂,因此这种方式仅适合大批量生产。柔性自动化是由计算机控制的生产自动化,主要包括可编程序逻辑控制和计算机数字控制,通过计算机数字控制和可编程序逻辑控制相结合,实现单件小批量生产的柔性自动化控制,如数控机床、加工中心、柔性制造单元、柔性制造系统以及计算机集成制造等生产自动化技术的智能化发展和应用,加工过程可根据实际加工条件自动地改变切削用量(如切削速度、进给速度等),使加工过程始终处于最佳状态。

4. 机电一体化

机电一体化是指机械技术与微电子、传感监测、信息处理、自动控制和电力电子等技术,按系统工程和整体优化的思想有机地组成最佳技术系统。机电一体化系统和产品通常结构是机械的,用传感器检测来自外界和内部的状态信息,由计算机进行处理,经控制系统,由机械、液压、气动、电气、电子及其混合形式的执行系统进行操作,使系统能自动适应外界环境的变化。设计机电一体化产品要充分考虑机械、液压、气动、电力电子、计算机硬件和软件的特点,充分发挥各自的优势,进行合理的功能搭配,构成一个优化的技术系统,使得机械制造装备体积小、结构简化、原材料节约、可靠性和效率提高,从而实现机械制造装备精密化、高效化和柔性自动化。

5. 符合工业工程要求

工业工程是对人、物料、设备、能源和信息所组成的集成系统进行设计、改善和实施的一门科学。其目标是在保证工人和最终用户健康及安全的前提下,设计一个生产系统,能以最低的成本生产出符合质量要求的产品。在产品开发阶段,应充分考虑结构的工艺性,提高其标准化、通用化、系列化水平,以便采用最佳的工艺方案,选择最合理的制造设备,尽可能减少材料和能源的消耗,合理地进行机械制造装备的总体布局,优化操作步骤和方法,提高工作效率,并对市场和消费者进行调研,保证产品达到合理的质量标准,减少因质量标准定得过高而造成不必要的浪费。

6. 符合绿色工程要求

绿色工程是指注重保护环境、节约资源、保证可持续发展的工程。按绿色工程的要求设计的产品称为绿色产品。绿色产品的设计在充分考虑产品的功能、质量、开发周期和成本的同时,还优化各有关设计的要求,使得产品从设计、制造、包装、运输、使用到报废处理的整个生命周期中,对环境的影响最小,资源利用率最高。绿色产品设计时考虑的内容包括产品材料的选择应该是无毒、无污染、易回收、可重用、易降解的;产品制造过程中应充分考虑对环境的保护,包括资源回收、废弃物的再生和处理、原材料的再循环、零部件的再利用等方面;产品的包装也应充分考虑选用资源丰富的包装材料,以及包装材料的回收利用及其对环境的影响等;原材料再循环利用的成本一般较高,应综合考虑经济、结构和工艺上的可行性;为了零部件的再利用,应通过改变材料、结构布局和零部件的连接方式来实现产品拆卸的方便性和经济性。

第四节 机械制造装备的定义及分类

一、机械制造装备的定义

制造(manufacturing)是利用制造资源(设计方法、工艺、设备和人力资源)将材料"转变"为有用物品的过程。当今,人们对制造的概念又加以扩充,将体系管理和任务等也纳入其中。

制造业是指以制造技术为主导技术进行产品制造的行业。制造业是国家经济和综合国力的基础，是社会财富的主要创造者和国民经济收入的重要来源，能为国民经济各部门、国防和科学技术的进步及发展提供先进的手段和装备。制造装备是指实施和保障制造活动所需工具、机器、设备、仪器、设施的总称。

二、机械制造装备的分类

机械制造装备主要包括加工装备、工艺装备、物流装备和辅助装备。

1. 加工装备

加工装备主要指机床。机床是制造机器的机器，也称工作母机，包括金屑切削机床、特种加工机床、锻压机床、非金属加工设备（用于木材、石材、橡胶和塑料等材料加工）、增材制造设备（主要用于产品开发或单件小批生产）等。

（1）金属切削机床　金属切削机床利用切削刀具与工件的相对运动，从工件上切去多余或预留的金属层，以获得符合规定尺寸、形状、精度、表面粗糙度的零件。

通用金属切削机床按其切削方式可分为车床、铣床、刨插床、钻床、镗床、磨、齿轮加工机床、螺纹加工机床、拉床、锯床、键槽加工机床、珩磨机床、研磨机床等。

专用机床是为特定工艺设计和制造的加工装备。组合机床及其自动线是专用机床的一个分支，包括大型组合机床及其自动线、小型组合机床及其自动线、自动换刀数控组合机床及其自动线等。

机床按其通用特征可分为高精度、精密、自动、半自动、数控、仿形、自动换刀、轻型、加重型、柔性加工单元、数显、高速机床等。

机床是装备制造业的工作母机，是先进制造技术的载体和装备工业的基本生产手段，是装备制造业的基础设备。振兴装备制造业，首先应振兴机床工业。而其中作为机电一体化装备的数控机床，集高效、柔性、精密等诸多优点于一身，已成为当下装备制造业的主要加工设备和机床市场的主要产品，其拥有量及技术水平成为一个国家核心竞争力的重要体现。高端装备制造业是战略性新兴产业，有着良好的发展前景。

（2）特种加工机床　采用特种加工技术，"以柔克刚"是机械加工工艺与装备的创新思路。以全新的工艺方法，可解决用常规加工手段难以达到的精度、难以去除的材料、难以达成的形状等许多工艺难题，例如大面积镜面加工、小径长孔加工、变孔径加工和微细加工等。按其工作原理可分成：电火花、电化学、超声波、激光、电子束、离子束、水射流等加工机床。

1）电加工机床。直接利用电能对工件进行加工的机床统称电加工机床，一般指电火花加工机床、电火花线切割机床和电解加工机床。

① 电火花加工机床是利用工具电极与工件之间产生的电火花放电，从工件上去除微粒材料达到加工要求的机床，主要用于加工淬火钢、硬质合金等导电金属。

② 电火花线切割机床是利用金属丝作为电极，在金属丝和工件间通过脉冲电流，并浇注上液体介质，使之产生放电腐蚀而进行切割加工。当放置工件的工作台带动工件在水平面内按预定轨迹移动时，便可切割出所需要工件的形状。

③ 电解加工机床是利用金属在直流电作用下，在电解液中产生阳极溶解原理对工件进行加工的机床，又称电化学加工机床。

2）超声波加工机床。利用超声波能量对材料进行机械加工的设备称为超声波加工机床。加工时工具做超声振动，并以一定的静压力压在工件表面，工件与工具间引入磨料悬浮液，在振动工具的作用下，磨粒对工件材料进行冲击和挤压，加上空化爆炸作用，将工件表面材料切除。超声波加工适用于脆硬材料，如石英、陶瓷、水晶、玻璃等。

3）激光加工机床。采用激光能量进行加工的设备统称激光加工机床。激光是一种高强度、方向性好、单色性好的相干光。利用激光的极高能量密度产生的上万摄氏度高温聚焦在工件上，使工件被照射的局部在瞬间急剧温升，导致熔化、汽化，并产生强烈的冲击波，使熔化、汽化的物质爆炸式地喷射出来，以改变工件的形状。激光加工可以用于所有金属和非金属材料，特别适合于加工微小孔（0.01mm或更小）和进行切割加工（切缝宽度一般为0.1~0.5mm），常用于加工金刚石拉丝模、钟表中的宝石轴承，以及陶瓷、玻璃等非金属材料和硬质合金、不锈钢等金属材料的小孔加工及切割加工。

4）电子束加工机床。在真空条件下，由阴极发射出的电子流被带高电位的阳极吸引，在飞向阳极的过程中，经过聚焦、偏转和加速，最后以高速和细束状轰击被加工工件的一定部位，几乎99%以上的能量转化成热能，使工件上被轰击的局部材料在瞬间熔化、汽化和蒸发，以完成工件的加工，电子束加工方法常于穿孔、切割、蚀刻和焊接，利用低能电子束对某些物质的化学作用可进行镀膜和曝光。电子束加工机床是利用上述特性进行加工的装备。

5）离子束加工机床。在电场作用下，将正离子从离子源出口孔"引出"，在真空条件下，将其聚焦、偏转、加速并以大能量细束状轰击被加工部位，引起工件材料的变形与分离，或使靶材离子沉积到工件表面上，或使杂质离子射入工件内，用这种方法对工件进行穿孔、切割、铣削、成像、抛光、蚀刻、照射、注入和蒸镀等，统称离子束加工。离子束加工机床是利用离子束的上述特性进行加工的装备。

6）水射流加工机床。水射流加工是利用具有高速度的细水柱或有混有磨料的细水柱，冲击工件的加工部位，使加工部位上的材料被剥离。随着加工部位与水柱间的相对移动，加工出需要的形状。该方法用于切割某些难加工材料，如陶瓷、硬质合金、高速钢、模具钢、淬火钢、白口铸铁、耐热合金、复合材料等。水射流加工机床是利用细水柱的上述特性进行加工的装备。

(3) 锻压机床　锻压机床是利用金属的塑性变形特点进行成形加工的机床，属无屑加工机床。锻压机床主要包括锻造机、冲压机、挤压机和轧制机四大类。

1）锻造机是利用金属的塑性变形，使坯料在工具的冲击力或静压力作用下定形为具有一定尺寸的工件，同时使其性能和金相组织符合一定技术要求的装备。按成形方法不同，锻造加工可分为手工锻造、自由锻造、胎模锻造、模型锻造和特种锻造等。按照锻造温度不同可分为热锻、温锻和冷锻等。

2）冲压机是借助模具对板料施加外力，迫使板料按模具的形状进行剪裁或塑性变形，得到要求的金属板件的装备。根据加工时材料的温度不同，分为冷冲压和热冲压。冲压工艺省工、省料、生产率高。

3）挤压机是借助于凸模对放在凹模内的金属坯料加力挤压，迫使金属挤满凹模和凸模合成的内腔空间，获得所需金属制件的装备。挤压时，坯料受三向压缩应力的作用，有利于低塑性金属的成形。与模锻相比，挤压加工更节约材料，可提高生产率和制品的精度。按挤压时材料的温度不同,可分为冷挤压、温挤压和热挤压。

4) 轧制机是使金属材料经过旋转的轧辊,在轧辊压力作用下产生塑性变形,以获得要求的截面形状并同时改变其性能的装备,按轧制时材料温度是否在再结晶温度以上或以下分为热轧和冷轧,按轧制方式又可分纵轧、横轧和斜轧。纵轧是指轧件在两个平行排列而反向旋转的轧辊间轧制,用于轧制板材、型材、钢轨等;横轧是指轧件在两个平行排列而同向旋转的轧辊间轧制,自身也做旋转运动,用于轧制套圈类零件;斜轧是指轧件在两个轴线互成一定角度而同向旋转的轧辊间轧制,自身做螺旋前进运动,仅沿螺旋线受到轧制加工,主要用于轧制钢球。

(4) 非金属加工设备　非金属加工设备种类繁多,每一种材料要制造成所需的产品,随着材料规格、成分、产品批量、性能要求等不同,所用的设备都有所不同,由于此内容并非本书重点,这里就不展开介绍了。

(5) 增材制造技术及设备　增材制造(additive manufocturing,AM)技术是20世纪90年代发展起来的一项先进制造技术,是为制造业企业新产品开发服务的一项关键共性技术,对促进企业产品创新、缩短新产品开发周期、提高产品竞争力有积极的推动作用。自该技术问世以来,相关技术及装备已经在制造业中得到了广泛应用。

增材制造是以三维模型数据为基础,通过材料堆积的方式制造零件或实物的工艺。其中包括最近比较热门的三维打印(3D Brinting),即利用打印头、喷嘴或其他打印技术,通过材料堆积的方式来制造零件或实物的工艺。按GB/T 35351—2017的规定,增材制造根据工艺不同可分为粘结剂喷射、定向能量沉积、材料挤出、材料喷射、粉末床熔融、薄材叠层、立体光固化。

1) 粘结剂喷射(binder jetting)。选择性喷射沉积液态粘结剂粘结粉末材料的增材制造工艺。

2) 定向能量沉积(directed energy deposition)。利用聚焦热能将材料同步熔化沉积的增材制造工艺,聚焦热能是指将能量源(例如:激光、电子束、等离子束或电弧等)聚焦,熔化要沉积的材料。

3) 材料挤出(material extrusion)。将材料通过喷嘴或孔口挤出的增材制造工艺,典型的材料挤出工艺有熔融沉积成形(fused deposition modeling,FDM)等。

4) 材料喷射(material jetting)。将材料以微滴的形式按需喷射沉积的增材制造工艺,典型材料包括高分子材料(例如:光敏材料)生物分子、活性细胞、金属粉末等。

5) 粉末床熔融(powder bed fusion)。通过热能选择性地熔化/烧结粉末床区域的增材制造工艺,典型的粉末床熔融工艺包括选区激光烧结(selective laser sintering,SLS)、选区激光融(selective lasermelting,SLM)以及电子束熔化(electron beam melting,EBM)等。

6) 薄材叠层(sheet lamination)。将薄层材料逐层粘结以形成实物的增材制造工艺。

7) 立体光固化(stereo lithography,SL)。通过光致聚合作用选择性地固化液态光敏聚合物的增材制造工艺。

2. 工艺装备

工艺装备简称"工装",是为实现工艺规程所需的各种刀具、夹具、量具、模具、辅具、工位器具等的总称。使用工艺装备的目的:有的是为了制造产品所必不可少的,有的是为了保证加工的质量,有的是为了提高劳动生产率,有的则是为了改善劳动条件。

（1）刀具　在进行切制加工时，从工件上切除多余材料所用的工具称为刀具。刀具的种类较多，如车刀、铣刀、刨刀、镗刀、钻头、丝锥、齿轮滚刀等，大部分刀具已标准化，由工具制造厂大批量生产，不需自行设计。

（2）夹具　夹具是指安装在机床上用于定位和夹紧工件的工艺装备，它能保证加工时的定位精度、被加工面之间的相对位置精度，有利于工艺规程的实现和提高生产效率。夹具一般由定位机构、夹紧机构、刀具导向装置、工件推入和取出导向装置、夹具体等构成。按夹具所安装的机床不同可分为：车床夹具、铣床夹具、刨床夹具、钻床夹具、镗床夹具、磨床夹具、组合机床夹具等。按夹具专用化程度不同可分为：专用夹具、成组夹具和组合夹具等。

专用夹具是专为特定工件的特定工序设计和制造的，若改变产品或工艺，则专用夹具基本上都要报废。

成组夹具是指采用成组技术，把工件按形状、尺寸和工艺相似性进行分组，再按每组工件要求而设计的组内通用夹具。成组夹具的特点是具有通用夹具体，只需对夹具的部分元件稍做调整或更换，即可用于组内各个零件的加工。

组合夹具是指利用一套标准元件和通用部件，按工件的形状、尺寸等加工要求组装而成的夹具，标准元件有不同的形状和尺寸，其配合部位具有良好的互换性，若产品改变，可以将组合夹具元件拆散，再按新的加工要求重新组装，它常用于新产品试制和单件小批生产中，可缩短生产准备时间，减少专用夹具的品种和试制周期。

（3）量具　量具是指以固定形式复现量值的计量器具的总称。许多量具已商品化，如千分尺、千分表、量块等。有些量具尽管是专用的，但可以相互借用，不必重新设计与制造，如极限量块、样板等。设计产品时所取的尺寸和公差应尽可能借用量具库中已有的量具。有些则属于组合测量仪，基本是专用的，或只在较小的范围内通用，组合测量仪可同时对多个尺寸进行测量，将这些尺寸与允许值进行比较，通过显示装置指示是否合格；也可以通过测得的尺寸值计算出其他一些较难直接测量的几何参数，如圆度、垂直度等，并与相应的允许值进行比较。组合测量仪中通常有模-数（A-D）转换器、微处理器和显示装置（如信号灯、显示屏等），测得的值经模-数（A-D）转换器转换成数值量，由微处理器将测得的值做相应的处理，并与允许值进行比较，判断是否合格。由显示装置将测量分析结果显示出来，也可按设定的多元联立方程组求出所需的几何参数，与允许值进行比较，比较结果也可在显示装置上显示出来。

现在测量技术已不再局限于接触式测量，多种光学在线非接触式测量技术已在制造领域有所应用，并取得了较好的效果。

（4）模具　模具是成形加工机床的"刀具"，是将材料填充在其型腔中，以获得所需形状和尺寸制件的工具，按填充方法和填充材料的不同，模具有粉末冶金模具、塑料模具、压铸模具、冷冲模具和锻压模具等。

1）粉末冶金模具。粉末冶金是制造机器零件的一种加工方法，将一种或多种金属或非金属粉末混合，放在粉末冶金模具的模腔内，加压成形，再烧结成制品。

2）塑料模具。塑料以高分子合成树脂为主要成分，是在一定条件下可塑制成一定形状且在常温下保持形状不变的材料。塑制成形制件所用的模具称为塑料模具，塑料模具有压塑模具、挤塑模具、注射模具、发泡成型模具、低发泡注射成型模具和吹塑模具等。

压塑模具又称压胶模，是成型热固性塑料件的模具。成型前，根据压制工艺条件，将模具加热到成型温度，然后将塑料粉放入料腔内预热、闭模并加压，塑料受热和加压后逐渐软化成黏流状态，在成型压力的作用下流动而充满型腔，经保压一段时间后，逐渐硬化成型。

挤塑模具又称挤胶模，是成型热固性塑料或封装电器元件等用的一种模具，成型及加料前先闭模，塑料先放在单独的加料室内预热成流态，再在压力的作用下使熔料通过模具的浇注系统，高速挤入型腔，然后硬化成型。

注射模具沿分型面分为定模和动模两部分。定模安装在注射机的定模板上，动模紧固在注射机的动模板上，工作时注射机把动模板与定模板紧密压紧，然后将料筒内已加热到熔融状态的塑料高压注入型腔，熔料在模内冷却硬化到具备一定强度后，注射机将动模板与定模板沿分型面分开，即开启模具，将塑件顶出模外，获得塑料制件。

3）压铸模具。熔融的金属在压铸机中以高压、高速射入压铸模具的型腔，并在压力作用下结晶成形，压铸件的尺寸精度高，表面光洁，主要用于制造有色金属件。

4）冷冲模具。冷冲模具包括凹模和凸模两部分，在室温下借助凸模对金属板料施加外力，迫使材料按凹模型腔的形状、尺寸进行裁剪或塑性变形。进行冷冲加工所用材料应是塑性较好的材料，如果是钢材，应是碳含量较低的高塑性钢。

5）锻压模具。锻压模具是锻造用模具的总称。按所使用的锻造设备的不同，锻压模具可分为锤锻模、机锻模、平锻模、辊锻模等。按使用目的不同，锻压模具可分为终成形模、预成形模、制坯模、冲孔模、切边模等。

3. 物流装备

物流装备又称为仓储输送装备，包括各级机床上下料装置、物料输送装置、工业机器人与机械手、仓储设备等，当然，如果将焊接机器人和涂装机器人等用于加工，可将其归为加工装备。

（1）机床上、下料装置 专为机床将坯料送到加工位置的机构称为上料装置。加工完毕后将制品从机床上取出的机构称为下料装置。在大批量自动化生产中，为减轻工人体力劳动，缩短上、下料时间的机构称为上、下料装置。

（2）物料输送装置 物料输送在这里主要指坯料、半成品或成品在车间内不同工位之间的传输，采用的输送方法有各种输送装置和自动运输小车。

输送装置主要用于流水生产线或自动线中，有四种主要类型：①由许多辊轴装在型钢台架上构成的床形短距离滑道，靠人工或者工件自重实现输送；②由刚性推杆推动工件做同步运动的步进式输送装置；③带有抓取机构的、在两工位间输送工件的输送机械手；④由连续运动的链条带动工件或随行夹具带动工件的非同步输送装置。用于自动线中的输送装置要求工作可靠、运输速度快、输送定位精度高、与自动线的工作节奏协调等。

自动运输小车主要用于工作中心（如切削机床、装配工位、仓储装置等）之间工件的输送，与上述输送装置相比，具有较大的柔性，即可通过计算机控制，方便地改变工作中心之间的工件输送路线，故较多地用于柔性制造系统中，自动运输小车根据导引方式的不同，有轨道引导小车（RGV）、自动引导小车（AGV）和智能引导小车（IGV）三种形式。

① 轨道引导小车（rail guided vehicle，RGV）也称为铁路穿梭车。RGV常用于各种高密度存储立体仓库。根据需要可将车道设计成任意长度，在搬运货物时不需要其他设备进入车道。其速度快，安全性高，可有效提高仓库系统的运行效率。RGV只能沿轨道运行，结构

简单,对外界环境抗干扰能力强,对操作工人要求也较宽泛,运行稳定性强,故障发生部位较少,基本集中在滑触线系统上,可用于各类高密度储存方式的仓库。RGV 在巷道中的运行,可有效提高仓库的运行效率,相对于叉车驶入巷道,其安全性更高。

② 自动引导小车(automated guided vehicle,AGV)配有电磁、光学或其他自动导向装置,可以沿着确定的导向路径行进,具有安全保护和各种传递功能。AGV 在计算机监控下,按路径规划和作业要求,精确地行走和停靠,完成一系列自动搬运装卸作业。根据 AGV 导航方式的不同分为磁导航 AGV、激光导航 AGV 等。在自动化物流系统中,AGV 能充分地体现其自动化和柔性,实现高效、经济、灵活的自动生产。其优势主要表现在工作效率高、自动化程度高、避免人工操作、错误率低、充电自动化、可减少占地面积、成本相对较低。AGV 在立体仓储和柔性化生产线中应用较为广泛。

③ 智能引导小车(intelligent guided vehicle,IGV)是近年来提出的一个新概念,与传统 AGV 相比,IGV 更灵活,不需要使用任何固定标记,并且具有灵活的路径,可根据实际生产需要灵活安排。IGV 主要依靠自然轮廓导航,使用激光雷达或视觉识别等技术实现定位。它会存储一套工作空间的数字地图,通过实时比较数字地图和激光雷达的读数来推断其所在位置。IGV 具有无需铺设磁条、反射板等固定标记物,自主导航,自主定位,更改路径容易等特点,但价格较高。IGV 适用于柔性化要求更高的场合,在满足常规搬运功能的基础上,还可以根据客户的工艺流程,选择性搭载不同的功能模块,达到一车多用的目的。

(3) 工业机器人与机械手　工业机器人是指有独立机械结构和控制系统,能完成自主、复杂运动,工作自由度多,操作程序可变,可任意定位的自动化操作机械系统。

机械手是指能模拟人手和臂膀动作的机电系统,根据工作原理,机械手按主从原则进行动作,因此,机械手只是人手和臂膀的延长物,没有自主能力,附属于主机设备,动作简单、操作程序固定、定位点不变。

(4) 仓储设备　仓储设备是用来存储原材料、外购器材、半成品、成品、工具、模具等的设备,分别归厂或各车间管理。

现代化的仓储系统应有较高的自动化程度,采用计算机进行库存管理,以减少劳动强度和提高工作效率,配合生产管理信息系统控制合理的库存量。

4. 辅助装备

辅助装备包括清洗机、排屑装置、测量装置和包装设备等。

(1) 清洗机　清洗机是用来对工件表面的尘屑、油污等进行清洗的机械设备,能保证产品的装配质量和使用寿命,应该给予足够的重视。清洗时可采用浸洗、喷洗、气相清洗和超声波清洗等方法,在自动装配中清洗作业应能分步自动完成。

(2) 排屑装置　排屑装置主要用于收集机器产生的各种金属和非金属废屑,并将废屑传输到收集车上。排屑装置可以与过滤水箱配合用,将各种切削液回收利用。排屑装置用于自动机床、自动加工单元或自动生产线上,包括切屑清除装置和输送装置。切屑清除装置常采用离心力、压缩空气、切削液冲刷、电磁或真空清除等方法。排屑装置有链板式排屑机、磁性排屑机、磁性辊式排屑机、螺旋式排屑机和刮板式排屑机。

1) 链板式排屑机。链板式排屑机主要用于收集和输送各种卷状、团状、块状切屑,以及磁性排屑器不能解决的铜屑、铝屑、不锈钢屑、炭块、尼龙等材料,广泛应用于各类数控机床、加工中心、组合机床和柔性生产线,也可作为冲压、冷镦机床小型零件的输送装置,能改善操作环境，减轻劳动强度，提高整机的自动化程度。链板可根据用户要求选择不锈钢板及冷轧板两种。

2) 磁性排屑机。磁性排屑机广泛应用在机床与自动线上（不适用于>100mm的长卷切屑和团状切屑），也是加工机床切削液处理系统中分离铁磁材料切屑的重要排屑装置，尤其以处理铸铁碎屑、铁屑及齿轮加工机床切屑效果最佳。

3) 磁性辊式排屑机。磁性辊式排屑机是利用磁辊的转动，将切屑逐级在每个磁辊间传递，以达到输送切屑的目的。该机是在磁性排屑机的基础上研制的。它弥补了磁性排屑机在某些使用方面性能和结构上的不足。其适用于湿式加工中粉状切屑的输送，更适用于切屑和切削液中含有较多油污状态下的排屑。

4) 螺旋式排屑机。螺旋式排屑机通过减速器驱动带有螺旋叶的旋转轴推动物料集中到出料口，落入指定位置。该机结构紧凑，占用空间小，安装使用方便，传动环节少，故障率极低，尤其适用于排屑空间狭小，其他排屑形式不易安装的机床。

5) 刮板式排屑机。刮板式排屑机的输送速度选择范围广，工作效率高，有效排屑宽度多样化，可提供充足的选择或定制范围，可用于数控机床、加工中心、磨床和自动线。在处理磨削加工中的金属粒、磨粒，以及汽车行业中的铝屑时效果比较好，刮板两边装有特制链条，刮屑板的高度及分布间距可随机设计，因而传动平稳，结构紧凑，强度好。

（3）测量装置　测量装置的形式和工作原理多样，可根据不同的加工要求和自动化程度进行设计或选择。机械加工一般需要测量工件的几何参数信息。测量方法有接触式测量和非接触式测量。接触式测量是测量器具的传感器与被测零件的表面直接接触的测量方法。例如用游标卡尺、千分尺和比较仪等测量零件都是接触式测量。接触式测量在生产现场得到了广泛应用，因为它可以保证测量器具与被测零件间具有一定的测量力，具有较高的测量可靠性。非接触式测量是以光电、电磁等技术为基础，在不接触被测物体表面的情况下，得到物体表面参数信息的测量方法。典型的非接触式测量有激光三角法测量、电涡流测量、超声测量、机器视觉测量等。

（4）包装设备　包装设备是用于防止工序间工件临时存放而引起生锈、沾染灰尘或对产品局部或整体进行保护而使用的设备，可根据具体产品的生产、转运和保存要求进行专门设计和布局。

习题与思考题

1. 什么是制造业？什么是机械制造业？简述两者之间的关系。
2. 论述机械制造业及机械制造装备在国民经济发展中的重要作用。
3. 20世纪80年代以来，为提高产品的质量、研发速度和生产效率，企业采用了哪些技术？
4. 论述机械制造业发展的现状及发展的总趋势。
5. 现代机械制造工艺装备的特点有哪些？
6. 简要说明机械制造装备的发展趋势。
7. 机械制造装备应具备的主要功能是什么？
8. 机械制造装备分几种类型？具体是什么？

9. 简要说明工艺装备与加工装备的作用。
10. 简要说明金属切削机床的工作原理及分类。
11. 特种加工机床有哪些类型？分别简要说明其工作原理。
12. 增材制造设备有哪些类型？分别简要说明其工作原理。
13. 机床夹具的作用是什么？
14. 模具的作用是什么？有哪些类型的模具？
15. 物流装备中自动送料小车有哪些类型？其特点分别是什么？
16. 机械加工辅助设备有哪些？分别对其功能进行简要说明。

第一章

金属切削机床

本章主要讲述各类金属切削机床的基本概念、分类、编号方法、如何加工形成工件表面、提供的运动、组成部分、工作原理、工艺范围，使读者了解各类金属切削机床的功能，能根据不同工件的不同工艺需求选择机床，培养读者机械产品设计能力和进行工艺设计时的设备选用能力，为进行机械加工生产工艺设计和机床设计打下良好的基础。

第一节 机床的基本知识

金属切削机床是用切削、磨削或特种加工方法加工各种金属工件，使金属工件表面材料被去除，以获得所要求的几何形状、尺寸精度和表面质量的工件的加工设备。金属切削机床是使用最广泛、数量最多的机床类别。

一、机床的分类和型号编制

（一）机床的分类

金属切削机床是用切削、特种加工等方法将金属毛坯加工成机器零件的机器，其品种和规格繁多，为了便于区别、使用和管理，需对机床加以分类并编制型号。

机床主要是按其加工性质和所用的刀具进行分类的。根据 GB/T 15375—2008《金属切削机床 型号编制方法》，目前将机床分为 11 类：车床、钻床、镗床、磨床、齿轮加工机床、螺纹加工机床、铣床、刨插床、拉床、锯床和其他机床。

在每一类机床中，又按工艺特点、布局形式和结构特性等不同，分为若干组。每一组又细分为若干系（系列）。

除了上述基本分类方法外，机床还可按其他特征进行分类。

按照工艺范围（通用性程度），机床可分为通用机床、专门化机床和专用机床。

按照加工精度的不同，同类型机床可分为普通精度级机床、精密级机床和高精度级机床。

按照自动化程度的不同，机床可分为手动机床、机动机床、半自动机床和自动机床。

按照质量和尺寸的不同，机床可分为仪表机床、中型机床、大型机床（质量达到10t）、重型机床（质量在30t以上）和超重型机床（质量在100t以上）。

此外，机床还可以按其主要工作部件的多少，分为单轴机床、多轴机床或单刀机床、多刀机床等。

通常，机床先根据加工性质进行分类，再根据其某些特点做进一步描述，如多刀半自动车床、多轴自动车床等。

（二）机床型号的编制方法

机床型号是机床产品的代号，用以简明地表示机床的类型、通用特性、结构特性及主要技术参数等。我国现行的机床型号是按 GB/T 15375—2008 编制的。

1. 通用机床的型号

（1）型号表示方法　通用机床的型号由基本部分和辅助部分组成，中间用"/"隔开，读作"之"。基本部分需统一管理，辅助部分是否纳入型号由企业自定。型号构成如下：

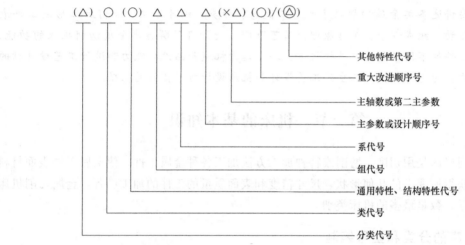

注：1. 有（　）的代号或数字，当无内容时则不表示，若有内容则不带括号。
　　2. 有〇符号者，为大写的汉语拼音字母。
　　3. 有△符号者，为阿拉伯数字。
　　4. 有⊿符号者，为大写的汉语拼音字母或阿拉伯数字，或两者兼有之。

（2）机床类、组、系的划分及其代号　机床的类代号用大写的汉语拼音字母表示。必要时，每类可分为若干分类。分类代号在类代号之前，作为型号的首位，并用阿拉伯数字表示。第一分类代号前的"1"省略，第"2""3"分类代号则应予以表示。机床的类代号见表1-1。

机床按其工作原理划分为11类。每类机床划分为10个组，每个组又划分为10个系（系列），见表1-2。

表1-1　机床的类代号

类别	车床	钻床	镗床	磨床			齿轮加工机床	螺纹加工机床	铣床	刨插床	拉床	锯床	其他机床
代号	C	Z	T	M	2M	3M	Y	S	X	B	L	G	Q
读音	车	钻	镗	磨	二磨	三磨	牙	丝	铣	刨	拉	割	其

表 1-2 机床的类、组划分及其代号

组别		0	1	2	3	4	5	6	7	8	9
车床(C)		仪表小型车床	单轴自动车床	多轴自动、半自动车床	回转、转塔车床	曲轴及凸轮轴车床	立式车床	落地及卧式车床	仿形及多刀车床	轮、轴、辊、锭及铲齿车床	其他车床
钻床(Z)		—	坐标镗钻床	深孔钻床	摇臂钻床	台式钻床	立式钻床	卧式铣钻床	铣钻床	中心孔钻床	其他钻床
镗床(T)		—	—	深孔镗床	—	坐标镗床	立式镗床	卧式铣镗床	精镗床	汽车、拖拉机修理用镗床	其他镗床
磨床	M	仪表磨床	外圆磨床	内圆磨床	砂轮磨床	坐标磨床	导轨磨床	刀具刃磨床	平面及端面磨床	曲轴、凸轮轴、花键轴及轧辊磨床	工具磨床
	2M	—	超精磨床	内圆珩磨机床	外圆及其他珩磨机床	抛光机	砂带抛光及磨削机床	刀具刃磨床及研磨机床	可转位刀片磨削机床	汽门、活塞及活塞环专用磨床	其他磨床
	3M	球轴承套圈沟磨床	滚子轴承套圈滚道磨床	轴承套圈超精磨床	—	叶片磨削机床	钢球加工机床	滚子加工机床	—	其他磨床	—
齿轮加工机床(Y)		仪表齿轮加工机床	—	锥齿轮加工机床	滚齿及铣齿机	剃齿及珩齿机床	插齿机	花键轴铣床	齿轮磨齿机	其他齿轮加工机床	齿轮倒角及检查机床
螺纹加工机床(S)		—	—	—	套丝机床	攻丝机	—	螺纹铣床	螺纹磨床	螺纹车床	—
铣床(X)		仪表铣床	悬臂及滑枕铣床	龙门铣床	平面铣床	仿形铣床	立式升降台铣床	卧式升降台铣床	床身铣床	工具铣床	其他铣床
刨插床(B)		—	悬臂刨床	龙门刨床	—	—	插床	牛头刨床	—	边缘及模具刨床	其他刨床
拉床(L)		—	—	侧拉床	卧式外拉床	连续拉床	立式内拉床	卧式内拉床	立式外拉床	键槽、轴瓦及螺栓拉床	其他拉床
锯床(G)		—	—	砂轮片锯床	—	卧式带锯床	立式带锯床	圆锯床	弓锯床	锉锯床	—
其他机床(Q)		其他仪表机床	管子加工机床	木螺钉加工机床	—	刻线机	切断机	多功能机床	—	—	—

(3) 机床的通用特性代号和结构特性代号　这两种特性代号用大写的汉语拼音字母表示，位于类代号之后。

当某类型机床，既有普通型又有某种通用特性时，则在类代号之后加通用特性代号予以区分。如果某类型机床仅有某种通用特性，而无其他形式者，则通用特性不予表示。

当在一个型号中需同时使用两至三个通用特性代号时，一般按重要程度排列顺序。机床的通用特性代号见表1-3。

表1-3　机床的通用特性代号

通用特性	高精度	精密	自动	半自动	数控	加工中心（自动换刀）	仿形	轻型	加重型	柔性加工单元	数显	高速
代号	G	M	Z	B	K	H	F	Q	C	R	X	S
读音	高	密	自	半	控	换	仿	轻	重	柔	显	速

(4) 机床主参数和设计顺序号　机床主参数代表机床规格的大小，用折算值（主参数乘以折算系数）表示，位于系代号之后。折算系数，一般长度采用1/100，直径、宽度采用1/10，也有少数是1。

某些通用机床无法用一个参数表示时，则在型号中用设计顺序号表示。设计顺序号由1开始，当设计顺序号小于10时，设计顺序号由01开始编号。

(5) 主轴数和第二主参数的表示方法　对于多轴车床、多轴钻床、排式钻床等机床，其主轴数应以实际数值列入型号，置于主参数之后，用×分开，读作"乘"。第二主参数（多轴机床的主轴数除外）一般不予表示。若有特殊情况，需在型号中表示。

(6) 机床的重大改进顺序号　对机床的结构、性能有更高的要求，并需按新产品重新设计、试制和鉴定时，按改进的先后顺序在型号基本部分的尾部加A、B、C、D等字母（但"I""O"两个字母不得选用），以区别于原机床型号。

(7) 其他特性代号及其表示方法　其他特性代号置于辅助部分之首。其中同一型号机床的变型代号一般应放在其他特性代号之首。

其他特性代号主要用以反映各类机床的特性，可用A、B、C、D等字母（"I""O"两个字母除外）来表示。

2. 专用机床的型号

(1) 型号表示方法　专用机床型号表示方法如下：

(2) 设计单位代号　设计单位代号包括机床生产厂和机床研究单位代号（位于型号之首）。

(3) 设计顺序号　专用机床的设计顺序号，按该单位的设计顺序号排列，由001起始，位于设计单位代号之后，并用"-"隔开。

3. 机床自动线的型号

(1) 机床自动线代号　由通用机床或专用机床组成的机床自动线，其代号为"ZX"，它位于设计单位代号之后，并用"-"分开。

（2）机床自动线的型号表示方法　机床自动线的型号表示方法如下：

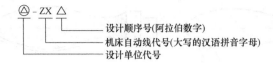

二、工件的表面形状及形成

机床在切削加工过程中，刀具和工件按一定的规律做相对运动，由刀具的切削刃切除毛坯上多余的金属，从而得到具有一定形状、尺寸精度和表面质量的工件。表面元素是圆柱面、平面、圆锥面、螺旋面及各种成形表面，如图 1-1 所示。

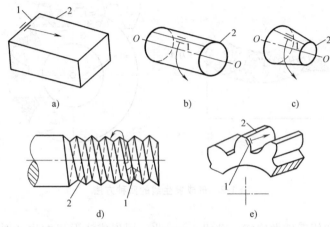

图 1-1　零件表面的形成

任何一个表面都可以看作是一条线（曲线或直线）沿着另一条线（曲线或直线）运动的轨迹，这两条线称为该表面的发生线，前者称为母线，后者称为导线。

由于加工方法和使用的刀具切削刃的形状不同，机床上形成发生线的方法和需要的运动也不同，归纳起来有以下四种。

1. 轨迹法

如图 1-2a 所示，切削刃为切削点①，它按一定的规律做轨迹运动③，而形成所需要的发生线②。所以，采用轨迹法来形成发生线需要一个独立的成形运动。

2. 成形法

如图 1-2b 所示，切削刃为一条切削线①，它的形状和长短与需要形成的发生线②完全一致。因此，用成形法来形成发生线不需要专门的成形运动。

3. 相切法

如图 1-2c 所示，切削刃为一切削点，由于所采用加工方法的需要，该点是旋转刀具切削刃上的点①，切削时刀具的旋转中心按一定规律做轨迹运动③，它的切削点运动轨迹的包络线（相切线）就形成了发生线②。所以，用相切法形成发生线需要两个独立的成形运动。

4. 展成法

如图 1-2d 所示，刀具切削刃的形状为一条切削线①，但它与需要形成的发生线②不相吻合，发生线②是切削线①的包络线。因此，要得到发生线②（图为渐开线）就需要使刀

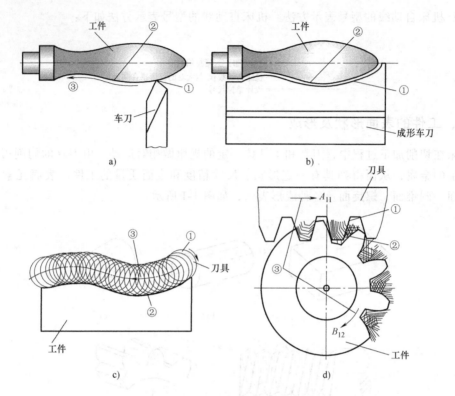

图 1-2 形成发生线的四种方法

具做直线运动 A_{11} 和使工件做旋转运动 B_{12}。因此,用展成法形成发生线时需要一个复合的成形运动,这个运动称为展成运动。

三、机床的运动

1. 表面成形运动

表面成形运动简称成形运动,是保证得到工件要求的表面形状的运动。表面成形运动是机床上最基本的运动,是机床上的刀具和工件为了形成表面发生线而做的相对运动。

成形运动按其在切削加工中所起的作用,又可分为主运动和进给运动。

主运动是切除工件上的被切削层,使之转变为切屑的主要运动,如图 1-3 中 B 系列运动;进给运动是依次或连续不断地把被切削层投入切削,以逐渐切出整个工件表面的运动,如图 1-3 中 A 系列运动。

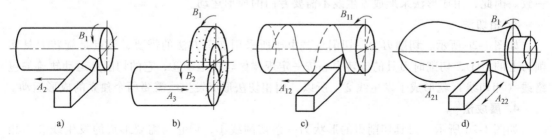

图 1-3 成形运动的组成

表面成形运动是机床上最基本的运动，其轨迹、数目、行程和方向等在很大程度上决定着机床的传动和结构形式。然而，即使是用同一种工艺方法和刀具结构加工相同表面，由于具体加工条件不同，表面成形运动在刀具和工件之间的分配也往往不同，如图1-4所示。

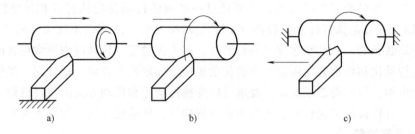

图 1-4　圆柱面的车削加工方式

2. 切入运动

用以实现使工件表面逐步达到所需尺寸的运动称为切入运动。

3. 分度运动

当加工若干个完全相同的均匀分布的表面时，为使表面成形运动得以周期地连续进行的运动称为分度运动。

4. 辅助运动

为切削加工创造条件的运动称为辅助运动。

5. 操纵及控制运动

操纵及控制运动包括起动、停止、变速、换向、部件与工件的夹紧及松开、转位、自动换刀、自动测量、自动补偿等运动。

6. 校正运动

在精密机床上，为了消除传动误差的运动称为校正运动，如精密螺纹车床或螺纹磨床中的螺距校正运动。

四、机床的传动联系和传动原理图

（一）机床传动的组成

为了实现加工过程中所需的各种运动，机床必须有执行件、运动源和传动装置三个基本部分。

1. 执行件

执行件是执行机床运动的部件，如主轴、刀架、工作台等，其任务是装夹刀具或工件，直接带动它们完成一定形式的运动（旋转或直线运动），并保证其运动轨迹的准确性。

2. 动力源

动力源是为执行件提供运动和动力的装置，也称运动源，如交流异步电动机、直流或交流调速电动机和伺服电动机等。可以几个运动共用一个运动源，也可以每个运动有单独的运动源。

3. 传动装置（传动件）

传动装置是传递运动和动力的装置，通过它把执行件和运动源或有关的执行件之间联系起来，使执行件获得一定速度和方向的运动，并使有关执行件之间保持某种确定的相对运动关系。机床的传动装置有机械、液压、电气、气压等多种形式。传动装置还有完成变换运动的性质、方向、速度的作用。

(二) 机床的传动联系和传动链

机床上为了得到所需要的运动，需要通过一系列的传动件把执行件和运动源（如把主轴和电动机），或者把执行件和执行件（如把主轴和刀架）之间联系起来，称为传动联系。构成一个传动联系的一系列顺序排列的传动件，称为传动链。传动链中通常包含两类传动机构：一类是传动比和传动方向固定不变的传动机构，如定比齿轮副、蜗杆副、丝杠副等，称为定比传动机构；另一类是根据加工要求可以变换传动比和传动方向的传动机构，如交换齿轮变速机构、滑移齿轮变速机构、离合器换向机构等。传动链可以分为以下两类。

1. 外联系传动链

它是联系运动源（如电动机）和执行件（如主轴、刀架、工作台等）之间的传动链，使执行件获得运动，而且能改变运动的速度和方向，但不要求运动源和执行件之间有严格的传动比关系。如图1-5所示，主轴与电动机之间有带传动。

2. 内联系传动链

当表面成形运动为复合的成形运动时，它由保持严格的相对运动关系的几个单元运动（旋转或直线运动）所组成，为完成复合的成形运动，必须有传动链把实现这些单元运动的执行件与执行件联系起来，并使其保持确定的运动关系，这种传动链称为内联系传动链。如图1-5所示，工件与刀架之间仅用齿轮传动等传动比确定的传动部件。

内联系传动链必须保证复合运动的两个单元运动有严格的运动关系，其传动比是否准确以及由其确定的两个单元运动的相对运动方向是否正确，将会直接影响被加工表面的形状精度。

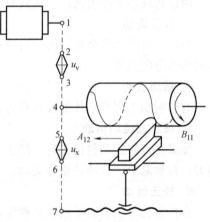

图1-5 车圆柱螺纹的传动原理图

(三) 传动原理图

为了便于研究机床的传动联系，常用一些简单的符号表示运动源与执行件及执行件与执行件之间的传动联系，这就是传动原理图。图1-6所示为传动原理图常用的一些示意符号。

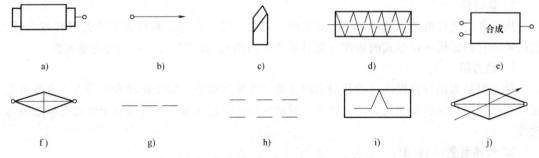

图1-6 传动原理图常用的一些示意符号

a) 电动机 b) 主轴 c) 车刀 d) 滚刀 e) 合成机构 f) 传动比可变换的换置机构
g) 传动比不变的机械联系 h) 电联系 i) 脉冲发生器 j) 快调换置机构——数控系统

图1-7所示为车圆锥螺纹的传动原理图。车圆锥螺纹需要三个单元运动组成的复合运动：工件旋转运动 B_{11}、车刀纵向直线移动 A_{12} 和横向直线移动 A_{13}。这三个单元运动之间必须保持严格的运动关系。为实现一个复合运动，必须有一条外联系传动链和一条或几条内联系传动链。

数控车床的传动原理图基本上与卧式车床相同，所不同的是许多地方用电联系代替机械联系，如图1-8所示。

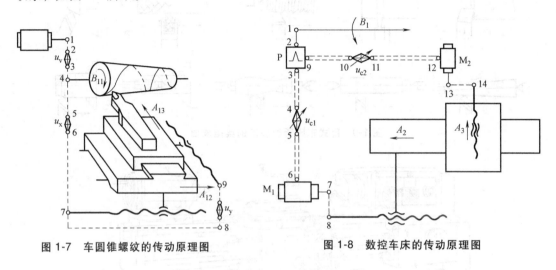

图1-7 车圆锥螺纹的传动原理图　　　　图1-8 数控车床的传动原理图

第二节　车　床

一、概述

车床主要用于加工各种回转表面，如内外圆柱面、内外圆锥面、成形回转面和回转体的端面等，有的车床还能加工螺纹面。

车床的种类很多，按其结构和用途的不同，主要可以分为以下几类：落地及卧式车床、立式车床、回转及转塔车床、单轴和多轴自动和半自动车床、仿形及多刀车床、数控车床以及车削中心等。除此以外，还有各种专门化车床，如曲轴车床、凸轮轴车床、铲齿车床等。在大批大量生产中还会使用各种专用车床。在所有车床类机床中，以卧式车床的应用最广。

卧式车床的工艺范围很广，能进行多种表面的加工，如内外圆柱面、内外圆锥面、环槽、成形回转面、端平面及各种螺纹等，还可以进行钻孔、扩孔、铰孔和滚花等工作，如图1-9所示。

卧式车床主要对各种轴类、套类和盘类零件进行加工，其外形如图1-10所示。它主要由以下几部分组成。

1. 主轴箱

主轴箱1固定在床身4的左端，主轴箱内装有主轴和变速传动机构。主轴前端装有卡盘，用以夹持工件，电动机经变速传动机构把动力传给主轴，使主轴带动工件按规定的转速旋转，以实现主运动。

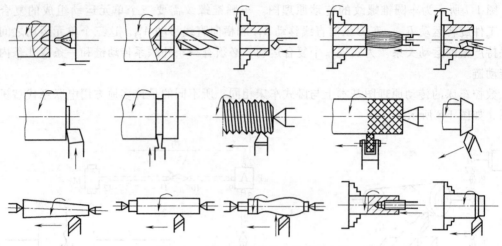

图 1-9 卧式车床所能加工的典型表面

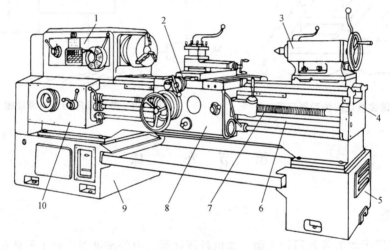

图 1-10 卧式车床的外形

1—主轴箱　2—刀架　3—尾座　4—床身　5—右床腿　6—光杠　7—丝杠
8—溜板箱　9—左床腿　10—进给箱

2. 刀架

刀架 2 位于床身 4 的刀架导轨上，并可沿此导轨纵向移动。刀架部件由几层导轨组成，用于装夹车刀或特殊车刀夹头。

3. 尾座

尾座 3 安装在床身 4 右端的尾座导轨上，可沿导轨纵向调整位置。尾座的功用是用后顶尖支承长工件或安装钻头用于工件在车床上钻孔。

4. 床身

床身 4 固定在左床腿 9 和右床腿 5 上。床身是车床的基本支承件。在床身上安装着车床的各个主要部件，使它们在工作时保持准确的相对位置或运动轨迹。

5. 溜板箱

溜板箱 8 固定在刀架 2 的底部，可带动刀架一起做纵向运动。溜板箱的功用是把进给箱传来的运动传递给刀架。

6. 进给箱

进给箱 10 固定在床身 4 的左前侧，进给箱内装有进给运动的变换机构，用于改变机动进给的进给量或改变被加工螺纹的导程。

卧式车床的主参数是床身上最大工件回转直径，第二主参数是最大工件长度。这两个参数表明车床加工工件的上极限尺寸，同时也反映了机床的尺寸大小。CA6140A 型卧式车床的主参数为 400mm，但在加工较长的轴、套类工件时，由于受到中滑板的限制，刀架上最大工件回转直径为 ϕ210mm，如图 1-11 所示。

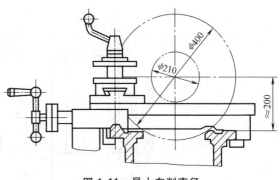

图 1-11 最大车削直径

二、CA6140A 型卧式车床

CA6140A 型卧式车床是普通精度的卧式车床。图 1-12 所示是其传动系统图。传动系统包括主运动传动链和进给运动传动链两部分。

（一）主运动传动链

主运动传动链的两端件是电动机和主轴。它的功用是把动力源（电动机）的运动及能量传给主轴，使主轴带动工件旋转。

1. 传动路线

运动由电动机经 V 带传至主轴箱中的轴 I。在轴 I 上装有双向多片离合器 M_1。M_1 的功用为控制主轴（轴Ⅵ）正转、反转或停止。轴Ⅱ的运动可分别通过三对齿轮副 22/58、30/50 或 39/41 传至轴Ⅲ。运动由轴Ⅲ到主轴可以有两种不同的传动路线。

下面是 CA6140A 型卧式车床主运动传动链的传动路线表达式：

$$
\text{电动机} \begin{pmatrix} 7.5\text{kW} \\ 1450\text{r/min} \end{pmatrix} - \frac{\phi 130}{\phi 230} - \text{I} - \begin{bmatrix} M_1(\text{左}) \\ (\text{正转}) \end{bmatrix} - \begin{bmatrix} \frac{53}{41} \\ \frac{58}{36} \end{bmatrix} - \text{II} \\ M_2(\text{右}) - \frac{50}{34} - \text{VII} - \frac{34}{30} \\ (\text{反转})
$$

$$
- \begin{bmatrix} \frac{22}{58} \\ \frac{30}{50} \\ \frac{39}{41} \end{bmatrix} - \text{III} - \begin{bmatrix} \frac{20}{80} \\ \frac{50}{50} \end{bmatrix} - \text{IV} - \begin{bmatrix} \frac{20}{80} \\ \frac{51}{50} \end{bmatrix} - \text{V} - \frac{26}{58} - M_2 \\ \frac{63}{50} - \text{VI}(\text{主轴})
$$

2. 主轴的转速级数与转速计算

根据传动系统图和传动路线表达式，主轴可以得到 30 级转速，但由于轴Ⅲ-Ⅴ间的 4 种传动比为

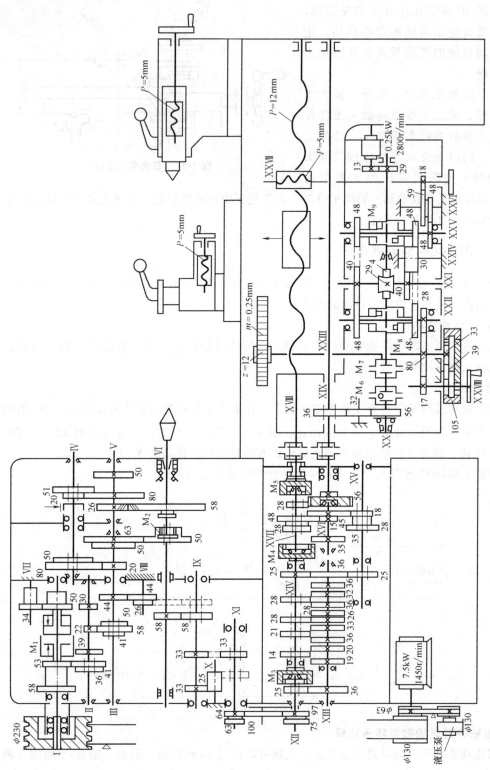

图 1-12 CA6140A 型卧式车床的传动系统图

$$u_1 = \frac{50}{50} \times \frac{51}{50} \approx 1 \qquad u_2 = \frac{50}{50} \times \frac{20}{80} = \frac{1}{4}$$

$$u_3 = \frac{20}{80} \times \frac{51}{50} \approx \frac{1}{4} \qquad u_4 = \frac{20}{80} \times \frac{20}{80} = \frac{1}{16}$$

其中，u_2 和 u_3 基本上相同，所以实际上只有 3 种不同的传动比，故主轴正转的实有级数为 2×3（高速）$+ 2 \times 3 \times (2 \times 2 - 1) = 6 + 18 = 24$，主轴正转时实际上只能获得 24 级不同转速。

同理，主轴反转时也只能获得 3（高速）$+ 3 \times (2 \times 2 - 1) = 12$ 级不同转速。

主轴的转速可应用下列运动平衡式计算：

$$n_{主} = 1450 \text{r/min} \times \frac{130}{230}(1-\varepsilon) u_{\text{I-II}} u_{\text{II-III}} u_{\text{III-VI}}$$

式中 $n_{主}$——主轴转速（r/min）；

           ε——V 带传动的滑动系数，$\varepsilon = 0.02$；

$u_{\text{I-II}}$、$u_{\text{II-III}}$、$u_{\text{III-VI}}$——轴 I-II、II-III、III-VI 间的可变传动比。

根据图 1-12 所示的齿轮啮合位置，主轴的转速为

$$n_{主} = 1450 \text{r/min} \times \frac{130}{230} \times 0.98 \times \frac{51}{43} \times \frac{22}{58} \times \frac{63}{50} = 455 \text{r/min}$$

主轴反转时，轴 I-II 间的传动比大于正转时的传动比，所以反转转速高于正转。

（二）进给运动传动链

进给运动传动链是使刀架实现纵向或横向运动的传动链。传动链的两端是主轴和刀架。

1. 车削螺纹

CA6140A 型卧式车床能车削常用的米制螺纹、寸制螺纹、模数螺纹及径节螺纹四种标准螺纹。此外，还可以车削加大螺距、非标准螺距及较精密的螺纹。

车削各种不同螺距的螺纹时，主轴与刀具之间必须保持严格的运动关系，即主轴每转一转，刀具应均匀地移动一个（被加工螺纹）导程 P_h 的距离。

车螺纹的运动平衡式为

$$1_{(主轴)} u_o u_x P_{丝} = P_{工}$$

式中 u_o——主轴至丝杠之间全部定比传动机构的固定传动比，是一个常数；

       u_x——主轴至丝杠之间换置机构的可变传动比；

       $P_{丝}$——机床丝杠的导程（mm），CA6140A 型卧式车床中 $P_{丝} = 12\text{mm}$；

       $P_{工}$——被加工螺纹的导程（mm）。

不同标准的螺纹用不同的参数来表示其螺距。表 1-4 列出了米制螺纹、模数螺纹、寸制螺纹和径节螺纹的螺距参数及螺距、导程的换算关系。

表 1-4 螺距参数及螺距、导程的换算关系

螺纹类型	螺距参数	螺距/mm	导程
米制螺纹	螺距 P(mm)	P	$P_{工} = nP$
模数螺纹	模数 m(mm)	$P_m = \pi m$	$P_{工} = nP_m = n\pi m$
寸制螺纹	每英寸牙数 a(牙/in)	$P_a = 25.4/a$	$P_{工} = nP_a = 25.4n/a$
径节螺纹	径节 DP(牙/in)	$P_{DP} = 25.4\pi/DP$	$P_{工} = nP_{DP} = 25.4n\pi/DP$

注：n 为螺纹线数；1in = 0.0254m。

（1）车削米制螺纹 米制螺纹是我国常用的螺纹，其标准螺距值在国家标准中有规定。表 1-5 列出了 CA6140A 型卧式车床车削米制螺纹的导程。

表 1-5 CA6140A 型卧式车床车削米制螺纹的导程   （单位：mm）

$u_{XV-XVIII}$	$u_{XIII-XIV}$							
	26/28	28/28	32/28	36/28	19/14	20/14	33/21	36/21
$\frac{18}{45} \times \frac{15}{48} = \frac{1}{8}$	—	—	1	—	—	1.25	—	1.5
$\frac{28}{35} \times \frac{15}{48} = \frac{1}{4}$	—	1.75	2	2.25	—	2.5	—	3
$\frac{18}{45} \times \frac{35}{28} = \frac{1}{2}$	—	3.5	4	4.5	—	5	5.5	6
$\frac{28}{35} \times \frac{35}{28} = 1$	—	7	8	9	—	10	11	12

车削米制螺纹时传动链的传动路线表达式：

$$\text{主轴VI} - \frac{58}{58} - IX - \begin{bmatrix} \frac{33}{33} \\ (\text{右旋螺纹}) \\ \frac{33}{25} \times \frac{25}{33} \\ (\text{左旋螺纹}) \end{bmatrix} - XI - \begin{bmatrix} \frac{63}{100} \times \frac{100}{75} \\ (\text{米制螺纹}) \\ \frac{64}{100} \times \frac{100}{97} \\ (\text{模数螺纹}) \end{bmatrix} - XII$$

$$- \frac{25}{36} - XIII - u_{XIII-XIV} - XIV - \frac{25}{36} \times \frac{36}{25} - XV - u_{XV-XVII} - XVII - M_5 - XVIII(\text{丝杠}) - \text{刀架}$$

$u_{XIII-XIV}$ 为轴 XIII-XIV 间变速机构的可变传动比，共八种：26/28、28/28、32/28、36/28、19/14、20/14、33/21、36/21，经约分，其值分别为 6.5/7、7/7、8/7、9/7、9.5/7、10/7、11/7、12/7。

这些传动机构的传动比成等差级数的规律排列，改变轴 XIII 至轴 XIV 间的传动比，就能够车削出导程按等差数列排列的螺纹，这样的变速机构称为基本螺距机构，是进给箱的基本变速组，简称基本组，传动比记为 $u_\text{基}$。

$u_{XV-XVIII}$ 为轴 XV-XVII 间变速机构的可变传动比，共四种：

$$u_{XV-XVIII 1} = \frac{18}{45} \times \frac{15}{48} = \frac{1}{8} \quad u_{XV-XVIII 2} = \frac{28}{35} \times \frac{15}{48} = \frac{1}{4}$$

$$u_{XV-XVIII 3} = \frac{18}{45} \times \frac{35}{28} = \frac{1}{2} \quad u_{XV-XVIII 4} = \frac{28}{35} \times \frac{35}{28} = 1$$

上述四种传动比成倍数关系排列，故改变 $u_{XV-XVIII}$ 就可使车削的螺纹导程成倍数关系地变化，扩大了机床能车削的导程种数。这种变速机构称为增倍机构，是增倍变速组，简称增倍组，传动比记为 $u_\text{倍}$。

车削米制（右旋）螺纹的运动平衡式为

$$P_\text{工} = nP = 1_\text{主轴} \times \frac{58}{58} \times \frac{33}{33} \times \frac{63}{100} \times \frac{100}{75} \times \frac{25}{36} \times u_\text{基} \times \frac{25}{36} \times \frac{36}{25} \times u_\text{倍} \times 12\text{mm}$$

式中 $P_\text{工}$——螺纹导程（mm），对于单线螺纹，螺纹导程即为螺距 P。

将上式化简后可得

$$P_\text{工} = u_\text{基} \, u_\text{倍} \times 7\text{mm}$$

由表 1-5 可以看出，能车削的米制螺纹的最大导程是 12mm。当机床需要加工导程大于 12mm 的螺纹时，如车削多线螺纹和拉油槽时，就得使用扩大螺距机构。主轴Ⅵ与丝杠通过下列传动路线实现传动联系：

$$\text{主轴Ⅵ} - \frac{58}{26} - \text{V} - \frac{80}{20} - \text{Ⅳ} - \begin{bmatrix} \frac{50}{50} \\ \frac{80}{20} \end{bmatrix} - \text{Ⅲ} - \frac{44}{44} - \text{Ⅷ} - \frac{26}{58} -$$

$$\begin{array}{l} \text{(常用螺纹传动路线)} \\ \text{Ⅸ} \cdots \text{ⅩⅧ(丝杠)} \end{array}$$

此时，主轴Ⅵ至轴Ⅸ间的传动比 $u_{扩}$ 为

$$u_{扩·1} = \frac{58}{26} \times \frac{80}{20} \times \frac{50}{50} \times \frac{44}{44} \times \frac{26}{58} = 4$$

$$u_{扩·2} = \frac{58}{26} \times \frac{80}{20} \times \frac{80}{20} \times \frac{44}{44} \times \frac{26}{58} = 16$$

而车削常用螺纹时，主轴Ⅵ至轴Ⅸ间的传动比 $u_{正常} = 58/58 = 1$。这表明，当螺纹进给传动链其他调整情况不变时，做上述调整可使主轴与丝杠间的传动比增大 4 倍或 16 倍，车出的螺纹导程也相应地扩大 4 倍或 16 倍。因此，一般把上述传动机构称为扩大螺距机构。

（2）车削模数螺纹　模数螺纹主要用在米制蜗杆中。标准模数螺纹的导程（或螺距）排列规律和米制螺纹相同，但导程（或螺距）的数值不一样，而且数值中含有特殊因子 π。

导出螺纹模数 m 的计算公式为

$$m = \frac{7}{4n} u_{基} \, u_{倍}$$

（3）车削寸制螺纹　寸制螺纹在采用英制单位的国家中应用广泛。寸制螺纹的螺距参数为每英寸长度上的螺纹牙（扣）数，以 a 表示。因此寸制螺纹的螺距为

$$p_a = \frac{1}{a} \text{in} = \frac{25.4}{a} \text{mm}$$

车削寸制螺纹时，应对传动路线做如下两点变动：

1）将上述车削米制螺纹时的基本组的主动与从动传动关系颠倒过来，即轴ⅩⅣ为主动，轴ⅩⅢ为从动。这样基本组的传动比数列变成了调和数列（分子相同，分母为等差级数），与米制螺纹螺距（或导程）数列的排列规律相一致。

2）在传动链中改变部分传动副的传动比，使其包含特殊因子 25.4。

此时传动路线表达式：

$$\text{主轴Ⅵ} - \frac{58}{58} - \text{Ⅸ} - \begin{bmatrix} \frac{33}{33} \\ \text{(右旋螺纹)} \\ \frac{33}{25} \times \frac{25}{33} \\ \text{(左旋螺纹)} \end{bmatrix} - \text{Ⅺ} - \begin{bmatrix} \frac{63}{100} \times \frac{100}{75} \\ \text{(寸制螺纹)} \\ \frac{64}{100} \times \frac{100}{97} \\ \text{(径节螺纹)} \end{bmatrix} - \text{Ⅻ} - M_3 -$$

$$- \text{ⅩⅣ} - \frac{1}{u_{基}} - \text{ⅩⅢ} - \frac{36}{25} - \text{ⅩⅤ} - u_{倍} - \text{ⅩⅦ} - M_5 - \text{ⅩⅧ(丝杠)} - \text{刀架}$$

其运动平衡式为

$$P_{\text{工}} = \frac{25.4n}{a} = 1_{\text{主轴}} \times \frac{58}{58} \times \frac{33}{33} \times \frac{63}{100} \times \frac{100}{75} \times \frac{1}{u_{\text{基}}} \times \frac{36}{25} u_{\text{倍}} \times 12\text{mm}$$

化简得

$$P_{\text{工}} = \frac{25.4n}{a} = \frac{4}{7} \times \frac{1}{u_{\text{基}}} \times u_{\text{倍}} \times 25.4\text{mm}$$

$$a = \frac{7n}{4} \frac{u_{\text{基}}}{u_{\text{倍}}}$$

改变 $u_{\text{基}}$ 和 $u_{\text{倍}}$，就可以车削各种规格的寸制螺纹，见表1-6。

表1-6 CA6140A型卧式车床车削寸制螺纹的导程 （单位：mm）

$u_{\text{倍}}$	$u_{\text{基}}$							
	26/28	28/28	32/28	36/28	19/14	20/14	33/21	36/21
$\frac{18}{45} \times \frac{15}{48} = \frac{1}{8}$	—	14	16	18	19	20	—	24
$\frac{28}{35} \times \frac{15}{48} = \frac{1}{4}$	—	7	8	9	—	10	11	12
$\frac{18}{45} \times \frac{35}{28} = \frac{1}{2}$	3.25	3.5	4	4.5		5		6
$\frac{28}{35} \times \frac{35}{28} = 1$	—	7	4					3

(4) 车削径节螺纹 径节螺纹主要用于寸制蜗杆。它是用径节 DP 来表示的。径节 $DP = z/d$（z 为齿轮齿数，d 为分度圆直径，单位为 in）。

寸制蜗杆的轴向齿距即为螺距 P_{DP}，径节螺纹的螺距为

$$P_{DP} = \frac{\pi}{DP} \quad (P_{DP} \text{ 的单位为 in})$$

或

$$P_{DP} \approx \frac{25.4\pi}{DP} \quad (P_{DP} \text{ 的单位为 mm})$$

车削径节螺纹的传动路线与车削寸制螺纹相同。

导出径节 DP 的计算公式为

$$DP = 7n \frac{u_{\text{基}}}{u_{\text{倍}}}$$

车削以上四种标准螺纹时，传动路线特征可归纳为表1-7。

表1-7 车削四种标准螺纹的传动路线

螺纹类型	螺纹参数	变换齿轮	离合器 M_3	离合器 M_4	基本组
米制螺纹	P(mm)	$\frac{63}{100} \times \frac{100}{75}$	开	开	$u_{\text{基}}$
模数螺纹	m(mm)	$\frac{64}{100} \times \frac{100}{97}$	开	开	$u_{\text{基}}$
寸制螺纹	a(牙/in)	$\frac{63}{100} \times \frac{100}{75}$	合	开	$\frac{1}{u_{\text{基}}}$
径节螺纹	DP(牙/in)	$\frac{64}{100} \times \frac{100}{97}$	合	开	$\frac{1}{u_{\text{基}}}$

(5) 车削非标准螺距和较精密螺纹　当需要车削非标准螺距螺纹时,利用上述传动路线是无法得到的。这时,需要将齿形离合器 M_3、M_4 和 M_5 全部啮合,进给箱中的传动路线是轴 XⅡ 经轴 XⅣ 及轴 XⅦ 直接传动丝杠 XⅧ,被加工螺纹的螺距 $P_工$ 依靠调整交换齿轮的传动比 $u_换$ 来实现。运动平衡式为

$$P_工 = 1_{主轴} \times \frac{58}{58} \times \frac{33}{33} \times u_换 \times 12\text{mm}$$

将上式化简后,得交换齿轮的换置公式为

$$u_换 = \frac{a}{b}\frac{c}{d} = \frac{P_工}{12\text{mm}}$$

式中　a、b、c、d——交换齿轮的齿数。

应用此换置公式,适当地选择交换齿轮的齿数 a、b、c、d,就可车削出所需螺距的螺纹。

2. 机动进给

车削外圆柱或内圆柱表面时,可使用机动的纵向进给。车削端面时,可使用机动的横向进给。

(1) 传动路线　为了避免丝杠磨损过快以及便于工人操纵,机动进给运动是由光杠经溜板箱传动的。其传动路线表达式如下:

$$主轴(Ⅵ) - \begin{bmatrix} 米制螺纹\\传动路线 \\ 寸制螺纹\\传动路线 \end{bmatrix} - ⅩⅦ - \frac{28}{56} - ⅩⅨ(光杠) - \frac{36}{32} \times \frac{32}{56} - M_6(超越离合器) -$$

$$M_7(安全离合器) - ⅩⅩ - \frac{4}{29} - ⅩⅪ -$$

$$\begin{bmatrix} \frac{40}{48} - M_8 \uparrow \\ \frac{40}{30} \times \frac{30}{48} - M_8 \downarrow \end{bmatrix} - ⅩⅫ - \frac{28}{80} - ⅩⅩⅢ - z_{12} - 齿条$$

$$\begin{bmatrix} \frac{40}{48} - M_9 \uparrow \\ \frac{40}{30} \times \frac{30}{48} - M_9 \downarrow \end{bmatrix} - ⅩⅩⅤ - \frac{48}{48} \times \frac{59}{18} - ⅩⅩⅦ(横向丝杠)$$

(2) 纵向机动进给量　机床的 64 种纵向机动进给量是由四种类型的传动路线来实现的。当机床运动经正常螺距的米制螺纹的传动路线传动时,可得到范围为 0.08~1.22mm/r 的 32 种进给量,其运动平衡式为

$$f_纵 = 1_{主轴} \times \frac{58}{58} \times \frac{33}{33} \times \frac{63}{100} \times \frac{100}{75} \times \frac{25}{36} \times u_基 \times \frac{25}{36} \times \frac{36}{25} \times$$

$$u_倍 \times \frac{28}{56} \times \frac{36}{32} \times \frac{32}{56} \times \frac{4}{29} \times \frac{40}{48} \times \frac{28}{80} \times \pi \times 2.5 \times 12 \text{mm/r}$$

化简后可得

$$f_纵 = 0.71 u_基 \, u_倍 \text{ mm/r}$$

纵向进给运动的其余 32 种进给量可分别通过寸制螺纹传动路线和扩大螺距机构获得。

(3) 横向机动进给量　横向机动进给在其与纵向进给传动路线一致时，所得的横向进给量是纵向进给量的一半。横向进给量也有64种。

3. 刀架的快速移动

刀架的快速移动是为了减轻工人的劳动强度和缩短辅助时间。

当刀架需要快速移动时，按下快速移动按钮，使快速电动机（0.25kW，2800r/min）接通。这时，快速电动机的运动经齿轮副13/29传至轴XX，使轴XX高速转动，于是运动便经蜗杆副4/29传至溜板箱内的传动机构，使刀架实现纵向或横向的快速移动。移动方向由溜板箱中的双向牙嵌离合器M_8和M_9控制。

为了节省辅助时间及简化操作，在刀架快速移动过程中，不必脱开进给运动传动链。这时，为了避免转动的光杠和快速电动机同时驱动轴XX，在齿数为56的齿轮与轴XX之间装有超越离合器M_6。图1-13所示为超越离合器的结构。

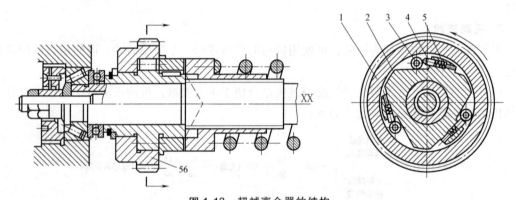

图1-13　超越离合器的结构
1—外环　2—星形体　3—滚子　4—顶销　5—弹簧

（三）机床的主要机构

1. 主轴箱

机床主轴箱的装配图包括展开图、各种向视图和断面图。图1-14所示为CA6140A型卧式车床的主轴组件。

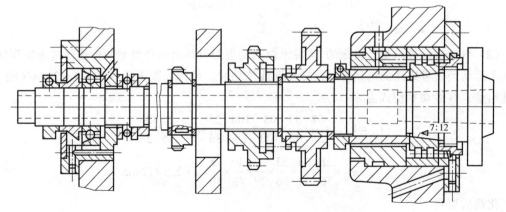

图1-14　CA6140A型卧式车床的主轴组件

（1）主轴组　CA6140A型卧式车床的主轴是一个空心的阶梯轴，其内孔可用来通过棒料或拆卸顶尖时穿入所用的铁棒,也可用于通过气动、电动或液压夹紧装置机构。

主轴前端采用短锥法兰式结构。它的作用是安装卡盘和拨盘,如图1-15所示。螺钉1用于锁紧盘2的安装。螺栓5和螺母6一起安装在卡盘座4上。安装卡盘时,螺钉1和螺母6处于较松状态,卡盘座4与主轴3通过短锥面定位,螺栓5和螺母6穿过主轴和锁紧盘上正对的大孔,顺时针方向旋转锁紧盘至极限位置,拧紧螺母6,再拧紧螺钉1。这样就完成了卡盘的安装。卡盘的拆卸顺序与其安装顺序正好相反。

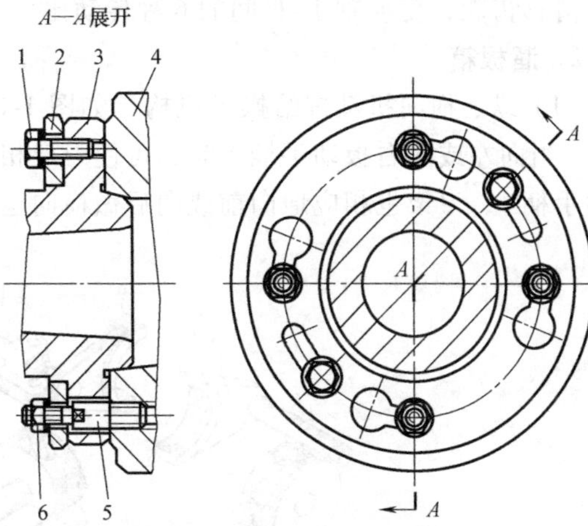

主轴安装在两支承上,前支承为/P5级精度的双列圆柱滚子轴承,用于承受径向力。

图1-15 主轴前端的结构形式
1—螺钉 2—锁紧盘 3—主轴
4—卡盘座 5—螺栓 6—螺母

后轴承由一个推力球轴承和角接触球轴承组成,分别用以承受轴向力(左、右)和径向力。同理,轴承的间隙和预紧可以用主轴尾端的螺母调整。

主轴前后支承的润滑都由润滑液压泵供油。

主轴上装有三个齿轮,右端的斜齿圆柱齿轮($z = 58$,$m = 4$mm,$\beta = 10°$,左旋)空套在主轴上。

(2)变速操纵机构 主轴箱共设置有三套变速操纵机构。图1-16所示为CA6140A型卧

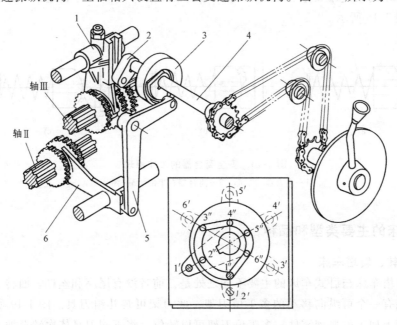

图1-16 轴Ⅱ-Ⅲ滑移齿轮变速操纵机构
1、6—拨叉 2—曲柄 3—凸轮 4—轴 5—杠杆

式车床主轴箱中的一种变速操纵机构。它用一个手柄同时操纵轴Ⅱ、Ⅲ上的双联滑移齿轮和三联滑移齿轮，变换轴Ⅰ-Ⅲ间的6种传动比。

2. 溜板箱

（1）纵、横向机动进给操纵机构　如图1-17所示，在溜板箱右侧，有一个集中操纵手柄1。当向左或向右扳动手柄1时，可使刀架相应地做纵向向左或向右运动；若向前或向后扳动手柄1，刀架也相应地向前或向后做横向运动。

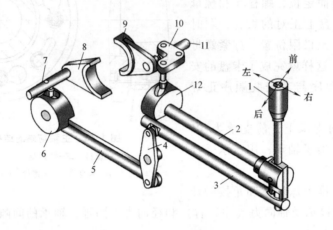

图1-17　纵、横向机动进给操纵机构

1—手柄　2—转轴　3、5—拉杆　4、10—杠杆　6、12—凸轮　7、11—滑杆　8、9—拨叉

（2）安全离合器　机动进给时，当进给力过大或刀架移动受阻时，为了避免损坏传动机构，在进给运动传动链中设置有安全离合器M_7（图1-12）来自动停止进给。安全离合器的工作原理如图1-18所示。

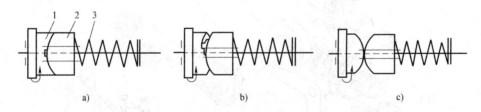

图1-18　安全离合器的工作原理

1—离合器左半部　2—离合器右半部　3—弹簧

三、车床的主要类型和品种

（一）回转、转塔车床

回转、转塔车床与卧式车床的主要不同之处是，前者没有尾座和丝杠。回转、转塔车床床身导轨右端有一个可纵向移动的多工位刀架，此刀架可装几组刀具。图1-19所示为适合于在该类机床上加工的典型零件。多工位刀架可以转位，将不同刀具依次转至加工位置，对工件轮流进行多刀加工。

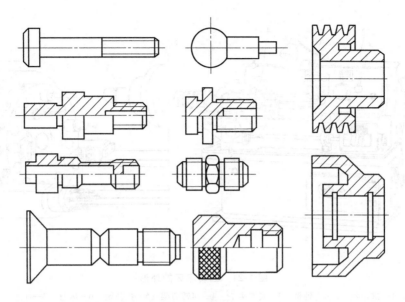

图 1-19　适合于在回转、转塔车床上加工的典型零件

转塔车床（图 1-20）除有前刀架 2 外，还有一个转塔刀架 3（立式）。前刀架 2 可做纵、横向进给，以便车削大直径圆柱面，以及内、外端面和沟槽。转塔刀架 3 只能做纵向进给，主要是车削外圆柱面及对内孔做钻、扩、铰或镗削等加工。

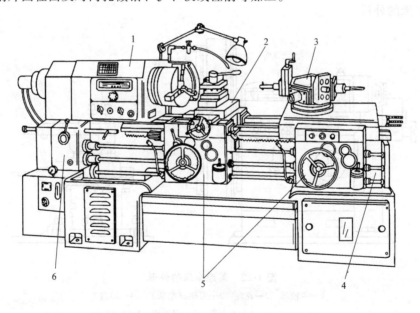

图 1-20　转塔车床

1—主轴箱　2—前刀架　3—转塔刀架　4—床身　5—溜板箱　6—进给箱

回转车床的外形如图 1-21 所示，它没有前刀架，只有一个轴线与主轴轴线相平行的回转刀架 4。回转车床主要用来加工直径较小的工件，所用的毛坯通常是棒料。

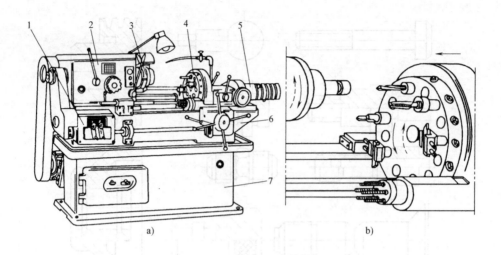

图 1-21 回转车床的外形
1—进给箱 2—主轴箱 3—夹料夹头 4—回转刀架 5—挡块轴 6—床身 7—底座

(二)落地车床和立式车床

1. 落地车床

大直径的短零件通常也没有螺纹,这时可以在没有床身的落地车床上加工。图 1-22 所示为落地车床的外形。

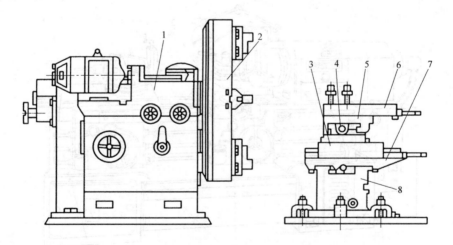

图 1-22 落地车床的外形
1—主轴箱 2—花盘 3—刀架(滑板) 4—转盘
5—小刀架座 6—小刀架 7—刀架座 8—滑座

2. 立式车床

立式车床用于加工径向尺寸大,而轴向尺寸小且形状复杂的大型或重型零件。它分为单柱式和双柱式两种,如图 1-23 所示。图 1-23a 所示为单柱式立式车床,用于加工直径较小的零件;而图 1-23b 所示为双柱式立式车床,用于加工直径较大的零件。

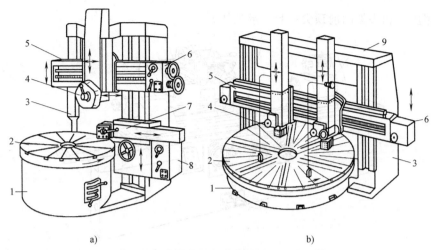

图 1-23 立式车床

1—底座 2—工作台 3—立柱 4—垂直刀架 5—横梁 6—垂直刀架进给箱 7—侧刀架 8—侧刀架进给箱 9—顶梁

第三节 磨 床

一、概述

用磨料磨具（砂轮、砂带和研磨剂等）作为工具进行切削加工的机床，统称磨床。

磨床可以磨削各种表面，如内外圆柱面、内外圆锥面、平面、渐开线齿廓面、螺旋面以及各种成形面，还可刃磨刀具和进行切断等工作，应用范围十分广泛。

磨床主要应用于零件精加工，尤其是淬硬钢和高硬度特殊材料零件的精加工。目前也有不少用于粗加工的高效磨床。

磨床的种类繁多，主要类型有：各类内外圆磨床、各类平面磨床、工具磨床、刀具刃磨磨床以及各种专业化磨床。

二、M1432B 型万能外圆磨床

（一）磨床的布局、用途及运动

1. 磨床的布局

图 1-24 所示为 M1432B 型万能外圆磨床的外形，它主要由六部件组成。

（1）床身 床身是磨床的基础支承件，上面装有砂轮架、工作台、头架、尾座等，使它们在工作时能够保持准确的相对位置，其内部用来作为液压油的油池。

（2）头架 用于安装及夹持工件，并带动工件旋转。

（3）工作台 由上、下两层组成。上工作台可相对于下工作台在水平面内偏转一定角度，以便磨削锥度不大的外圆锥面。上工作台的台面上装有头架和尾座。

（4）内磨装置 用于支承磨削内孔用的砂轮主轴。

（5）砂轮架 用于支承并传动高速旋转的砂轮主轴。砂轮架装在床鞍上，利用横向进给机构可实现横向进给运动。

（6）尾座　和头架的前顶尖一起支承工件。

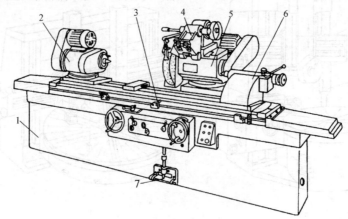

图 1-24　M1432B 型万能外圆磨床的外形

1—床身　2—头架　3—工作台　4—内磨装置　5—砂轮架　6—尾座　7—脚踏操纵板

2. 磨床的用途

M1432B 型万能外圆磨床是普通精度级万能外圆磨床。其通用性好，但生产率较低，适用于单件小批量生产。

3. 磨床的运动

图 1-25 所示为万能外圆磨床加工示意图。

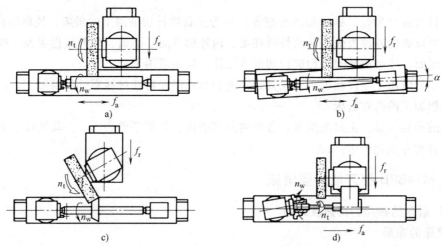

图 1-25　万能外圆磨床加工示意图

a) 磨外圆柱面　b) 扳转工作台磨长圆锥面　c) 扳转砂轮架磨短圆锥面　d) 扳转头架磨内圆锥面

（二）磨床的传动系统

图 1-26 所示为 M1432B 型万能外圆磨床的传动系统图。工作台的纵向往复运动、砂轮架的快速进退和自动周期进给、尾座套筒的缩回均采用液压传动，其余都由机械传动。

（三）砂轮架的结构

砂轮架由壳体、主轴及其轴承以及传动装置等组成。砂轮主轴及其支承的刚度和精度将直接影响工件的加工精度和表面粗糙度，因此应保证主轴具有较高的旋转精度、刚度、抗振性和耐磨性。图 1-27 所示为 M1432B 型万能外圆磨床的砂轮架。

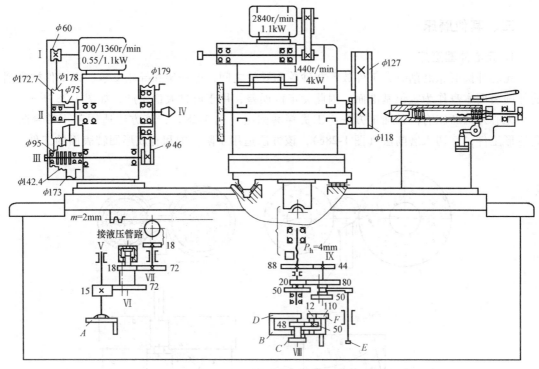

图 1-26　M1432B 型万能外圆磨床的传动系统图

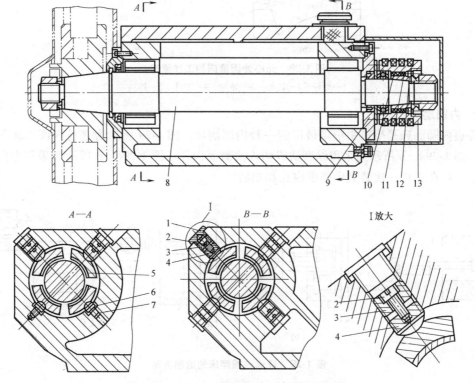

图 1-27　M1432B 型万能外圆磨床的砂轮架

1—封口螺塞　2—拉紧螺钉　3—通孔螺钉　4—球头螺钉　5—轴瓦　6—密封圈
7—轴瓦支承头　8—砂轮主轴　9—轴承盖　10—销　11—弹簧　12—螺钉　13—带轮

三、其他磨床

1. 无心外圆磨床

无心外圆磨床磨削时,工件放置在砂轮和导轮之间,由托架和导轮支承,以工件被磨削的外圆表面本身作为定位基准面,因此无定位误差,用于成批大量生产,如图 1-28 所示。

无心外圆磨床有两种加工方法:①贯穿磨削法(图 1-28b),该方法适用于不带台阶的圆柱形工件;②切入磨削法(图 1-28c),该方法适用于阶梯轴和有成形回转表面的工件。

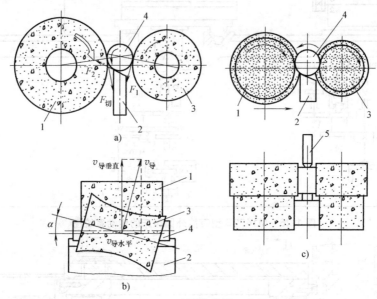

图 1-28 无心外圆磨床的工作原理
1—砂轮 2—托架 3—导轮 4—工件 5—挡块

2. 内圆磨床

普通内圆磨床是生产中应用最广的一种内圆磨床。图 1-29 所示为普通内圆磨床的磨削方法。图 1-29a、b 所示为采用纵磨法或切入法磨削内孔。图 1-29c、d 所示为采用专门的端磨装置,可在工件一次装夹中磨削内孔和端面。

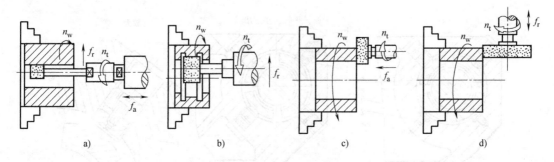

图 1-29 普通内圆磨床的磨削方法

3. 平面磨床

平面磨床主要用于磨削各种工件上的平面,其磨削方法如图 1-30 所示。根据砂轮工作

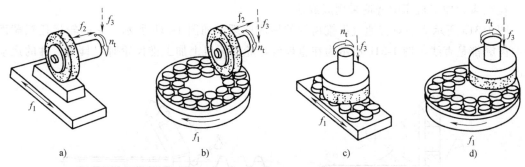

图 1-30 平面磨床的磨削方法

a）卧轴矩台型　b）卧轴圆台型　c）立轴矩台型　d）立轴圆台型

表面和工作台形状的不同，它主要分为四种类型：卧轴矩台型、卧轴圆台型、立轴矩台型和立轴圆台型。

第四节　齿轮加工机床

一、概述

齿轮是最常用的传动件。齿轮的加工可采用铸造、锻造、冲压、切削加工等方法。齿轮加工机床是指利用专用切削刀具来加工齿轮轮齿的机床。

1. 齿轮加工机床的加工原理

按形成轮齿的原理可分为成形法和展成法两大类。

（1）成形法　成形法加工齿轮所采用的刀具为成形刀具，切削刃为一条切削线，且切削刃形状与被切齿轮的齿槽及轮齿形状相吻合。属于成形法的有铣齿、拉齿、冲齿、压铸、成形磨齿等。形成母线的方法是成形法，不需要表面成形运动；形成导线的方法是相切法，需要两个成形运动，一个是铣刀绕自己轴线的回转运动，一个是铣刀回转中心沿齿坯轴向的直线移动。

（2）展成法　展成法加工齿轮是应用齿轮的啮合原理进行的，即把齿轮啮合副中的一个作为刀具，另一个作为工件，并强制刀具和工件做严格的啮合运动，由刀具切削刃在运动中若干位置包络出工件齿廓。属于展成法的有滚齿、插齿、梳齿、剃齿、研齿、珩齿、展成法磨齿等。用展成法加工齿轮的优点是，只要模数和压力角相同，一把刀具可加工任意齿数的齿轮。这种方法的加工精度和生产率较高，因而在齿轮加工机床中应用最为广泛。

2. 齿轮加工机床的类型及常用加工方法

（1）按被加工齿轮种类分类

1）圆柱齿轮加工机床。其常用的有滚齿机、插齿机等。

2）锥齿轮加工机床。一般分为直齿锥齿轮加工机床和曲线齿锥齿轮加工机床。直齿锥齿轮加工机床有刨齿机、铣齿机和拉齿机等，曲线齿锥齿轮加工机床有加工各种不同曲线齿锥齿轮的铣齿机和拉齿机等。

锥齿轮加工有成形法和展成法两种。成形法常以单片铣刀或指形齿轮铣刀作为刀具，用分度头在卧式铣床上加工。

在锥齿轮加工机床中普遍采用展成法。

图 1-31a 所示为一对普通直齿锥齿轮的展成原理。如图 1-31b 所示，它的轮齿任意截面上的齿廓都是直线。图 1-31c 所示为在直齿锥齿轮刨齿机上加工锥齿轮时刀具与工件的运动情况。

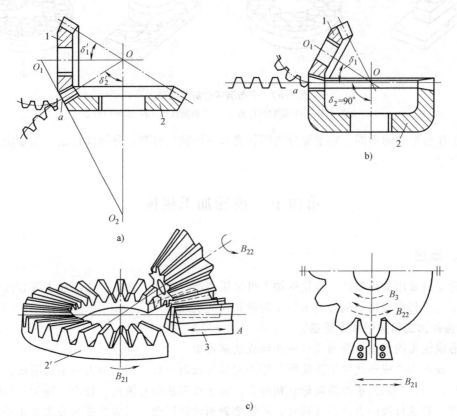

图 1-31 直齿锥齿轮的展成原理

（2）按切削方法分类　常用的有滚齿机、插齿机、剃齿机、磨齿机、珩齿机等。其中，剃齿机、磨齿机、珩齿机是用来精加工齿轮齿面的机床。

1）滚齿机。滚齿机是齿轮加工机床中应用最为广泛的一种，主要用于滚切圆柱齿轮及蜗轮。滚齿是一种高效的切齿方法，主要用于软齿面的加工。

2）插齿机。插齿机主要用于加工内、外啮合的圆柱齿轮，因插齿时空刀距离小，故用插齿机还可加工在滚齿机上无法加工的带台阶的齿轮、人字齿轮和齿条，尤其适合于加工内齿轮和多联齿轮，但不能加工蜗轮。

3）剃齿机。剃齿机用于对滚齿或插齿后的圆柱齿轮或蜗轮进行精加工。普通剃齿机适用于软齿面加工，加工效率高，刀具寿命长，结构简单。

4）磨齿机。磨齿机用于对淬硬的齿轮进行精加工。按磨齿方法不同，又分为：①蜗杆砂轮磨齿机；②锥形砂轮磨齿机；③碟形砂轮磨齿机；④大平面砂轮磨齿机；⑤成形砂轮磨齿机。

5）珩齿机。珩齿机用于对淬火齿轮的轮齿表面进行光整加工，减小表面粗糙度值，提高表面质量。外啮合珩齿会降低齿轮精度，内啮合珩齿则能提高齿轮精度。

二、滚齿

(一) 滚齿原理

滚齿加工是依照交错轴斜齿圆柱齿轮啮合原理进行的。用齿轮滚刀加工齿轮的过程,相当于一对交错轴斜齿圆柱齿轮啮合的过程,如图1-32所示。

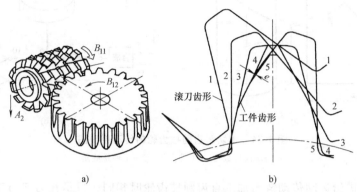

图 1-32 滚齿原理

(二) 加工直齿圆柱齿轮的运动和传动原理

加工直齿圆柱齿轮时,滚刀轴线与齿轮端面倾斜一个角度,其值等于滚刀螺旋升角,使滚刀螺旋方向与被切齿轮齿向一致。图1-33所示为滚切直齿圆柱齿轮的传动原理图,为完成滚切直齿圆柱齿轮,它需要具有以下三条传动链。

(1) 主运动传动链 电动机 (M)—1—2—u_v—3—4—滚刀 (B_{11}),是一条将运动源(电动机)与滚刀相联系的外联系传动链,实现滚刀的旋转运动,即主运动。

(2) 展成运动传动链 滚刀 (B_{11})—4—5—u_x—6—7—工作台 (B_{12}),是一条内联系传动链,实现渐开线齿廓的复合成形运动。

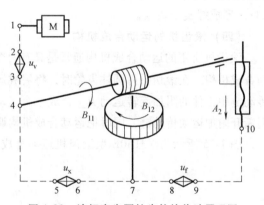

图 1-33 滚切直齿圆柱齿轮的传动原理图

对单头滚刀而言,滚刀转一转,工件应转过一个齿,所以要求滚刀与工作台之间必须保持严格的传动比关系。

(3) 轴向进给运动传动链 工作台 (B_{12})—7—8—u_f—9—10—刀架 (A_2),是一条外联系传动链,实现齿宽方向直线形齿线的运动。

(三) 加工斜齿圆柱齿轮的运动和传动原理

斜齿圆柱齿轮在齿长方向为一条螺旋线,为了形成螺旋线齿线,在滚刀做轴向进给运动的同时,工件还应做附加旋转运动 B_{22}(简称附加运动),且这两个运动之间必须保持确定的关系:滚刀移动一个螺旋线导程 P_h 时,工件应准确地附加转过一转。因此,加工斜齿圆柱齿轮时的进给运动是螺旋运动,是一个复合运动,如图1-34a所示。

实现滚切斜齿圆柱齿轮所需成形运动的传动原理图如图1-34b所示,其中,主运动、展

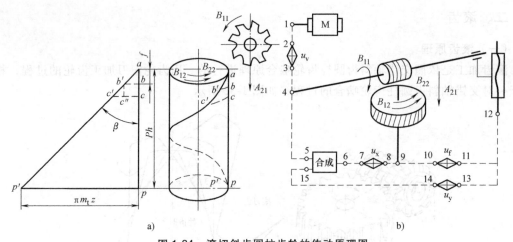

图 1-34 滚切斜齿圆柱齿轮的传动原理图

m_t—端面模数　z—工件齿数　β—工件螺旋角

成运动以及轴向进给运动传动链与加工直齿圆柱齿轮时相同，只是在刀架与工作台之间增加了一条附加运动传动链：

刀架（滚刀移动 A_{21}）—12—13—u_y—14—15—[合成]—6—7—u_x—8—9—工作台（工件附加运动 B_{22}），以保证刀架沿工作台轴线方向移动一个螺旋线导程 P_h 时，工件附加转过 $\pm 1r$，形成螺旋线齿线。

（四）滚齿机的运动合成机构

滚齿机所用的运动合成机构通常是具有两个自由度的圆柱齿轮或锥齿轮行星机构。利用运动合成机构，在滚切斜齿圆柱齿轮时，将展成运动传动链中工作台的旋转运动 B_{12} 和附加运动传动链中工件的附加旋转运动 B_{22} 合成一个运动后传送到工作台；而在滚切直齿圆柱齿轮时，则断开附加运动传动链，同时把运动合成机构调整成为一个如同"联轴器"形式的结构。

图 1-35 所示为 Y3150E 型滚齿机运动合成机构的工作原理。加工斜齿圆柱齿轮、大质数

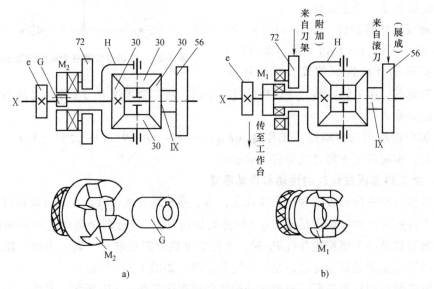

图 1-35　Y3150E 型滚齿机运动合成机构的工作原理

直齿圆柱齿轮和使用切向进给法加工蜗轮时，展成运动和附加运动同时通过运动合成机构传动（图 1-35a），并分别按传动比 $u_{合1}=-1$ 及 $u_{合2}=2$ 经轴 X 和齿轮 e 传往工作台。

加工直齿圆柱齿轮时，将离合器 M_1 直接装在轴 X 上（通过键连接），如图 1-35b 所示，M_1 的端面齿只和转臂 H 的端面齿连接，来自刀架的附加运动不能传入合成机构。

三、Y3150E 型滚齿机

（一）Y3150E 型滚齿机的布局

中型通用滚齿机常见的布局形式有立柱移动式和工作台移动式。Y3150E 型滚齿机的布局属于工作台移动式，图 1-36 所示为该机床的外形。

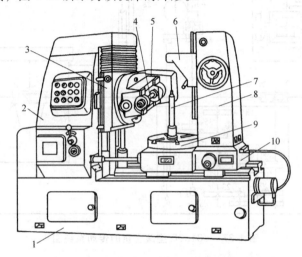

图 1-36　Y3150E 型滚齿机的外形

1—床身　2—立柱　3—刀架溜板　4—刀杆　5—刀架体
6—支架　7—心轴　8—后立柱　9—工作台　10—床鞍

Y3150E 型滚齿机可加工最大工件直径为 500mm，最大加工宽度为 250mm，最大加工模数为 8mm，工件最小齿数为 5n（n 为滚刀头数）。

（二）Y3150E 型滚齿机的传动系统图

图 1-37 所示为 Y3150E 型滚齿机的传动系统图。该机床主要用于加工直齿和斜齿圆柱齿轮，也可用手动径向进给加工蜗轮。因此，传动系统中有主运动、展成运动、轴向进给运动和附加运动四条传动链，另外还有一条刀架快速移动（空行程）传动链。

（三）加工直齿圆柱齿轮的调整计算

1. 主运动传动链

由图 1-33 所示传动原理图得主运动传动链为

$$电动机(M)—1—2—u_v—3—4—滚刀(B_{11})$$

其中包括定比传动 1—2、换置机构 u_v 和定比传动 3—4。

（1）找两端件　电动机和滚刀。

（2）确定计算速度　$n_电$（1430r/min）和 $n_{滚刀}$（r/min）。

（3）列运动平衡式

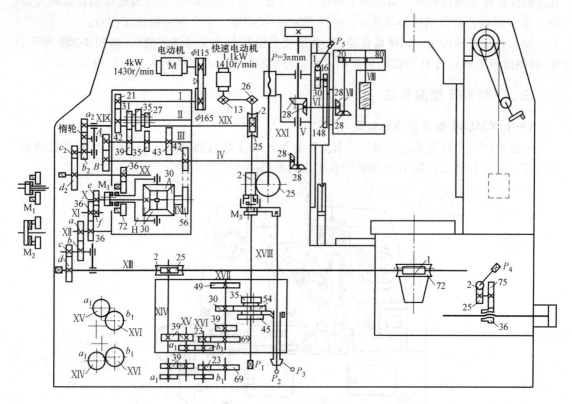

图 1-37 Y3150E 型滚齿机的传动系统图

$$1430\text{r/min} \times \frac{115}{165} \times \frac{21}{42} \times u_{\text{II-III}} \times \frac{A}{B} \times \frac{28}{28} \times \frac{28}{28} \times \frac{28}{28} \times \frac{20}{80} = n_{\text{滚刀}}$$

（4）导出换置公式　由上式可推导出换置机构传动比 u_v 的计算公式为

$$u_v = u_{\text{II-III}} \times \frac{A}{B} = \frac{n_{\text{滚刀}}}{124.583}$$

式中　$u_{\text{II-III}}$——轴Ⅱ-Ⅲ间的可变传动比；

$\dfrac{A}{B}$——主运动变速交换齿轮的齿数比。

$u_{\text{II-III}}$ 共三种，分别为 27/43，31/39，35/35；$\dfrac{A}{B}$ 也为三种，分别为 22/44，33/33，44/22。

由此可知：滚刀转速为 40~250r/min 时共有九级转速供选用。

2. 展成运动传动链

由图 1-34 所示传动原理图得展成运动传动链为

滚刀（B_{11}）—4—5—[合成]—6—7—u_x—8—9—工作台（B_{12}）

其中包括定比传动 4—5、6—7、换置机构 u_x 和定比传动 8—9。

（1）找两端件　滚刀和工件。

（2）确定计算位移　1r 和 n/zr。当滚刀头数为 n，工件齿数为 z 时，滚刀转过 1r，工件

（即工作台）相应地转 n/z r。

（3）列运动平衡式

$$1\times\frac{80}{20}\times\frac{28}{28}\times\frac{28}{28}\times\frac{28}{28}\times\frac{42}{56}u_{合1}\times\frac{e}{f}\times\frac{36}{36}\times\frac{a}{b}\times\frac{c}{d}\times\frac{1}{72}=\frac{n}{z}$$

此时，合成机构相当于一个联轴器，即 $u_{合1}=1$。

（4）导出换置公式　整理上式可得出分度交换齿轮架（换置机构）传动比 u_x 的计算公式为

$$u_x=\frac{a}{b}\times\frac{c}{d}=\frac{f}{e}\times\frac{24n}{z}$$

式中，齿数为 e、f 的交换齿轮称为"结构性交换齿轮"，用于工件齿数 z 在较大范围内变化时调整 u_x 的数值，保证其分子、分母相差倍数不致过大，从而使交换齿轮架结构紧凑。根据 z/n 的值，e、f 可以有如下三种选择：

$5\leqslant z/n\leqslant 20$ 时，取 $e=48$，$f=24$；$21\leqslant z/n\leqslant 142$ 时，取 $e=36$，$f=36$；$z/n\geqslant 143$ 时，取 $e=24$，$f=48$。

3. 轴向进给运动传动链

由图 1-34 所示传动原理图得轴向进给传动链为

$$工作台(B_{12})—9—10—u_f—11—12—刀架$$

其中包括定比传动 9—10、换置机构 u_f 和定比传动 11—12。

（1）找两端件　工作台和刀架。

（2）确定计算位移　1r 和 f（mm/r），即工作台每转 1r，刀架轴向进给 f。

（3）列运动平衡式

$$1\times\frac{72}{1}\times\frac{2}{25}\times\frac{39}{39}\times\frac{a_1}{b_1}\times\frac{23}{69}\times u_{XVII-XVIII}\times\frac{2}{25}\times 3\pi=f$$

（4）导出换置公式　由上式可推导出换置机构（进给箱）传动比 u_f 的计算公式为

$$u_f=\frac{a_1}{b_1}\times u_{XVII-XVIII}=0.6908f$$

式中　f——轴向进给量（mm/r），根据工件材料、加工精度及表面粗糙度等条件选定；

$\frac{a_1}{b_1}$——轴向进给交换齿轮的齿数比（有四种）；

$u_{XVII-XVIII}$——进给箱 XVII-XVIII 轴之间的可变传动比，有三种，即 39/45，30/54，49/35。

f 为 0.4~4mm/r 时共有 12 级转速供选用。

（四）加工斜齿圆柱齿轮的调整计算

1. 主运动传动链

主运动传动链调整计算和加工直齿圆柱齿轮时相同。

2. 展成运动传动链

展成运动传动链的传动路线以及两端件之间的计算位移都和加工直齿圆柱齿轮时相同。但此时，运动合成机构的作用不同，在 X 轴上安装套筒 G 和离合器 M_2，其在展成运动传动链中的传动比 $u_{合1}=-1$，代入运动平衡式中得出的换置公式为

$$u_{x} = \frac{a}{b} \times \frac{c}{d} = \frac{f}{e} \times \frac{24n}{z}$$

3. 轴向进给运动传动链

轴向进给运动传动链调整计算和加工直齿圆柱齿轮时相同。

4. 附加运动传动链

附加运动传动链是联系刀架直线移动（即轴向进给）A_{21} 和工作台附加旋转运动 B_{22} 之间的传动链。由图 1-34b 所示传动原理图得附加运动传动链为

刀架（滚刀移动 A_{21}）—12—13—u_y—14—15—[合成]—6—7—u_x—8—9—工作台（工件附加转动 B_{22}）

其中包括定比传动 12—13、换置机构 u_y 和定比传动 14—15。

5. 附加运动传动链

（1）找两端件 刀架和工作台（工件）。

（2）确定计算位移 P（mm）和 ±1r，即刀架轴向移动一个螺旋线导程 P 时，工件应附加转过 ±1r。

（3）列运动平衡式

$$\frac{P}{3\pi} \times \frac{25}{2} \times \frac{2}{25} \times \frac{a_2}{b_2} \times \frac{c_2}{d_2} \times \frac{36}{72} \times u_{合2} \times \frac{e}{f} \times \frac{a}{b} \times \frac{c}{d} \times \frac{1}{72} = \pm 1$$

式中　3π——轴向进给丝杠的导程（mm）；

　　　$u_{合2}$——运动合成机构在附加运动传动链中的传动比，$u_{合2} = 2$；

　　　$\frac{a}{b} \times \frac{c}{d}$——展成运动传动链交换齿轮的传动比，$\frac{a}{b} \times \frac{c}{d} = \frac{f}{e} \times \frac{24n}{z}$；

　　　P——被加工齿轮螺旋线的导程（mm），$P = \frac{\pi m_n z}{\sin\beta}$，$m_n$ 为被加工齿轮的法向模数（mm），β 为被加工齿轮的螺旋角（°）。

（4）导出换置公式　整理上式后得

$$u_y = \frac{a_2}{b_2} \times \frac{c_2}{d_2} = \pm 9 \frac{\sin\beta}{m_n n}$$

根据附加运动传动链的运动平衡式和换置公式可见：

1）附加运动传动链是形成螺旋线的内联系传动链，其传动比数值的精确度直接影响工件轮齿的齿向精度，所以交换齿轮传动比应配算准确。

2）附加运动交换齿轮配算与工件的齿数 z 无关。

3）对于 Y3150E 型滚齿机，齿数为 100 以下的质数齿轮，加工时，都可以选到合适的交换齿轮，详见相应机床使用说明书。

（五）刀架快速移动传动路线

利用快速电动机可使刀架做快速升降运动，以便调整刀架位置及在进给前后实现快进和快退。由图 1-37 可知，刀架快速移动的传动路线为

$$快速电动机 — \frac{13}{26}（链传动）— M_3 — \frac{2}{25} — XXI（刀架轴向进给丝杠）$$

此外，在加工斜齿圆柱齿轮时，起动快速电动机，可经附加运动传动链带动工作台旋

转,还可检查工作台附加运动的方向是否符合附加运动的要求。刀架快速移动的方向可通过控制快速电动机的旋转方向来变换。

(六) 滚刀安装及调整

滚齿时,应使滚刀在切削点处的螺旋线方向与被加工齿轮齿槽方向一致,为此,安装时需将滚刀轴线与工件顶面成一定的角度,称为安装角,用 δ 表示。

加工直齿圆柱齿轮时,滚刀的安装角 $\delta = \pm \omega$(ω 为滚刀的螺旋升角),如图 1-38 所示。

加工螺旋角为 β 的斜齿圆柱齿轮时,滚刀的安装角 $\delta = \beta \pm \omega$。当 β 与 ω 同向时,取 "-" 号;β 与 ω 异向时,取 "+" 号,如图 1-38 所示。左旋或右旋滚刀的扳动方向取决于工件的螺旋方向。

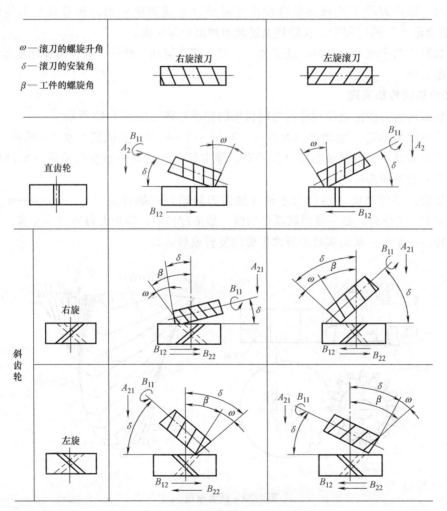

图 1-38 滚刀的安装角及扳动方向

(七) 径向进给滚切蜗轮

用径向进给法滚切蜗轮时,主运动传动链和展成运动传动链与滚切直齿圆柱齿轮时相同。其不同点在于所用的刀具为蜗轮滚刀,滚刀心轴水平安装,滚刀刀架不做竖直进给,而用刀具或工件的径向移动来实现径向进给运动。

四、插齿

插齿机主要用于加工内、外啮合的圆柱齿轮,因插齿时空刀距离小,故用插齿机可加工在滚齿机上无法加工的带台阶的齿轮、人字齿轮和齿条,尤其适用于加工内齿轮和多联齿轮,但插齿机不能加工蜗轮。

1. 插齿原理及所需的运动

插齿原理类似一对圆柱齿轮相啮合,其中一个是工件,另一个是具有齿轮形状的插齿刀。可见插齿机也是按展成法原理来加工圆柱齿轮的。如图 1-39 所示,插齿刀实质上是一个端面磨有前角,齿顶及齿侧均磨有后角的齿轮,它的模数和压力角与被加工齿轮相同。

插齿时,插齿刀沿工件轴向做直线往复运动以完成切削运动,在刀具与工件轮坯做"无间隙啮合运动"的过程中,在轮坯上逐渐地切出全部齿廓。

插齿机除了两个成形运动外,还需要一个径向切入运动。此外,插齿刀在往复运动的回程时不切削。

2. 插齿机的传动原理

用齿轮形插齿刀插削直齿圆柱齿轮时机床的传动原理图如图 1-40 所示。

(1) 主运动传动链　电动机 (M)—1—2—u_v—3—4—5—曲柄偏心盘 A—插齿刀主轴,从而使插齿刀沿其主轴轴线做直线往复运动,即主运动,这是一条将运动源(电动机)与插齿刀相联系的外联系传动链。

(2) 展成运动传动链　插齿刀主轴(插齿刀转动)—蜗杆副 B—9—8—10—u_x—11—12—蜗杆副 C—工作台,是一条内联系传动链。加工过程中,插齿刀每转过一个齿,工件也应相应地转过一个齿,从而实现渐开线齿廓的复合成形运动。

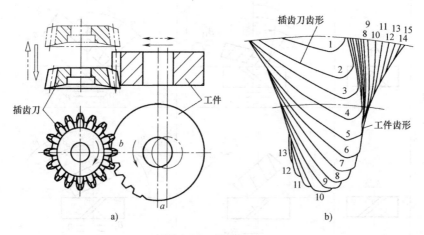

图 1-39　插齿原理

(3) 圆周进给运动传动链　曲柄偏心盘 A—5—4—6—u_f—7—8—9—蜗杆副 B—插齿刀主轴转动,实现插齿刀的转动即圆周进给运动,插齿刀转动的快慢决定了工件轮坯转动的快慢,同时也决定了插齿刀每一次切削的切削负荷、加工精度和生产率。

(4) 让刀运动及径向切入运动　让刀运动及径向切入运动不直接参与工件表面的形成过程。

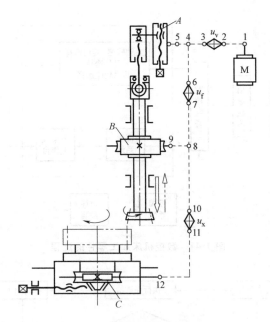

图 1-40 插齿机的传动原理图

第五节 数控机床

一、概述

在机械制造业中，为使大批大量生产的产品（如汽车、拖拉机等）高产优质，常采用专用机床、组合机床、专用生产线或自动线等并配以相应的工装，实行多刀、多工位同时加工。这些设备的初期投资费用大、生产准备时间长，且不适应产品的更新换代。

数控机床较好地解决了小批量、品种变化多、形状复杂和精度高的零件的自动化加工问题。数控机床，也称数字程序控制机床，它是一种以数字量作为指令信息形式，通过电子计算机或专用电子计算装置，对这种信息进行处理而实现自动控制的机床。其是一种集高效率、高柔性和高精度于一身的自动化机床，也是一种典型的机电一体化产品。

1. 数控机床的工作原理

数控机床加工零件时，操作者首先应按图样的要求制订工艺过程，用规定的代码和程序格式编制加工程序。数控机床加工零件的过程如图 1-41 所示。

在数控机床上加工零件时，由伺服系统接受数控装置送来的指令脉冲，并将其转化为执行件的位移。

插补运算就是数控装置根据输入的基本数据（直线的起点和终点坐标值，圆弧的起点、圆心、终点坐标值和半径等），计算出一系列中间加工点的坐标值（数据密化），使执行件在两点之间的运动轨迹与被加工零件的廓形相近似。

数控机床中常用的插补运算方法有逐点比较法、数字积分法和时间分割法等。

现以逐点比较法为例来说明插补运算的过程，其运算框图如图 1-42 所示。

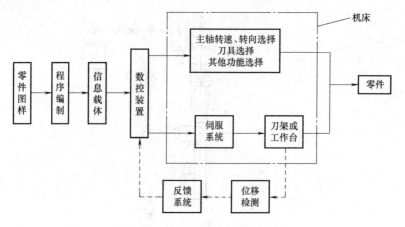

图 1-41 数控机床加工零件的过程

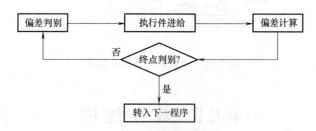

图 1-42 插补运算框图

1) 偏差判别。判断加工点相对于零件廓形的偏离位置，计算偏差值。

2) 执行件进给。根据偏差值的大小及方向，加工点进给一步（一个脉冲当量），向规定的廓形靠拢。

3) 偏差计算。计算在新的位置上的偏差值。

4) 终点判别。每走一步均需计算加工点是否到达终点位置，若是则停止加工，输入下一段指令，若不是则继续上述循环过程。

（1）直线插补　如图 1-43 所示，设被加工的直线 OA 在第 I 象限，其起点为坐标原点 O，终点坐标为 $A(X_e, Y_e)$，现加工点为 $P(X_i, Y_i)$。如果加工点 P 落在直线 OA 上，则有

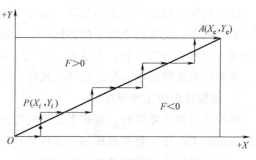

图 1-43 直线插补

$$\frac{Y_i}{X_i} = \frac{Y_e}{X_e}$$

由此可得直线 OA 的方程式为

$$F = Y_i X_e - Y_e X_i = 0$$

其中，F 表示偏差。根据 F 的值就可以判别加工点 P 偏离直线 OA 的情况，并确定加工点的进给方向：$F>0$，则点 P 在直线上方，加工点向 X 方向进给一步；$F<0$，则点 P 在直线下

方,加工点向 Y 方向进给一步;$F=0$,则点 P 在直线上,加工点向 X 或 Y 方向进给一步都可以,系统可以规定其一个方向。

(2) 圆弧插补 如图 1-44 所示,设逆时针圆弧 AB 的中心 O 为坐标原点,半径为 R,起点为 $A(X_0, Y_0)$,终点为 $B(X_e, Y_e)$,现加工点为 $P(X_i, Y_i)$。若加工点 P 落在圆弧 AB 上,则有

$$X_i^2 + Y_i^2 = R^2$$

圆弧插补的偏差值 F 是根据加工点的半径与圆弧半径之差来确定的。若 $F>0$,表示点在圆之外,应向圆内进给一步,反之,则向圆外进给一步。

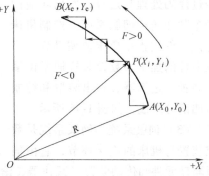

图 1-44 圆弧插补

2. 数控机床的组成

根据数控机床的工作原理,它一般由信息载体、数控装置、伺服系统和机床本体四部分组成。如图 1-41 实线部分所示的系统称为开环系统,为了提高加工精度,也可加入位移检测装置和反馈系统(图中虚线部分所示),此时,该系统称为闭环系统。

(1) 信息载体 信息载体又称控制介质,用于记录各种加工指令,以控制机床的运动,实现零件的自动加工。

1) 穿孔纸带。早期的数控机床上常用的控制介质,大都是穿孔纸带。它是把数控程序按一定的规则制成穿孔纸带,数控机床通过纸带阅读装置把纸带上的代码转换成数控装置可以识别的电信号,经过识别和译码以后分别输送到相应的寄存器,这些指令作为控制与运算的原始依据,控制器根据指令控制运算及输出装置,达到对机床控制的目的。目前常用的是八单位的穿孔纸带。图 1-45 所示为常用的八单位标准穿孔纸带,纸带以有孔为"1"、无孔为"0"表示两种状态。

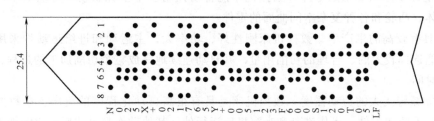

图 1-45 八单位标准穿孔纸带

2) 数据磁带。这种方法是将编制好的程序录制在数据磁带上,在加工零件时,再将程序从数据磁带上读出来,从而控制机床动作。

3) 磁盘。随着计算机的迅速发展,计算机磁盘存储的程序,已替代穿孔纸带和数据磁带,作为输入控制介质。编程人员可以在计算机上使用自动编程软件进行编程,然后把计算机与数控机床通过数据线或无线信号互联的方式连接起来,实现计算机与机床之间的通信。这样就能把加工指令直接送入数控系统,控制机床进行加工,从而提高了系统的可靠性和信息传递效率。

4) MDI。MDI 即手动数据输入方式。它是利用数控机床操作面板上的键盘,将编好的程序直接输入数控系统中,并可以通过显示器显示有关内容。MDI 的特点是输入简单,检验与校核、修改方便,适用于形状简单、程序不长的零件。

(2) 数控装置 数控装置是数控机床的核心，其功能是接收读入装置输入的加工信息，经过译码处理与运算，发出相应的指令脉冲送给伺服系统，控制机床各执行件按指令要求协调动作，完成零件的加工。数控装置通常由输入装置、运算器、输出装置和控制器四部分组成，如图1-46所示。

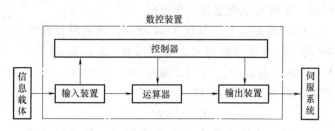

图1-46 数控装置及其信息处理过程

(3) 伺服系统 伺服系统是数控装置与机床的连接环节，它由伺服驱动元件和传动装置（减速器、滚珠丝杠等）组成，其功能是接收数控装置由插补运算生成的指令脉冲信号，驱动机床执行件做相应的运动，并对其位置精度和速度进行控制。

(4) 机床本体及机械部件 数控机床的本体及机械部件包括主运动部件、进给运动执行件及机械传动部件和支承部件等，对于数控加工中心，还设有刀库和换刀机械手等部件。数控机床的本体一般均较通用机床简单，但在精度、刚度、热变形、抗振性和低速运动平稳性等方面的要求则较高，特别对主轴部件和导轨的要求更高。

3. 数控机床的特点与应用

数控机床与其他机床相比较，主要有以下几方面的特点：

(1) 具有良好的柔性 当被加工零件改变时，只需重新编制相应的程序，输入数控装置就可以自动地加工出新的零件，使生产准备时间大为缩短，降低了成本。

(2) 能获得高的加工精度和稳定的加工质量 数控机床的进给运动是由数控装置输送给伺服机构一定数目的脉冲进行控制的，目前数控机床的脉冲当量已普遍达到0.001mm。

(3) 能加工形状复杂的零件 数控机床能自动控制多个坐标联动，可以加工母线为曲线的旋转体、凸轮和各种复杂空间曲面的零件。

(4) 具有较高的生产率 数控机床刚性好，功率大，主运动和进给运动均采用无级变速，所以能选择较大的、合理的切削用量，并自动连续地完成整个切削加工的过程，可大大缩短机动时间。

(5) 能减轻工人的劳动强度 数控机床是具有很高自动化程度的机床，在数控机床上的加工，除了装卸工件、操作键盘和观察机床运行外，其他动作都是按照预定的加工程序自动连续地进行的，所以能减轻工人的劳动强度，改善劳动条件。

(6) 有利于实现现代化的生产管理 用计算机管理生产是实现管理现代化的重要手段。

数控机床的适用范围一般可用图1-47来表示。

单一功能的数控机床（如数控车床、数控铣床和数控钻床等）只适用于各种车、铣和钻等工序。

车削中心用于加工各种回转体，并兼有铣、镗、钻等功能；镗铣加工中心用于箱体类零件的镗、钻、扩、铰、攻螺纹和铣等工序。

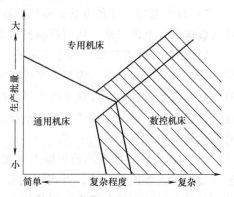

图1-47 数控机床的适用范围

4. 数控机床编程的基本概念

(1) 数控机床的坐标系 在数控机床上加工零

件时，刀具与工件的相对运动只有在确定的坐标系中，才能按照规定的程序进行加工。数控机床坐标系一般采用直角笛卡儿坐标系，规定了各坐标轴轴向和周向旋转方向数值的正负，如图1-48所示。采用笛卡儿坐标系，不同数控机床的坐标系如图1-49所示。

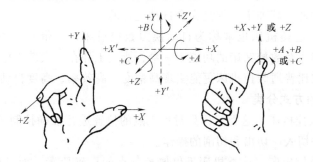

图1-48 右手直角笛卡儿坐标系

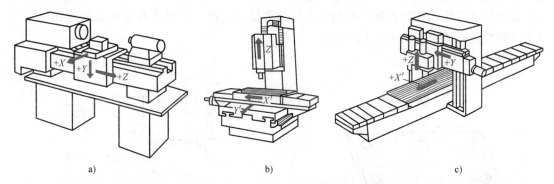

图1-49 数控车床、数控铣床和数控龙门铣床的坐标系

（2）编程实例 在数控机床上加工零件，首先要按零件图样制订工艺，然后计算运动轨迹并编写加工程序单，再根据代码规定的形式，将程序单中的全部内容记录在信息载体上，最后输入数控装置，控制机床进行加工。这种从零件图样到制备信息载体的过程，称为数控加工的程序编制，其一般过程如图1-50所示。

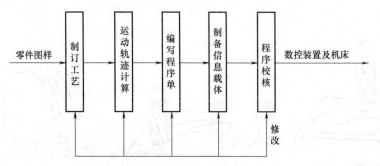

图1-50 程序编制的一般过程

二、数控机床的分类

数控机床可按以下一些原则进行分类。

1. 按工艺用途分类

（1）普通数控机床　这类数控机床与一般的通用机床一样，有数控车、铣、钻、镗、磨和齿轮加工机床等。其加工方法、工艺范围也与一般的同类型通用机床相似，不同的是，这类机床除装卸工件外，其加工过程是完全自动进行的。

（2）加工中心　这类机床也常称为自动换刀数控机床，它带有刀库和自动换刀装置，集数控铣床、数控镗床及数控钻床的功能于一身，能使工件在一次装夹中完成大部分甚至全部机械加工工序。它比普通数控机床更能实现高精度、高效率、高度自动化及低成本加工。

2. 按控制运动的方式分类

（1）点位控制数控机床　这类机床只对加工点的位置进行准确控制（图1-51）。点位控制过程不承担对工件切入、切出和切削的操作。

（2）直线控制数控机床　这类机床不仅要控制点的准确位置，而且要保证两点之间的运动轨迹为一条直线，并按指定的进给速度进行切削（图1-52）。其中序号1的进给按箭头方向包含快速靠近工件（快进）和切入工件两种进给速度，序号7按箭头方向包含刀具切出工件和快退运动，序号8是快退运动。

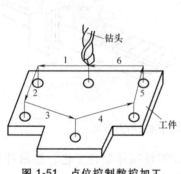

图1-51　点位控制数控加工

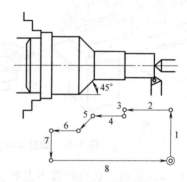

图1-52　直线控制数控加工

（3）轮廓控制数控机床　这类机床能对两个或两个以上坐标轴同时运动的瞬时位置和速度进行严格的控制，实现多轴联动，从而加工出复杂形状的平面曲线或空间曲面（图1-53）。

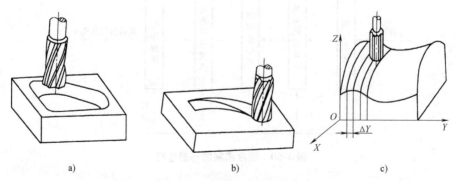

图1-53　半轮廓控制数控加工

3. 按伺服系统的类型分类

由伺服系统控制的机床执行件，接收数控装置的指令运动时，其实际位移量与指令要求值之间必定存在一定的误差,这一误差是伺服电动机的转角误差、减速齿轮的传动误差、滚珠丝杠的螺距误差以及导轨副抵抗爬行的能力这四项因素的综合反映。

(1) 开环控制数控机床　这类机床由数控装置给出位移对应脉冲指令并执行,对其执行件的实际位移量不做检测,不带反馈装置,也不进行误差校正,如图1-54所示。开环控制系统被广泛应用于精度要求不太高的中小型数控机床上。

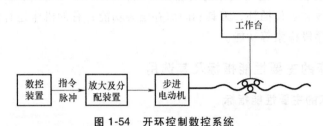

图1-54　开环控制数控系统

(2) 闭环控制数控机床　这类机床的工作台上有线位移检测装置(长光栅或磁尺)(见图1-55),将执行件的实际位移量转换成电脉冲信号,经反馈系统输入数控装置的比较器,与指令信息进行比较,用其差值(即误差)对执行件发出补偿指令,直至差值等于零为止,从而使工作台实现高的位置精度。

闭环控制系统主要应用于精度要求较高的大型和精密数控机床上。

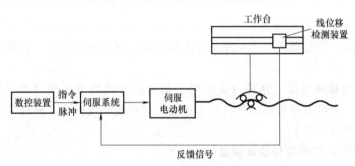

图1-55　闭环控制数控系统

(3) 半闭环控制数控机床　这类机床的控制系统也属于闭环控制的范畴,它是在开环控制系统的伺服机构中装上角位移检测装置(常用圆光栅或旋转变压器等),这种控制系统对工作台的实际位置不进行检测,如图1-56所示。

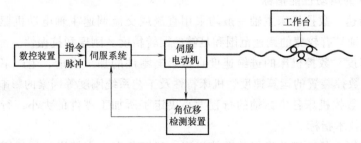

图1-56　半闭环控制系统

4. 按数控装置的功能分类

(1) 标准型数控机床　这类机床数控装置的功能比较齐全,能对机床的大部分动作进行控制，并且有各种便于编程、操作和监视的功能。

（2）简易型数控机床　这类机床数控装置的功能比较单一，仅具备自动化加工所必需的基本功能，并采用插销或按键等直观的方式进行程序输入。这类机床具有结构简单、性能可靠、操作简便、价格便宜等优点。

（3）经济型数控机床　这类机床的功能虽不及标准型数控机床齐全，但也不完全是单一功能，它具有直线和点位插补、刀具和间隙补偿等功能，有的机床还有位置显示、零件程序存储和编辑、程序段检索等功能。

三、数控机床的主要性能指标及其选用

（一）数控机床的主要性能指标

1. 精度

（1）定位精度和重复定位精度　定位精度是指数控机床的执行件在设计要求的终点位置与实际的终点位置之间的差值，它主要受到伺服系统、检测系统、进给系统等的精度以及移动部件导轨的几何精度的影响。

重复定位精度是指在同一台数控机床上，应用相同程序、相同代码加工一批零件，所得到的连续结果的一致程度。它主要受到伺服系统特性、进给系统的刚性和间隙及其摩擦特性等因素的影响。

（2）分度精度　分度精度是指分度工作台在分度时，理论要求的回转角度值与实际的回转角度值的差值。分度精度既影响零件加工部位在空间的角度位置，也影响孔系加工的同轴度等。

（3）分辨力与脉冲当量　分辨力是指两个相邻的分散细节之间可以分辨的最小间隔。对测量系统而言，分辨力是可以测量的最小增量；对控制系统而言，分辨力是可以控制的最小位移增量（即脉冲当量）。

2. 数控机床的可控轴数与联动轴数

数控机床的可控轴数是指机床数控装置能控制的坐标数目。数控机床可控轴数与数控装置的运算处理能力、运算速度及其内存容量等因素有关。

数控机床的联动轴数是指机床数控装置控制的坐标轴同时到达空间某一点的坐标数目。目前有两轴联动、三轴联动、四轴联动和五轴联动等。

3. 数控机床的运动性能指标

（1）主轴转速　数控机床主轴一般均采用直流或交流调速主轴电动机驱动、高速精密轴承支承，使主轴具有较宽的调速范围和足够的回转精度、刚度和抗振性。

（2）进给速度　数控机床的进给速度直接影响零件的加工质量、生产率和刀具的使用寿命，它主要受数控装置的运算速度、机床特性及工艺系统刚度等因素的影响。

（3）行程　数控机床各坐标轴的行程大小决定了所加工零件的大小，行程是直接体现机床加工能力的技术指标。

（4）摆角范围　具有摆动坐标的数控机床，其摆角大小直接影响加工零件空间部位的能力。

（5）刀库容量和换刀时间　刀库容量是指刀库能存放的加工所需刀具的数量；换刀时间是指带有自动交换刀具系统的数控机床，将主轴上用过的刀具与装在刀库上的下一工序需

用的刀具进行交换所需的时间。

(二) 数控机床的选用

1．被加工对象

选用数控机床首先要明确准备加工的对象，有针对性地选用机床，才能以合理的投入获得最佳效益。

2．机床的规格

数控机床的主要规格包括工作台的尺寸、几个数控坐标的行程范围和主轴电动机功率。数控机床的主要技术规格应根据被加工对象中典型工件的尺寸大小来确定，所选用的工作台应保证工件能在其上顺利装夹，被加工工件的加工尺寸应在各数控坐标的有效行程范围内。

3．机床的精度

选择机床的精度等级时主要应考虑被加工工件关键部位加工精度的要求。

4．自动换刀装置和刀库容量

选用数控机床尤其是选用加工中心时，其自动换刀装置的换刀时间和故障率将直接影响整台机床的工作性能，应在满足使用要求的前提下尽量选用简单可靠的自动换刀装置。

5．数控系统

在选用数控系统时要根据机床性能需要选择其功能，并且还应该对系统的性价比等进行综合分析，选用合适的系统。

四、数控车床和车削中心

(一) 数控车床

数控车床是 20 世纪 50 年代出现的，它集中了卧式车床、转塔车床、多刀车床、仿形车床和半自动车床的主要功能，主要用于回转体零件的加工，它是数控机床中数量最多、用途最广的一个品种。与其他车床相比较，数控车床具有精度高、效率高、柔性大、可靠性好、工艺能力强及能按模块化原则设计等特点。

1．数控车床的组成及用途

数控车床的结构及组成如图 1-57 所示，它适用于加工精度高、形状复杂、工序多及品种多变的单件或小批零件，毛坯为棒料、板料均可。

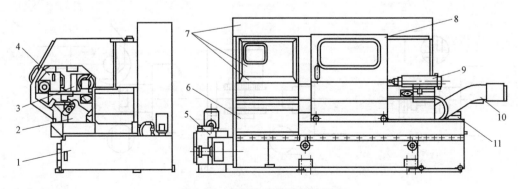

图 1-57 数控车床的结构及组成

1—底座 2—床身 3—主轴箱 4—刀架 5—液压系统 6—润滑系统
7—电气控制系统 8—防护罩 9—尾座 10—排屑装置 11—冷却装置

2. 数控车床的传动系统

图 1-58 所示为某数控车床传动系统图。

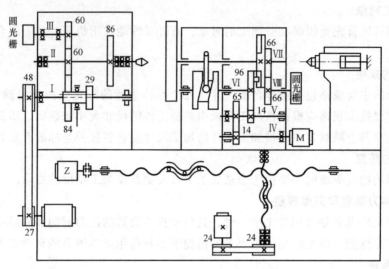

图 1-58 某数控车床传动系统图

（1）主运动传动链　主电动机采用直流伺服电动机，额定转速为 2000r/min，最高转速为 4000r/min，最低转速为 35r/min。

（2）进给运动传动链　进给运动传动链使刀架实现纵向（Z 轴）和横向（X 轴）的进给运动，其动力源是各轴的伺服电动机。

（3）换刀传动链　刀架由刀盘和刀盘传动机构组成，刀盘上可同时安装八组刀具，加工中可在程序指令控制下实现自动换刀。

（二）车削中心

随着机械零件的日益多样化和复杂化，许多回传体零件除了要有一般车削工序外，还常要有钻孔和铣端面槽、铣扁方等工序。图 1-59 所示为车削中心除车削外能完成的其他部分工序（该图为俯视图）。车削中心与数控车床的主要区别是：①车削中心具有自驱动刀具；②车削中心的工件主轴除了能实现旋转主运动外，还能做分度运动。

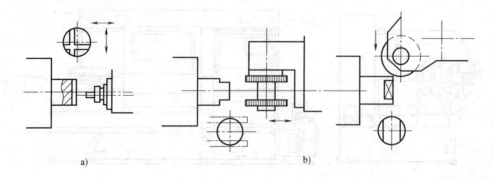

图 1-59 车削中心除车削外能完成的其他部分工序
a）铣端面槽　b）铣扁方

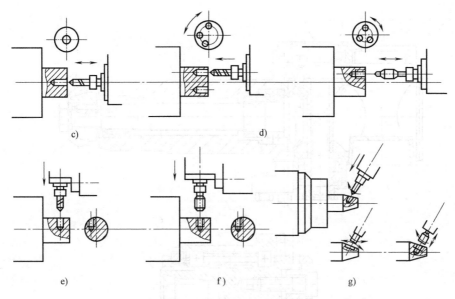

图 1-59 车削中心除车削外能完成的其他部分工序（续）

c）端面钻孔、攻螺纹　d）端面分度钻孔、攻螺纹　e）横向钻孔　f）横向攻螺纹
g）斜面上钻孔、铣槽、攻螺纹

因此，车削中心的工件主轴还单独设有一条由伺服电动机直接驱动的传动链，以便对主轴的旋转运动进行伺服控制。图1-60所示为自动驱动刀具的一种传动装置。铣削附件如图1-61所示。

五、加工中心

加工中心是一种带有刀库并能自动更换刀具的数控机床。通过自动换刀，它能使工件在一次装夹后自动连续地完成铣削、钻孔、镗孔、扩孔、铰孔、攻螺纹、切槽等加工。

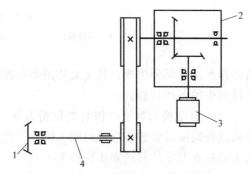

图 1-60　自动驱动刀具的传动装置
1—刀具　2—变速器箱体　3—电动机　4—主轴

（一）加工中心的组成及其类型

1. 加工中心的组成

加工中心主要由以下几部分组成：

（1）基础部件　加工中心的基础部件包括床身、立柱、横梁、工作台等大件，它们是加工中心中质量和体积最大的部件，主要承受加工中心的大部分静载荷和切削载荷，因此它们必须有足够的刚度和强度、一定的精度和较小的热变形。

（2）主轴部件　主轴部件是加工中心的关键部件，它由主轴箱、主轴电动机和主轴轴承等组成。在数控系统的控制下，装在主轴中的刀具通过主轴部件得到一定的输出功率，参与并完成各种切削加工。

（3）数控系统　加工中心的数控系统由数控装置、可编程序控制器、伺服驱动装置以

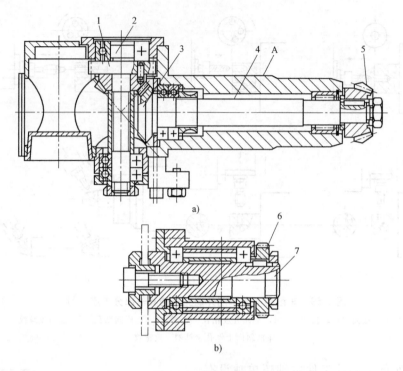

图 1-61 铣削附件
1、6—圆柱齿轮　2、4—传动轴　3、5—锥齿轮　7—铣刀主轴

及操作面板等部分组成，其主要功用是对加工中心的顺序动作进行有效的控制，完成切削加工过程中的各种功能。

(4) 自动换刀装置　该装置包括刀库、机械手、运刀装置等部件。需要换刀时，由数控系统控制换刀装置各部件协调工作，完成换刀动作。也有的加工中心不用机械手，直接利用主轴箱或刀库的移动来实现换刀。

(5) 辅助装置　润滑、冷却、排屑、防护、液压和检测（对刀具或工件）等装置均属于辅助装置。它们虽不直接参与切削运动，但为加工中心高精度、高效率地切削加工提供了保证。

(6) 自动托盘交换装置　为提高加工效率和增加柔性，有的加工中心还配置有能自动交换工件的托盘。

2. 加工中心的类型

加工中心可根据切削加工时，其主轴在空间所处的位置不同分为卧式加工中心和立式加工中心。

(1) 卧式加工中心　指主轴轴线与工作台台面平行的加工中心（图 1-62）。卧式加工中心通常有 3~5 个可控坐标，其中以三个直线运动坐标加一个回转运动坐标的形式居多，它的立柱有固定和可移动两种形式。

(2) 立式加工中心　指主轴轴线垂直于工作台台面的加工中心（图 1-63）。立式加工中心大多为固定立柱式，工作台为十字滑台形式，以三个直线运动坐标为主。

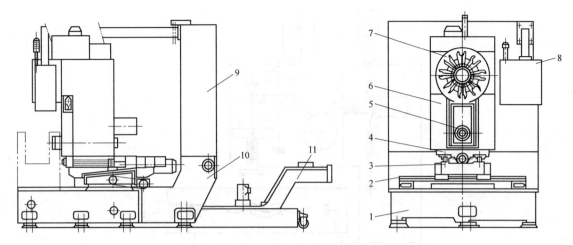

图 1-62 卧式加工中心的结构及组成

1—床身 2—基座 3—横向滑座 4—横向滑板 5—主轴箱 6—立柱 7—刀库 8—操作面板
9—电气柜 10—支架 11—排屑装置

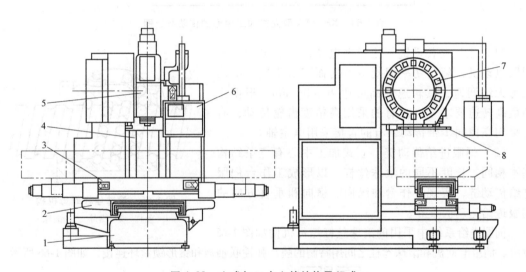

图 1-63 立式加工中心的结构及组成

1—床身 2—滑座 3—工作台 4—立柱 5—主轴箱
6—操作面板 7—刀库 8—换刀机械手

(二) 立式加工中心

1. 机床的布局及其组成

立式加工中心的结构及组成如图 1-63 所示,它采用了机、电、气、液一体化布局,工作台移动的结构。其数控柜、液压系统、可调主轴恒温冷却装置及润滑装置等都安装在立柱和床身上,减少了占地面积,简化了机床的搬运和安装调试。

2. 机床的运动及其传动系统

图 1-64 所示为 XH715A 型立式加工中心的传动系统图,其主运动是主轴带动刀具的旋转运动,其他运动有 X、Y、Z 三个方向的伺服进给运动和换刀时刀库的运动。各个运动的驱动电动机均可无级调速。

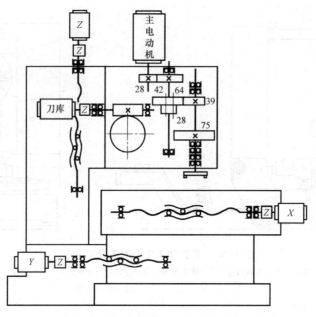

图 1-64　XH715A 型立式加工中心的传动系统图

（1）主运动传动链　主运动电动机一般采用交流伺服电动机，额定功率因规格不同而有所不同。电动机可无级调速，其转速最高可达 40000r/min。根据主轴最高转速要求不同，有的采用高精度齿轮传动，有的采用高速同步带传动，有的直接采用电主轴。

（2）伺服进给传动链　立式加工中心有三条结构基本相同、长度不同的滚珠丝杠，以形成工作台伺服进给传动链，实现工作台在纵向、横向和垂直方向的伺服进给运动。

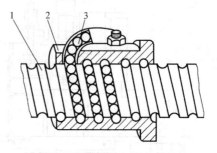

图 1-65　滚珠丝杠螺母机构

1—丝杠　2—螺母　3—滚珠

伺服进给系统中采用的滚珠丝杠螺母机构如图 1-65 所示。伺服电动机和滚珠丝杠之间用特制的膜片弹性联轴器和锥形锁紧环连接，如图 1-66 所示。

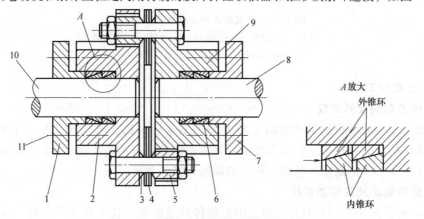

图 1-66　膜片弹性联轴器和锥形锁紧环

1、7—压圈　2—左联轴套　3、5—球面垫圈　4—柔性片　6—锥环　8—滚珠丝杠
9—右联轴套　10—电动机轴　11—螺钉

（3）刀库运动传动链　伺服电动机的运动经滑块联轴器传至双导程蜗杆并驱动蜗轮，带动刀库及刀运动，旋转的角度由数控指令控制。

3. 主轴部件

立式加工中心采用高精度齿轮传动的主轴部件，如图 1-67 所示。主轴前后支承采用了

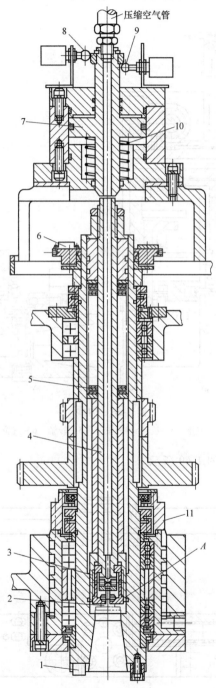

图 1-67　主轴部件

1—端面键　2—刀具夹头　3—弹力卡爪　4—拉杆　5—碟形弹簧　6—发磁体
7—液压缸活塞　8、9—行程开关　10—圆柱弹簧　11—套

专用主轴轴承组,并采用高性能的 NPU 润滑脂进行润滑,以满足高精度、高刚度、高转速的要求。由于加工中心机床具有自动换刀功能,所以其主轴孔内设有刀具的自动夹紧机构。

4. 刀库和换刀机械手

刀库和换刀机械手组成机床的自动换刀装置,它位于主轴箱的左侧面。圆盘式刀库如图 1-68 所示。

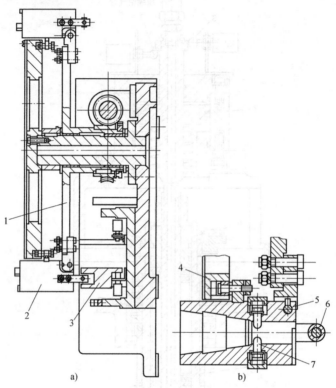

图 1-68 刀库

1—刀库圆盘 2—刀座 3—拨叉 4—滚子 5—转轴 6—滚轮 7—球头销钉

换刀机械手臂和手爪如图 1-69 所示。

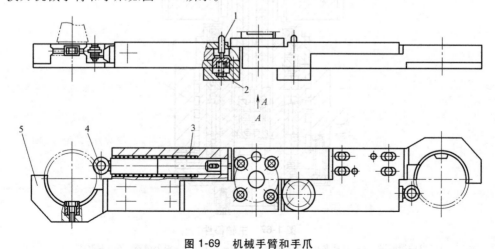

图 1-69 机械手臂和手爪

1—锁紧销 2、3—弹簧 4—活动销 5—固定爪自动换刀的动作过程如图 1-70 所示。

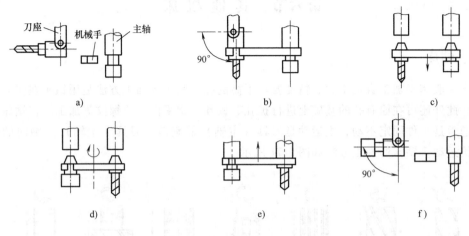

图 1-70 自动换刀的动作过程

六、数控机床的发展

随着市场需求的变化、科学技术的进步和制造工业的飞速发展，中、小批量生产的产品比例显著增加，这就要求现代数控机床成为一种高柔性、高精度、高效率、功能集成化、智能化和低成本的自动化加工设备；近年来数控机床发展的主要目标是提高主轴转速、提高进给速度、缩短辅助时间、提高加工精度并使其具有更加完善的功能。

1. 提高主轴转速

近年来数控机床的主轴转速普遍提高，大部分已提高到 5000~8000r/min，有的数控机床为了加工某些轻金属零件，其主轴转速已达到 40000r/min，高速数控磨床的主轴转速可达 150000r/min。

2. 提高进给速度

进给速度提高包括切削进给和快速移动速度提高。一般的数控机床切削进给速度为 1~2m/min，快速移动速度可达 40m/min，一些机床达到 60m/min 甚至 90m/min，当然前提是机床刚性和刀具能够承受这样的切削。

3. 缩短辅助时间

辅助时间包括换刀时间、刀具接近或离开工件的时间、工件装卸和搬运时间等。为缩短刀具接近和离开工件的时间，可采用移动式立柱结构，使工作台面与操作者距离更近，便于操作者操纵机床。还可采用非接触式传感器测量工件尺寸，以节省时间和提高精度。

4. 提高加工精度

在工厂的一般环境下，加工中心的加工精度等级可达到 IT7，经过努力可达到 IT6。镗孔时，若机床主轴刚性好、精度高，刀具切削性能好，加工孔径公差等级可达 IT4 以上。提高加工中心精度的主要方法是提高精度诊断技术、圆弧补偿精度和机床定位精度。

5. 更加完善的功能

为了增加功能、提高自动化程度，数控机床在硬件和软件上均在不断改进。

第六节 其他机床

一、钻床

钻床一般用于加工直径不大、精度要求不高的孔。其主要加工方法是用钻头在实心材料上钻孔，此外还可在原有孔的基础上进行扩孔、铰孔、锪平面、攻螺纹等加工。在钻床上加工时，通常是工件固定不动，主运动是刀具（主轴）的旋转，刀具（主轴）沿轴向的移动即为进给运动。钻床的加工方法如图1-71所示。

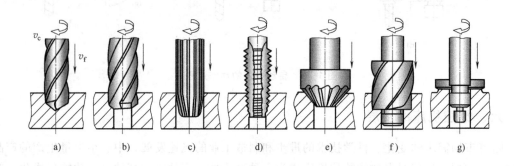

图 1-71 钻床的加工方法
a) 钻孔　b) 扩孔　c) 铰孔　d) 攻螺纹　e)、f) 锪埋头孔　g) 锪端面

钻床可分为立式钻床、台式钻床及摇臂钻床等。

(1) 立式钻床　立式钻床主轴箱固定不动，用移动工件的方法使刀具旋转中心线与被加工孔的中心线重合，进给运动由主轴随主轴套筒在主轴箱中做直线移动来实现。立式钻床仅适用于单件、小批生产中、小型零件。

(2) 台式钻床　台式钻床的钻孔直径一般小于16mm，主要用于小型零件上各种小孔的加工。台式钻床的自动化程度较低，但其结构简单，小巧灵活，使用方便。

(3) 摇臂钻床　对于大而重的工件，因移动不便，找正困难，不便于在立式钻床上加工。这时希望工件不动而移动主轴，使主轴中心对准被加工孔的中心（即钻床主轴能在空间任意调整其位置），于是就产生了摇臂钻床。

图1-72所示为摇臂钻床的外形。

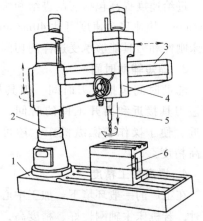

图 1-72 摇臂钻床的外形
1—底座　2—立柱　3—摇臂　4—主轴箱
5—主轴　6—工作台

二、镗床

镗床的主要工作是用镗刀进行镗孔，除镗孔外，大部分镗床还可以进行铣削、钻孔、扩孔、铰孔等工作。图1-73所示为卧式铣镗床的外形。由工作台3、上滑座12和下滑座11组成的工作台部件装在床身导

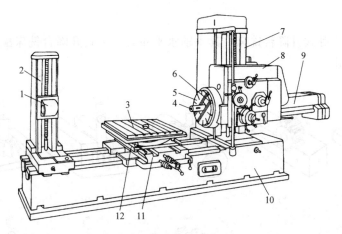

图 1-73 卧式铣镗床的外形

1—后支架 2—后立柱 3—工作台 4—镗轴 5—平旋盘 6—径向刀具溜板 7—前立柱 8—主轴箱
9—后尾筒 10—床身 11—下滑座 12—上滑座

轨上。工作台通过上、下滑座可实现横向、纵向移动。

图 1-74 所示为卧式铣镗床的典型加工方法。图 1-74a 所示为用装在镗轴上的悬伸刀杆镗孔；图 1-74b 所示为利用长刀杆镗削同一轴线上的两个孔；图 1-74c 所示为用装在平旋盘上的悬伸刀杆镗削大直径的孔；图 1-74d 所示为用装在镗轴上的面铣刀铣平面；图 1-74e、f 所示为用装在平旋盘刀具溜板上的车刀车内沟槽和端面。

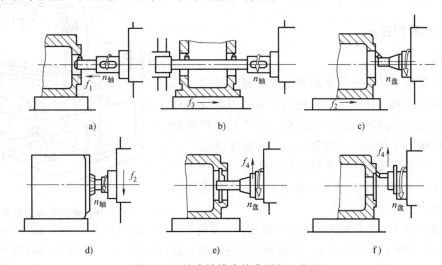

图 1-74 卧式铣镗床的典型加工方法

三、铣床

铣床是机械制造行业中应用十分广泛的一种机床。铣床应用多刃刀具连续切削，它的生产率较高，而且可以获得较好的表面质量。在铣床上可以加工平面（水平面、竖直面等）、沟槽（键槽、T形槽、燕尾槽等）、分齿零件（齿轮、外花键、链轮等）、螺旋表面（螺纹和螺旋槽）及各种曲面等。图 1-75 所示为铣床加工的典型表面。

铣床的主要类型有升降台式铣床、龙门铣床、工具铣床、圆台铣床、仿形铣床和各种专门化铣床等。

图 1-76 所示为卧式升降台铣床，其主轴水平布置。卧式升降台铣床配置立铣头后，可作为立式铣床使用。

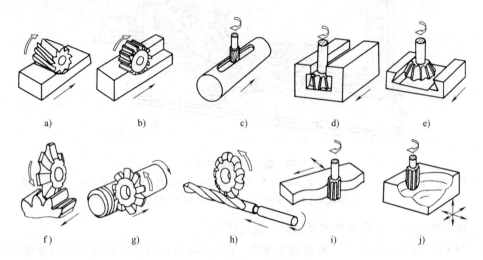

图 1-75 铣床加工的典型表面

立式铣床的主轴为竖直布置，可用面铣刀或立铣刀加工平面、斜面、沟槽、台阶、齿轮及凸轮等表面。

四、刨床和拉床

1. 刨床

刨床主要用于加工各种平面和沟槽。其主运动是刀具或工件所做的直线往复运动。进给运动是刀具或工件沿垂直于主运动方向所做的间歇运动。由于其生产率较低，这类机床适于单件小批量复杂形状的零件加工。

刨床可分为牛头刨床、龙门刨床和插床。

（1）牛头刨床 牛头刨床主要用于加工小型零件上的各种平面、沟槽。

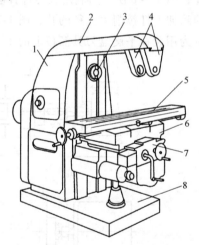

图 1-76 卧式升降台铣床
1—床身 2—悬梁 3—主轴 4—刀杆支架
5—工作台 6—床鞍 7—升降台 8—底座

（2）龙门刨床 龙门刨床如图 1-77 所示，主要用于加工大型或重型零件上的各种平面、沟槽和各种导轨面，也可在工作台上一次装夹数个中小型零件进行多件加工。

（3）插床 插床实质上是立式刨床，其主运动是滑枕带动插刀所做的直线往复运动，如图 1-78 所示。插床主要用于加工工件的内表面，如内孔中的键槽及多边形孔等，也可用于加工成形内外表面。

2. 拉床

拉床是用拉刀进行加工的机床，可加工各种形状的通孔、平面及成形表面等。图 1-79 所示为拉削的典型表面形状。

拉床的运动比较简单，只有主运动，被加工表面在一次拉削中成形。因拉削力较大，拉床的主运动通常采用液压驱动。图 1-80a 所示为卧式拉床的外形，图 1-80b 所示为使用拉床和拉刀拉削工件。

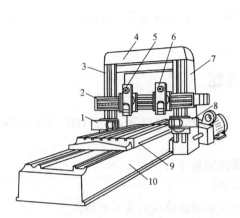

图 1-77 龙门刨床

1、8—左右侧刀架　2—横梁　3、7—立柱　4—顶梁
5、6—垂直刀架　9—工作台　10—床身

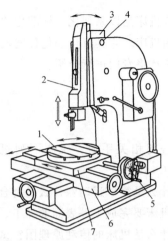

图 1-78 插床

1—圆工作台　2—滑枕　3—滑枕导轨座　4—销轴
5—分度装置　6—床鞍　7—溜板

图 1-79 拉削的典型表面形状

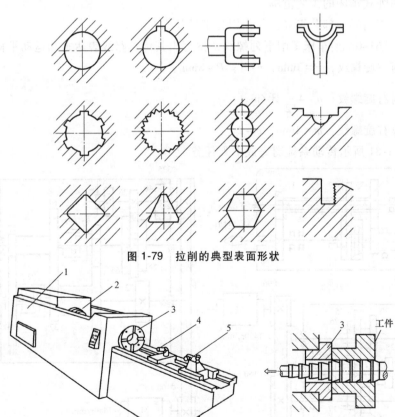

图 1-80 卧式拉床

1—床身　2—液压缸　3—支承座　4—滚柱　5—护送夹头

73

五、组合机床

组合机床是以系列化、标准化的通用部件为基础，配以少量的专用部件组成的一种高生产率专用机床。它具有自动化程度较高，加工质量稳定，工序高度集中等特点。此类机床在本书第三章将专门进行介绍。

习题与思考题

1. 查阅相关手册，说明下列机床型号的含义：Z5625，X6030，YC3180，MKG1340，C2150，CK3263B。

2. 什么是简单运动？什么是复合运动？其本质区别是什么？

3. 机床要完成工件表面的加工，应具备哪些运动？

4. 什么是机床的传动原理图？试画出车圆柱螺纹和圆锥螺纹的传动原理图。

5. 什么是内联系传动和外联系传动？其主要区别是什么？

6. 什么是机床的传动系统图？如何分析机床的传动系统图？

7. 试说明卧式车床的工艺范围。

8. 卧式车床由哪些部分组成？其作用分别是什么？

9. 利用 CA6140A 型车床车削下列螺纹，试写出其传动路线表达式和运动平衡式。

(1) 米制左旋螺纹，$P=3$mm，$n=1$；$P=8$mm，$k=2$。

(2) 寸制右旋螺纹，$a=4\frac{1}{2}$牙/in。

(3) 模数右旋螺纹，$m=4$mm，$n=2$。

10. 按图 1-81 所示传动系统图完成下列任务。

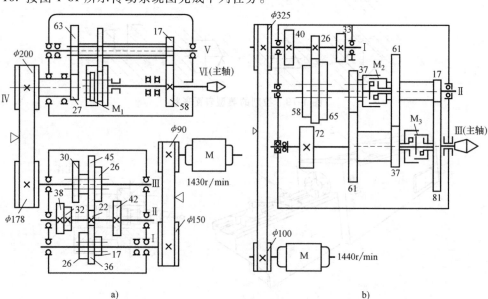

图 1-81 第 10 题图

1) 写出传动路线表达式。
2) 分析主轴的转速级数。
3) 计算主轴的最高、最低转速。

11. CA6140A型卧式车床溜板箱中为什么设置了开合螺母机构？

12. CA6140A型卧式车床进给系统中，为何设置光杠和丝杠来实现进给运动？能否只设置光杠或丝杠？为什么？

13. CA6140A型卧式车床主传动链中，能否用双向牙嵌式离合器或双向齿轮式离合器代替双向多片式摩擦离合器实现主轴的开停及换向？在进给传动链中，能否用单向摩擦片离合器或电磁离合器代替齿轮式离合器 M_3、M_4、M_5？为什么？

14. CA6140A型卧式车床主传动链中，离合器 M_1 和 M_2 的作用分别是什么？

15. 车床有哪些类型？其工艺范围分别是什么？

16. 万能外圆磨床由哪些部分组成？各部分的作用分别是什么？该磨床纵磨外圆时，必须具有哪些相应的工作运动和辅助运动？

17. 磨床主要有哪些类型？其工艺范围分别是什么？

18. 滚齿机和插齿机各有何工艺特点？简述其工艺范围。

19. 绘制滚切斜齿圆柱齿轮的传动原理图，说明滚切斜齿圆柱齿轮时有几条传动链，并写出每条传动链的两端件。

20. 数控机床是由哪些部分组成的？每个部分分别有什么作用？

21. 加工中心由哪几个部分组成？各部分的作用是什么？

22. 与一般数控机床相比，加工中心有什么特点？

23. 常用的钻床、镗床各有几类？其各自的适用范围分别是什么？

24. 卧式铣床、立式铣床和龙门铣床在工艺和结构布局上有什么特点？

25. 铣床、刨床、拉床、插床各有什么特点？

第二章

机械制造装备设计

本章主要讲述机械制造装备的设计类型、设计方法及金属切削机床设计。重点讲述金属切削机床的总体设计、运动和动力设计、部件设计等。本章要求理解机械制造装备的设计方法、设计流程、设计要点及掌握部件设计,使学生了解机床设计的步骤,熟悉机械类产品设计的一般规律,为在机械加工工艺装备的准备过程中合理选型、设计和运用机床打下良好的基础。

第一节 机械制造装备的设计类型

机械制造装备的设计可分为新产品设计、变型产品设计和模块化设计三种不同的设计方法。根据机械制造装备的工作原理、结构特点、设计要求等不同可采用不同的设计方法。

一、新产品设计

新开发的或在性能、结构、材质、原理等某一方面或某几个方面具有重大变化、在技术上有明显突破创新的产品,称为新产品。新产品开发设计是指从市场调研、可行性论证、设计方案的确定、样机的试制、相关的测试等,到产品定型投产的全过程。因此,新产品设计一般需要较长的开发设计周期,并需要投入大量的人才、物力和财力。企业要在激烈的竞争环境中生存、发展并保持或扩大竞争优势,必须适应市场需求,采用知识创新和技术创新手段,不断地推出新产品。

开发设计具有高技术附加值的自主版权的新产品,离不开创新性思维。创新性思维具有两种类型,即直觉思维和逻辑思维。直觉思维是在一种下意识的状态下,对事物内在的复杂关系产生的突发性的领悟过程,创造灵感突然降临。但是在当前市场竞争十分激烈的情况下,完全依靠直觉思维创造灵感的创新方式,不能及时地推出具有竞争力的创新产品,所以必须采用逻辑思维主动的工作方式,开发出新一代的、具有高技术附加值的产品,不断改善产品功能、技术性能和质量,并降低生产成本和能源消耗,同时采用先进的生产工艺,在充分了解和掌握国内外同类先进产品特点的前提下,扬长避短,提高产品的竞争力。

创新设计通常应从市场调研和预测阶段开始,首先明确产品的创新设计任务,然后经产品规划、方案设计、技术设计、工艺设计和制造实施、性能测试等阶段,还应通过产品试制和产品试验来验证新产品的技术可行性,再通过小批量试制生产来验证新产品的制造工艺和工艺装备的可行性。创新设计一般需要较长的设计开发周期，并需要投入较大的研制开发力量。

二、变型产品设计

在现有产品的基本工作原理和总体结构不变的情况下，仅对其部分结构、尺寸或性能参数加以改变的产品，称为变型产品。变型产品的开发设计周期较短，工作量和难度较小，设计效率和质量较高，能对市场做出快速响应。变型产品设计的基础是现有的成熟产品，它工作可靠、技术成熟、性能稳定、市场认可度高。以现有的成熟产品为"基型产品"，以较少规格和品种的变型产品，来最大限度地满足市场的各种需求，变型产品是在系列型谱的范围内有依据地进行设计的变型设计，常常采用适应型和变参数型两种设计方法，这两种方法都是在原有产品的基础上，保持其基本工作原理和总体机构不变。适应型设计是通过改变或更换部分部件或机构，形成变型产品。变参数型设计是通过改变部分尺寸与性能参数，形成变型产品。变型产品设计，可扩大产品的使用范围，更广泛地满足用户需求。作为变型产品设计依据的原有产品，通常是应用创新设计方法完成的。变型产品设计应该在基型产品的基础上，遵循系列化的原理，并在系列型谱的范围内有依据地进行设计。

三、模块化设计

模块化设计是产品设计合理化的另外一条途径，是提高产品质量、降低产品开发或设计进度、进行高效率设计的重要途径。模块化设计是按照产品合同的要求，选择适当的产品组成模块，直接拼装成所谓的"组合产品"的过程。模块化产品设计是在对一定范围内不同规格的同类产品进行功能分析的基础上，划分并设计出一系列能相互协调和组合的功能模块，根据不同需求组合这些模块，构成不同类型或相同类型不同性能的产品，以满足市场的多方面需求。按系列化设计原理进行设计，每类模块虽有多种规格，但其规格参数按一定的规律变化，其功能结构则完全相同，不同模块中的零部件应尽可能标准化和通用化。据不完全统计，机械制造装备中有一大半属于变型产品和组合产品，创新仅占较小部分，尽管如此，创新设计、突破原有的产品设计思路的重要意义仍然不可低估。

第二节 机械制造装备的设计方法

机械制造装备的设计方法包括新产品设计方法、系列化产品设计方法和模块化设计方法。

一、新产品设计方法

机械制造装备新产品开发设计的内容与步骤的基本程序包括决策、设计、试制和产品定型四个阶段。

1. 决策阶段

该阶段是对市场需求、技术和产品发展动态、企业生产能力及经济效益等方面进行可行性分析。

（1）需求分析　需求分析一般包括对销售市场和原材料市场的分析，具体分析内容有以下几个方面：

1）新产品开发面向的社会消费群体，以及他们对产品功能、技术性能、质量、价格等方面的要求。

2）现有类似产品的功能、技术性能、价格、市场占有情况和发展趋势。

3）竞争对手在技术、经济方面的优势和劣势及其发展趋势。

4）主要原材料、配件、半成品等的供应情况、价格及变化趋势等。

（2）调查研究　调查研究包括市场调研、技术调研和社会调研三部分。

1）市场调研。市场调研包括用户的需求情况、产品的情况、同行业的情况和供应情况等几个方面。

2）技术调研。技术调研包括分析国内外同类产品的结构特征、性能指标、质量水平与发展趋势等，要对新产品的要素进行设想（包括使用条件、环境条件、性能指标、可靠性、外观、安全性及应执行的标准或法规等），对新采用的原理、结构、材料、技术及工艺进行分析，以确定需要攻关的项目和先行试验等，要给出技术调研报告。

3）社会调研。社会调研的目的是了解消费者在购买产品过程中的购买认知和购买选择。为产品的设计和生产与销售提供有效的信息，更好地满足消费者的需求。

（3）可行性分析　可行性分析是指对新产品的设计和生产的可行性进行分析，并提出可行性分析报告，其内容包括产品的总体方案、主要技术参数、技术水平、经济寿命周期、企业生产成本与利润预测等。

可行性分析一般包括技术分析、经济分析、管理分析、社会分析等方面。技术分析是对可能遇到的主要关键技术问题、技术难点做全面的分析，并提出解决这些关键技术问题、克服技术难点的措施；经济分析应力求新产品投产后能以最少的人力、物力和财力消耗得到较满意的功能，并能取得较好的经济效益；管理分析是对企业针对新产品的开发、生产、销售、供应、财务、组织机构、人才资源等相关的管理能力的分析；社会分析是分析开发的产品对社会和环境的影响。通过技术、经济、管理、社会等分析，以及对开发可能性的研究，应提出产品开发的可行性分析报告。

产品开发的可行性分析报告一般包括以下几个内容：

1）产品开发的必要性，市场调查及预测情况，包括用户对产品的功能、用途、使用维护、外观、价格等方面的要求。

2）国内外同类产品的技术水平及发展趋势。

3）从技术上预测所开发的产品能够达到的水平。

4）在设计、工艺和质量等方面需要解决的关键技术问题。

5）投资费用及开发时间进度，经济效益与社会效益估计。

6）在现有条件下开发的可能性及准备采取的措施。

（4）开发决策　该阶段会对可行性报告组织评审，并提出评审报告及开发项目建议书，供企业决策和立项。

2. 设计阶段

设计阶段要进行设计构思、计算和相关试验，要完成产品全部图样及相关的设计文件。它分为任务书制订、初步设计、技术设计和工作图设计四个阶段。

（1）任务书制订　经过可行性分析，应能确定待设计产品的设计要求和设计参数，并结合企业的实际情况，编制产品的设计任务书。产品的设计任务书是指导产品设计的基础性文件，其主要任务是对产品进行选型，并确定最佳的设计方针。在设计任务书内应说明设计该产品的必要性和现实意义，其内容应包括产品的用途描述、设计所需要的全部重要数据、总体布局和结构特征以及产品应该满足的要求、条件和限制等，这些要求、条件和限制来源于市场、系统属性、环境、法律法规与有关标准，以及企业自身的实际情况，是产品设计评价的依据。

（2）初步设计　初步设计是完成产品总体方案的设计，初步设计方案可能有多种。首先，应对初步设计方案进行初选，通过观察淘汰法或者分数比较法，淘汰明显不好的方案。然后，对通过初选的初步设计方案进一步具体化，即在空间占用量、质量、主要技术参数、性能、所用材料、制造工艺、成本和运行费用等方面进行定量化和具体化。采用的方法一般包括：绘制方案原理图、整机总体布局草图和主要零部件草图；进行运动学、动力学和强度方面的粗略计算，以便定量地反映初步设计方案的工作特性，分析确定主要设计参数，验证设计原理的可行性；对于大型、复杂的设备，可先制作模型，以便获得比较全面的技术数据；确定产品的基本参数及主要技术性能指标、总体布局及主要部件结构、产品的主要工作原理及各工作系统配置、标准化综合要求等。一般都要进行试验研究，并给出试验研究报告，对已做出的设计进行技术经济评价，作为进一步设计和完善的基础。

（3）技术设计　设计产品及其组成部分的结构、参数，并绘制产品总图及其主要零部件。在设计、计算及技术经济分析的基础上修改总体设计方案，编制技术说明书，并对技术任务书中确定的设计方案、性能参数、结构原理等方面的变更情况、原因与依据进行说明。技术设计中的试验是对主要零件的结构、功能和可靠性进行试验，并为零部件设计提供依据的过程。在通过技术设计评审后，其产品的技术设计说明书、总图、简图、主要零部件图等图样与文件，可作为工作图设计的依据。

1）确定结构原理方案。确定结构原理方案的主要依据包括确定尺寸的依据，如功率；安排布局的依据，如物流方向、运动方向和操作位置等；决定材料的依据，如耐蚀性、市场供应情况等；决定和限制结构设计的空间条件，如距离、规定的轴的方向限制范围等。对产品的主要功能结构进行构思，初步确定其材料和形状，并进行结构设计，对确定的结构原理方案进行技术经济评价，为进一步的修改提供依据。

2）总体设计。总体设计阶段的任务是将结构原理方案进一步具体化。总体设计的内容一般包括：主要结构参数，如尺寸参数、运动参数、动力参数、占用面积和空间等；整体布局，包括部件组成，各部件的空间位置布局和运动方向，物料流动方向，操作件的相对运动配合关系，即工作循环图。在确定整体布局时，应充分考虑使用维护的方便性、安全性、外观造型、环境保护和对环境的要求等涉及"人-机-环境"的关系。

3）结构设计。结构设计阶段的主要任务是在总体设计的基础上，依据结构原理方案设计结构总装配图与部件装配图，提出初步的零件表、加工和装配说明书，对结构设计进行可行性分析。进行结构设计时必须遵守国家、有关部门与企业颁布的相关标准和规范，使结构布局和外观造型符合人机工程原理，并充分考虑结构的可靠性和耐用性、加工和装配的工艺性、资源回用、环保配件和外协件的供应、企业设备、资金和技术资源的利用、产品的系列化、通用化和标准化、结构相似性和继承性等方面的要求。通常要经过设计、结构工艺性分析、经济性分析、管理可行性分析，多次反复修改，才可批准投产。结构设计阶段经常采用有限元分析、优化设计、计算机辅助设计等现代设计方法，来解决设计中出现的问题。在技术设计阶段，由于掌握了更多的信息，从而比方案设计阶段能更具体、更定量，分析结果必须满足和超过所要求的程度，并在此基础上做出精确的技术经济评价，找出设计的薄弱环节，进一步改进设计。产品的结构设计评价通常从以下几个方面进行：可实现的功能、工作原理的科学性、结构的合理性、计算的准确性、安全性、人机工程的要求、制造、检验、装配、运输、使用和维护、资源回用、成本和产品的研制周期等。

（4）工作图设计　工作图设计需要绘制产品全部工作图样和编制产品设计说明书必需的设计文件。工作图可以供加工生产管理及随机出厂使用。工作图设计过程必须严格贯彻执行各级各类标准，要进行标准化和结构工艺性审查。工作图设计又称为详细设计或施工设计。零件图中包含了为制造零件所需的全部信息，这些信息包括几何尺寸、加工表面尺寸公差、几何公差和表面粗糙度要求、材料和热处理要求、其他特殊要求等。组成产品的零件有标准件、外购件和基本件三类。标准件和外购件不必提供零件图，基本件无论自制或外协，均需提供零件图。零件图的图号应与装配图中的零件号相对应。

在绘制零件图时，要更加具体地考虑结构强度、结构工艺性和标准化等方面的要求，所以零件图设计完毕后，应完善装配图的设计。装配图中的每一个零件按格式标注零件号。零件号是零件唯一的标识符，不可乱编，以免导致生产中混乱。通常包含产品型号和部件号等方面的信息，有的还包含材料、毛坯类型等信息，以便于选择材料和毛坯的生产与管理。

产品设计完成之后要进行商品化设计，商品化设计的目的是进一步提高产品的市场认可度。商品化设计的内容一般包括：进行价值分析和价值设计，在保证产品功能的前提下降低成本；利用工业美学原理设计精美的造型和悦目的色彩，以改善产品的包装设计等。

最后，应重视技术文档的编制工作，将其看成是设计工作的继续和总结。编制此类文档的目的是为产品制造、安装调试、运行维护提供所需的信息，为产品的质量检验、安装运输和使用做出相应的规定。为此，技术文档应包括产品设计说明书、产品使用说明书、产品质量要求、产品明细表等。产品明细表包括基本件明细表、标准件明细表和外购件明细表等。

3. 试制阶段

该阶段是通过样机试制和小批量试制，验证产品图样、设计文件、工艺文件、工装图样的正确性，以及产品的适用性和可靠性。

（1）样机试制　样机试制阶段首先要编制产品试制的工艺方案和工艺规程等，试制1台或2台样机，经过试验、生产考验后对其进行鉴定，并提出改进设计方案，对设计图样和文件进行修改、完善。

（2）小批量试制　小批量试制5~10台新产品，为批量生产做工艺准备，根据鉴定及试销后的反馈意见，进一步修改有关图样和文件，从而完善产品设计。

4. 产品定型阶段

该阶段是完成正式投产前的准备工作阶段，其工作内容包括对工艺文件、工艺定型，对设备、检测仪器进行配置、调试和标定等。该阶段的要求是达到正式投产、具备稳定的批量生产能力。

对于不同的设计类型，其设计步骤大致相同。新产品设计方法的步骤，应比较灵活地运用，如果新产品设计方法应用于系列化变型产品设计和模块化设计的产品中，那么有些步骤可以简化甚至省去。

二、系列化产品设计（变型产品设计）方法

1. 系列化设计的概念

系列化设计是为了缩短产品的设计、制造周期，降低成本，保证和提高产品质量的设计。在产品设计中应遵循系列化设计的方法，以提高系列产品中零部件的通用化、标准化程度。

系列化设计方法是在设计的某一类产品中，选择功能、机构和尺寸等方面较典型产品作为基型，运用结构典型化、零部件通用化及标准化的原则，设计出其他各种尺寸参数的产品，构成产品的基型系列。通过增、减、更换或修改少量零部件，派生出不同用途的变型产品，并编制反映基型系列和派生系列的产品系列型谱。在产品系列型谱中，各规格的产品应具有相同的功能结构和相似的结构形式；同样的零部件在规格不同的产品中具有完全相同的功能结构；不同规格的产品的同一种参定的规律（通常按照比级数）变化。

系列化设计应遵循"系列化、通用化、标准化"（简称"三化"）原则进行设计。"三化"原则是产品设计合理化的一条途径，是提高产品质量、降低成本和开发变型产品的重要途径。

2. 系列化设计的特点

（1）系列化设计的优点

1）系列化设计能用较少品种规格的产品满足市场较大范围的需求，减少产品意味着增加每个产品的生产批量，这有助于采用专业化的手段降低生产成本，提高产品制造质量的稳定性。

2）系列中不同规格的产品是经过严格的性能试验、长期生产、销售、使用、维护考验的基型产品演变而成的，因此可以减少设计相关的试验检验，降低设计成本和产品开发风险，缩短产品的研制周期。

3）系列产品由于结构相似性和零部件的通用，因而可以减少工艺装备的数量和种类，有效地压缩生产准备工作量，有助于产品制造实施。

（2）系列化设计的缺点 用户只能从产品系列型谱中选择，导致功能需求冗余或不能完全满足需求。

3. 系列化设计步骤

（1）合理选择基型 基型产品一般选择系列产品中应用最广泛的中档产品，如在卧式车床产品中选择工件最大回转直径为400mm的普通型卧式车床作为基型。

基型产品应是精心设计的新产品，是采用先进的、科学的设计方法，具有最佳的工作与结构方案的产品。该产品在工艺范围、选材、结构布局、各类参数、零部件结构的规范化、通用化准化等方面，充分了考虑进行变型设计的可能性。

（2）合理制订产品系列型谱 系列化产品的系列型谱的制订要在基型产品设计之后或在基型产品方案规划中进行考虑。系列型谱的制订可采用下列方法：

1）确定基型系列。所谓基型系列是通过改变基型产品的性能或尺寸，使其按一定的公比（又称级差）排列，组成一系列基型产品，即基型纵系列产品。如卧式车床的主参数系列为320mm、400mm、500mm、630mm、800mm等，其公比为1.25。

2）以各系列基型产品为基础进行全面的功能分析，扩展基型产品的功能，形成适应型

或派生型变型产品,即横系列产品。例如,卧式车床变型产品有万能型、生产型、马鞍型、精密型、轻型和高速型等。

3) 在系列型谱的制订过程中要进行广泛的市场调查与预测研究,以确定用户的真实需求。要避免型号过剩,增加设计与生产成本;也要避免型号太少,无法满足用户需求。

(3) 采用相似设计方法 因为纵系列产品都是由参数不同但工作原理结构与形状相似的产品组成的,因此,可采用相似设计方法,以提高设计效率与质量。

(4) 零部件通用化与标准化 在零部件结构满足强度要求并具有一定的安全裕度的前提下,系列化产品设计零部件要通用化与标准化。

(5) 主参数和主要性能指标的确定 系列化设计的第一步是确定产品的主参数和主要性能指标。主参数和主要性能指标反映产品的工作性能和设计要求。例如,卧式车床的主参数是所能加工的工件的最大直径和最大长度;升降台铣床的主参数是工作台工作面的长度和宽度;摇臂钻床的主参数是最大钻孔直径,其主要轴线至立柱母线的最大距离等。上述参数决定了相应机床的主要几何尺寸范围,是该机床的设计要求。

(6) 参数分级 运用技术经济分析原理,将产品的主参数和主要性能指标按一定规律进行分级,产品的主参数应尽可能采用优先数系。优先数系是公比为 ψ,$N=5$、10、20 或 40 的等比数列,见表 2-1。其好处是采用公比 ψ,每隔 N 位数,数列中的数扩大 10 倍,例如采用公比 1.6,若第 1 个数为 1,则数列为 1、1.6、2.5、4、6.3、10、16、25、……,第 6 个数 10 是第 1 个数的 10 倍。例如,摇臂钻床的主参数系列公比为 1.6,不同规格系列摇臂钻床的主参数分别为 25、40、63、100;卧式车床和升降台铣床的主参数系列公比为 1.25,其分级比摇臂钻床细致一倍,为 315、400、500、630。

表 2-1 优先数系

N	5	10	20	40				
ψ	1.6	1.25	1.12	1.06	2.5	3.15	3.15	3.15
优先数	1	1	1	1				3.35
				1.06			3.55	3.55
			1.12	1.12				3.75
				1.18			4	4
			1.25	1.25		4		4.25
				1.32			4.5	4.5
			1.4	1.4	4			4.74
				1.5				5
			1.6	1.6		5	5	5.3
				1.7				5.6
			1.8	1.8			5.6	6
				1.9				6.3
		1.6	2	2			6.3	6.7
				2.12				7.1
			2.24	2.24		6.3	7.1	7.5
				2.36				8
			2.5	2.5			8	8.5
	2.5	2.5		2.65		8		9
			2.8	2.8			9	9.5
				3				

三、模块化设计方法

1. 模块化设计的定义与作用

模块化设计就是在对某类产品进行市场预测、功能分析的基础上,划分并设计出一系列通用的功能模块;根据设计要求,对这些模块进行选择、组合和参数的匹配,就可以形成所需的产品。模块化设计已经从理念转变为较成熟的设计方法,是绿色设计方法之一。模块化设计可以缩短产品研发与制造周期,增加产品系列,提高产品质量,快速应对市场变化,并减少或消除对环境的不利影响,方便重用、升级、维修和产品废弃后的拆卸、回收和处理。

模块化设计方法在机床、汽车、工程机械、家用电器、计算机等领域已经有不同程度的应用,模块及模块化设计在这些领域都有其特定的含义。在其应用当中,为开发具有特定功能的不同产品,首先,针对某类产品的设计特点,抽象和划分出功能模块;其次,在尽量采用标准件和通用件或通用结构的前提下,对模块内部和外部接口进行有效地设计,以便形成模块特有的功能,并方便模块与其他模块进行组合和衔接;最后,针对某一特定产品需求将已有的不同模块有机组合起来构成所需产品。模块化设计方法能有效解决产品品种、规格与设计制造周期、成本之间的矛盾。模块化设计与产品设计系列化、通用化、标准化(即"三化")密切相关。"三化"互相影响、互相制约,通常合在一起作为评定产品设计质量优劣的重要指标。

2. 模块化设计的主要方式

(1) 横向系列模块化设计　该方式不改变产品主参数,利用模块发展变形产品。这种方式易实现,应用最广。该方式在基型产品上更换或添加模块,形成新的变形产品。例如,更换或加装铣床的铣削头为立式铣削头、卧式铣削头、转塔铣削头等,形成立式铣床、卧式铣床或转塔铣床等。

(2) 纵向系列模块化设计。该方式在同一类型中对不同规格的基型产品进行设计。产品的主参数不同,动力参数也往往不同,导致结构形式和尺寸也有所不同。若把与动力参数有关的零部件设计成相同的通用模块,势必造成强度或刚度的欠缺或冗余,欠缺影响功能发挥,冗余则造成结构庞大、材料浪费。例如某小型车床,其最大加工工件直径为20mm,如果采用基于最大加工工件直径40mm的主轴箱作为模块化设计的基型,就显得结构庞大,导致制造耗材和使用功耗的浪费。因而,在与动力参数有关的模块设计时,必须合理划分区段,同一区段内模块通用;与动力或尺寸无关的模块,则可在更大范围内通用。

(3) 横向系列和跨系列模块化设计　除横向系列产品之外,改变某些模块还能得到其他系列产品,便属于横向系列和跨系列模块化设计了。例如,横向系列的镗铣削加工中心,更换立柱、滑座及工作台,即可将镗铣机床变为跨系列的落地镗铣机床。

(4) 全系列模块化设计　全系列包括纵向系列和横向系列。例如,工具铣床,除可采用立式铣削头、卧式铣削头、转塔式铣削头等形成横向系列产品外,还可改变床身、横梁的高度和长度,得到三种纵向系列产品。

第三节 金属切削机床设计

一、机床设计的基本要求

1. 工艺范围

机床的工艺范围是指机床适应不同生产要求的能力，它包括机床可以完成的工序种类、所加工零件的结构类型、材料、尺寸范围、毛坯种类、加工精度和表面粗糙度。

一般情况下，通用机床都具有较宽的工艺范围，以适应不同工序的需要；数控机床的工艺范围比传统通用机床宽，具有良好的柔性；专用机床和专门化机床则应合理地缩小工艺范围，以简化机床结构，保证机床及所制造的产品质量，降低成本，提高生产率。

2. 生产率和自动化程度

机床的生产率是指在单位时间内加工合格产品的数量或单位合格产品加工所需时间。使用高效率自动化机床可以降低生产成本，减轻工人的劳动强度，稳定加工精度。实现机床自动化加工采用的方法与生产批量有关，批量小的用自动化程度低的通用机床、通用工装；批量大的采用自动化程度高的专用机床、专用工装。数控机床因其具有很大的柔性，且不需专用的工装，适应能力强，生产率高，故是实现机床自动化加工的一个重要发展方向。

3. 加工精度和表面粗糙度

加工精度是指被加工零件在形状、尺寸和相互位置方面所能达到的准确程度，主要的影响因素是机床的精度和刚度。

机床的精度包括几何精度、传动精度、运动精度和定位精度。在空载条件下检测的精度，称为静态精度；机床在重力、夹紧力、切削力、各种激振力和温升作用下，主要零部件的几何精度称为动态精度。为了保证机床的加工精度，要求机床具有一定的静态精度和动态精度。

4. 可靠性

机床的可靠性是指在额定寿命期限内、正常工作条件下和规定时间内出现故障的概率。由于故障会造成部分加工废品，故可靠性也常用废品率来表示，废品率低则说明可靠性好。

5. 机床的效率和寿命

机床的效率是指消耗于切削的有效功率与电动机输出功率之比。两者的差值即为损失，该损失转化为热量，若损失过大（效率低），将使机床产生较大的热变形，影响加工精度。

机床的寿命是指机床保持其应有加工精度的使用期限，也称精度保持性。寿命期限内，在正常工作条件下，机床不应丧失设计时所规定的精度指标。为提高机床寿命，主要是提高一些关键性零件的耐磨性，并使主要传动件的疲劳寿命与之相适应。

6. 系列化、通用化、标准化程度

产品系列化、零部件通用化和标准化的目的是便于机床的设计、制造、使用与维修。机床产品系列化是指对每一类型不同组、系的通用机床合理确定其采用哪些尺寸规格，以便以较少品种的机床来满足不同用户的需求。提高机床零部件通用化和零件标准化程度，可以缩短设计、制造周期，降低生产成本。

7. 环境保护

噪声影响工作环境，危害人的身心健康。机床传动机构振动、某些结构不合理及切削过程中的颤振等都将产生噪声。现代机床切削速度高、功率大、自动化功能多，其噪声污染的问题越来越严重。因此，机床设计应尽量降低其噪声。此外，机床产生的油雾、粉尘和腐蚀介质等对人体有害，设计时应尽量避免这些有害物质向四周扩散污染环境，避免操作者与这些有害物质直接接触危害健康。

8. 其他

机床的操作必须方便、省力，符合人机工程要求，易于学习掌握，这样既可提高机床的可靠性，又可减少事故的发生，保证操作者的安全。此外，机床的外形必须美观大方，造型和色彩适宜，使操作者有舒适感，利于提高工作效率。

二、机床的设计方法和设计步骤

1. 机床的设计方法

理论分析、计算和试验研究相结合的设计方法是机床设计的传统方法，计算机技术和分析技术的迅速发展，使得计算机辅助设计（CAD）和计算机辅助工程（CAE）等技术，已经应用于机床设计的各个阶段，改变了传统的设计方法，由定性设计向定量设计、由静态和线性分析向动态和非线性分析、由可靠性设计向最佳设计过渡，提高了机床的设计质量和设计效率。

机床的设计方法还应考虑机床的类型，如通用机床应采用系列化设计方法等。

2. 机床的设计步骤

（1）调查研究　掌握第一手资料是做好机床设计工作的关键。

（2）拟订方案　在调查研究、分析工件和加工工艺的基础上，提出多种总体设计方案。

（3）技术设计　根据最终确定的总体设计方案，绘制机床总图、部件装配图、液压与电气装配图，并进行运动计算和动力计算，然后进行零件图设计和各种技术文件编写。

（4）整机综合评定　在所有设计完成之后，还须对所设计的机床进行整机性能分析和综合评价。

三、机床的总体布局和主要技术参数的确定

（一）机床的总体布局

1. 影响机床总体布局的基本因素

1）表面成形方法。

2）机床运动的分配。图 2-1 所示为数控镗铣床布局。

3）工件的尺寸、质量和形状。工件的表面成形运动与机床部件的运动分配基本相同，但是工件的尺寸、质量和形状不同，也会使机床布局不尽相同。图 2-2 所示为工件尺寸对车床总体布局的影响。

4）工件的技术要求。工件的技术要求包括加工表面的尺寸精度、几何精度和表面粗糙度等。

5）生产规模和生产率。生产规模和生产率的要求不同，也必定会对机床布局提出不同的要求，如考虑主轴数目、刀架形式、自动化程度、排屑和装卸等问题，从而导致机床布局的变化。

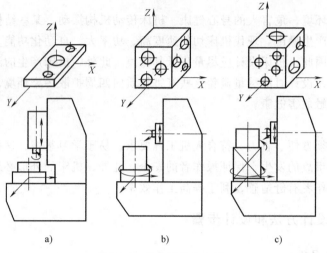

图 2-1 数控镗铣床布局

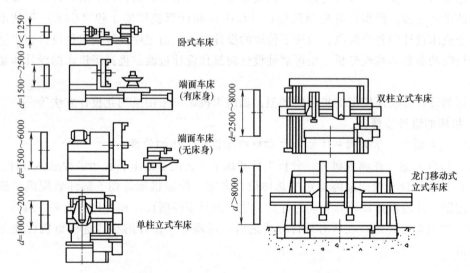

图 2-2 工件尺寸对车床总体布局的影响

6) 其他。机床总体布局还必须充分考虑人的因素，机床部件的相对位置安排、操纵部位和安装工件部位应便于观察和操作，并和人体基本尺寸及四肢活动范围相适应，以减轻操作者的劳动强度，保障操作者的身心健康。

2. 模块化设计

图 2-3 所示为卧式车床的各种模块，不同模块的组合，就可得到不同用途的车床。

（二）机床主要技术参数的确定

1. 主参数和尺寸参数

通用机床的主参数通常都以机床的最大加工尺寸来表示，专用机床的主参数一般以与通用机床相对应的主参数表示。

机床尺寸参数是指机床主要结构的尺寸参数，包括：与被加工工件有关的尺寸参数，如卧式车床最大加工工件长度、刀架上最大加工直径等；与工、夹、量具有关的尺寸参数，如

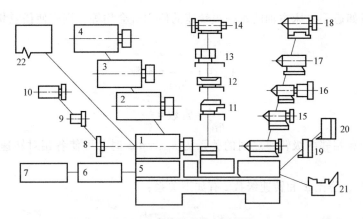

图 2-3 卧式车床的各种模块

1、2、3、4—主轴箱 5、6、7、19、20—进给机构 8、9、10—夹紧装置 11、12、13、14—刀架
15、16、17、18—尾座 21—床身 22—双轴主轴箱模块

卧式车床的主轴锥孔及其前端尺寸等。

2. 运动参数

（1）主运动参数 主运动为旋转运动时，机床的主运动参数是主轴转速 n（r/min），即

$$n = \frac{1000v}{\pi d}$$

式中 v——切削速度（m/min）；
d——工件（或刀具）直径（mm）。

主运动为往复直线运动时，如刨床、插床等，主运动参数是刀具或工件的每分钟往复次数（单位为次/min）。

1）主运动速度范围。主运动最高转速 n_{max}、最低转速 n_{min} 及其变速范围 R_n 分别为

$$n_{max} = \frac{1000v_{max}}{\pi d_{min}}, n_{min} = \frac{1000v_{min}}{\pi d_{max}}, R_n = \frac{n_{max}}{n_{min}}$$

其中，v_{max} 与 v_{min} 可根据切削用量手册、现有机床使用情况调查或切削试验确定；d_{min} 和 d_{max} 不是指机床上可能加工的最小直径和最大直径，而是根据典型加工情况决定的，一般有推荐值。

2）主轴转速的合理安排。通用机床采用有级变速时，机床主传动系统的转速数列或双行程数列均按等比级数排列，若其公比用 φ 表示，转速级数为 z，则转速数列为

$$n_1 = n_{min}, n_2 = n_{min}\varphi, n_3 = n_{min}\varphi^2, n_4 = n_{min}\varphi^3, \cdots, n_z = n_{min}\varphi^{z-1}$$

相对转速损失表示为

$$A = \frac{n - n_j}{n}$$

最大的相对转速损失是当所需的最有利的转速 n 趋于 n_{j+1} 时，即

$$A_{max} = \lim_{n \to n_{j+1}} \frac{n - n_j}{n} = \frac{n_{j+1} - n_j}{n_{j+1}} = 1 - \frac{n_j}{n_{j+1}}$$

可见，最大相对转速损失取决于两相邻转速之比。

在其他条件（直径、进给量、背吃刀量）不变的情况下，相对转速的损失就反映了生

产率的损失。假如通用机床主轴的每一级转速的使用机会均等,则应使任意相邻两转速间的 A_{max} 相等,即

$$A_{max} = 1 - \frac{n_j}{n_{j+1}} = 常数$$

或

$$\frac{n_j}{n_{j+1}} = 常数 = \frac{1}{\varphi}$$

可见,当任意相邻两级转速之间的关系为 $n_{j+1} = n_j\varphi$ 时,可使各相对转速损失(即生产率损失)均等。

变速范围 R_n、公比 φ 和转速级数 z 有如下关系:

$$R_n = \frac{n_{max}}{n_{min}} = \varphi^{z-1}$$

两边取对数得

$$z = 1 + \frac{\lg R_n}{\lg \varphi}$$

按上式求得的 z 应圆整为整数。为便于采用双联或三联滑移齿轮变速,z 最好是因子 2 或 3 的倍数。

3)标准公比和标准转速数列。因为转速数列是递增的,所以规定标准公比 $\varphi > 1$,并规定 A_{max} 不大于 50%,则相应 φ 不大于 2,故 $1 < \varphi \le 2$。

当选定标准公比 φ 之后,转速数列可以直接从表 2-1 中查出。

标准公比的选用:由上述可知,选取公比 φ 小一些,可以减少相对速度损失,但在一定变速范围内变速级数 z 将增加,会使机床的结构复杂化。

(2)进给运动参数 机床的进给运动大多数是直线运动,进给量用工件或刀具每转位移表示,单位为 mm/r,如车床、钻床;也可以用每一往复行程的位移表示,如刨床、插床等。

机床进给量的变换可以采用无级变速和有级变速两种方式。

3. 动力参数

(1)主传动功率的确定 开始设计机床时,当主传动链的结构方案尚未确定时,可用消耗于切削的功率 $P_{切}$ 和主传动链的总效率 $\eta_{总}$ 来估算主电动机的功率 $P_{主}$,即

$$P_{主} = \frac{P_{切}}{\eta_{总}}$$

其中,对于通用机床,$\eta_{总} = 0.7 \sim 0.85$;对于直线运动的通用机床,$\eta_{总} = 0.6 \sim 0.7$(结构简单的取大值,复杂的取小值)。

当主传动的结构方案确定后,可由消耗于切削的功率 $P_{切}$ 和主传动链的机械效率 $\eta_{机}$ 及消耗于空载运动的功率 $P_{空}$ 来估算主电动机的功率,即

$$P_{主} = \frac{P_{切}}{\eta_{机}} + P_{空}$$

其中,$\eta_{机}$ 为主传动链中各传动副的机械效率的乘积。各种传动副的机械效率可参见《机械设计手册》。

空载功率是指机床主运动空转时,由于各传动件的摩擦、搅油、空气阻力等原因所消耗

的功率，其值与传动件的数目、转速和装配质量有关，传动件数目越多、转速越高、装配质量越差，则空载功率越大。

中型机床主传动链的空载功率可用以下经验公式进行估算，即

$$P_{空} = \frac{k}{10^6}(3.5 d_{平} \sum n + c d_{主} n_{主})$$

式中　$d_{平}$——主传动链中除主轴外所有传动轴轴颈的平均值（mm）；

　　　$d_{主}$——主轴前后轴颈的平均值（mm）；

　　　$n_{主}$——在切削功率 $P_{切}$ 条件下的主轴转速（r/min），如果要求计算主传动的最大空载功率时，则 $n_{主}$ 为主轴的最高转速 n_{max}；

　　　$\sum n$——在主轴转速为 $n_{主}$ 时，其他各传动轴（含空转轴）的转速之和（r/min）；

　　　c——主轴轴承系数，用滚动轴承时 $c=1.5$，用滑动轴承时 $c=2$；

　　　k——系数，取 3~5，根据传动链结构、制造装配及润滑情况而定，情况好时取小值。

（2）进给传动功率的确定　进给传动功率可以用计算、统计分析和实测的方法确定。进给运动采用普通交流电动机时，进给电动机功率 P_s（kW）的计算公式为

$$P_s = \frac{F_Q v_s}{60000 \eta_s}$$

式中　F_Q——进给力（N）；

　　　v_s——进给速度（m/min）；

　　　η_s——进给运动系统总机械效率，取值为 0.12~0.15。

对于数控机床的进给运动，伺服电动机按转矩选择，转矩的计算公式为

$$T_{s电} = \frac{9550 P_s}{n_{s电}}$$

式中　$T_{s电}$——电动机转矩（N·m）；

　　　$n_{s电}$——电动机转速（r/min）。

四、传动系统设计

（一）表面成形运动传动系统

被加工表面通常是由母线沿一定运动轨迹移动而形成的。表面成形运动传动系统用于传动工件或刀具做母线和母线运动轨迹的运动。它由下列几部分组成。

1）主运动传动系统，用于传动切下切屑的运动，也称主传动系统。

2）进给运动传动系统，用于实现维持切削运动连续进行的运动。

3）切入运动传动系统，用于实现使工件表面逐步达到规定尺寸的运动。

（二）辅助运动传动系统

该类系统用于实现使加工过程能正常进行的辅助运动，如快速趋近、快速退出，刀具和工件的自动装卸和夹紧等运动。

其他还有分度运动传动系统、控制运动传动系统、校正运动传动系统等。

（三）主传动系统设计要求

在设计机床的主传动系统时，必须满足下列基本要求：

1)机床的末端执行件(如主轴)应有足够的转速范围和变速级数。

2)机床的动力源和传动机构应能够输出和传递足够的功率和转矩,并有较高的传动效率。

3)机床的传动结构,特别是末端执行件必须有足够的精度、刚度、抗振性能和较小的热变形。

4)应该合理地满足机床的自动化程度和生产率的要求。

5)机床的操作和控制要灵活,安全可靠,噪声要小,维修方便。

6)机床的制造要方便,成本要低。

(四)有级变速主传动系统设计

机床的运动参数(如转速范围、公比)基本确定之后,通常采用图解的方法(即用转速图来表达)来设计传动系统,以便合理地实现主传动系统的基本要求。

使用转速图可以直观地表达传动系统中各轴转速的变化规律和传动副的速比关系。它可以用来拟定新的传动系统,也可以用来对现有的机床传动系统进行分析和比较。

1. 转速图的基本规律和拟定原则

图 2-4a 所示为一个变速箱的传动系统图,图 2-4b 所示为该变速箱的转速图。其原动轴 Ⅰ 的转速为 630r/min,主轴 Ⅲ 的转速范围为 100~1000r/min,公比 $\varphi=1.58$,转速级数 $z=6$。

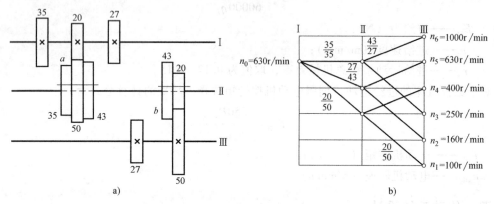

图 2-4 六级主传动系统

在图 2-4b 所示转速图中:

① 距离相等的竖直线代表传动系统的各轴,从左到右依次标注 Ⅰ、Ⅱ、Ⅲ。

② 距离相等的横直线与竖直线的相交点(用圆圈表示),代表各级转速。例如,Ⅲ 轴有 100r/min、160r/min、250r/min、400r/min、630r/min、1000r/min 共六级转速。它们之间的关系是每一条横线都等于它下面一条横线所代表转速的 φ 倍,即

$$\frac{n_2}{n_1}=\varphi,\ \frac{n_3}{n_2}=\varphi,\ \cdots,\ \frac{n_z}{n_{z-1}}=\varphi$$

③ 相邻两轴之间相应转速的连线代表相应传动副的传动比,传动比的大小以连线的倾斜方向和倾斜度表示,从左向上斜是增速传动,从左向下斜是减速传动。

由图 2-4 可知,轴 Ⅰ-Ⅱ 之间为第一变速组,由三对齿轮组成,其传动比分别为

$$u_{a1}=\frac{20}{50}=\frac{1}{2.5}=\frac{1}{1.58^2}=\frac{1}{\varphi^2},\ u_{a2}=\frac{27}{43}=\frac{1}{1.58}=\frac{1}{\varphi},\ u_{a3}=\frac{35}{35}=1$$

轴Ⅱ-Ⅲ之间为第二变速组，由两对齿轮组成，其传动比分别为

$$u_{b1} = \frac{20}{50} = \frac{1}{2.5} = \frac{1}{1.58^2} = \frac{1}{\varphi^2}$$

$$u_{b2} = \frac{43}{27} = 1.58 = \varphi$$

图 2-4 所示的传动系统由两个变速组互相串联使变速系统获得六级转速。

(1) 基本规律　从图 2-4 所示转速图中可见传动系统的变速基本规律如下：

1) 变速系统的变速级数是各变速组传动副数的乘积。图 2-4 所示的传动系统由一个三级和一个两级的变速组构成，主轴Ⅲ的变速级数可以写成：

$$z = 3 \times 2 = 6$$

如果以 p_a、p_b、p_c、$\cdots$、p_m 分别代表各变速组的传动副数和相应变速组先后排列的传动顺序（从原动轴到最后的轴），则变速级数可写成

$$z = p_a p_b p_c \cdots p_m$$

2) 机床的总变速范围 R_n 是各变速组变速范围的乘积，即

$$R_n = \frac{n_6}{n_1} = \frac{1000}{100} = 10$$

$$R_n = \frac{\dfrac{35}{35} \times \dfrac{43}{27}}{\dfrac{20}{50} \times \dfrac{20}{50}} = \varphi^5 = 10$$

$$R_n = \frac{n_{\max}}{n_{\min}} = \frac{u_{\max}}{u_{\min}} = \frac{u_{a\max} u_{b\max} \cdots u_{m\max}}{u_{a\min} u_{b\min} \cdots u_{m\min}}$$

3) 变速组的传动比之间的关系。在第一变速组内的三个传动比之间：

$$u_{a1} : u_{a2} : u_{a3} = \frac{1}{\varphi^2} : \frac{1}{\varphi} : 1 = 1 : \varphi : \varphi^2 = 1 : \varphi^{x_0} : \varphi^{2x_0}$$

变速组内的相邻传动比之间的比值称为级比，在这里是 φ^{x_0}，其中 x_0 称为级比指数，级比指数在转速图中表现为相邻传动比相间隔的格数。

第一变速组内的三个传动比存在 $1 : \varphi : \varphi^2$ 的关系，即级比指数 $x_0 = 1$，三个传动比的连线均间隔一格，由轴Ⅰ的 630r/min 一种转速通过它变速后在轴Ⅱ上得到 630r/min、400r/min 和 250r/min 三种转速，这种级比指数 $x_0 = 1$ 的变速组称为"基本变速组"或"基本组"。

第二变速组的两个传动比之间：

$$u_{b1} : u_{b2} = \frac{1}{\varphi^2} : \varphi = 1 : \varphi^3 = 1 : \varphi^{x_1}$$

其中，x_1 是该变速组的级比指数，$x_1 = 3$。

由图 2-4 可知，第一变速组是基本组，级比指数 $x_0 = 1$，传动副数是 3。第二变速组是第一扩大组，级比指数 $x_1 = 3$，恰好等于基本组的传动副数 3，而第二扩大组的级比指数 x_2 应等于基本组的传动副数与第一扩大组传动副数的乘积。

综上所述，变速的基本规律是：变速系统是以基本组为基础，再通过扩大组（可以有第一扩大组、第二扩大组、……）把转速范围（级数）加以扩大。若要求变速系统是一个

连续的等比数列,则基本组的级比等于 φ,级比指数 $x_0=1$;扩大组的级比等于 φ^{x_j},级比指数 x_j 应等于该扩大组前面的基本组传动副数和各扩大组传动副数的乘积。

(2) 拟定原则　分析和拟定转速图的一般原则如下:

1) 变速组及传动副的选择。以 12 级转速为例,其传动方案可有:

12 = 4×3　　　　12 = 3×4
12 = 3×2×2　　12 = 2×3×2　　12 = 2×2×3

在变速级数 z 一定时,减少变速组个数势必增加各变速组的传动副数,并且由于降速过快而导致齿轮的径向尺寸增大,为使变速箱中的齿轮个数最少,每个变速组的传动副数最好取 2 个或 3 个。

2) 基本组和扩大组的排列顺序。在一般情况下,应尽量将基本组放在传动顺序最前面,其次是第一扩大组、第二扩大组、……,使变速组的扩大顺序和传动顺序一致。

这样,因为中间轴的变速范围比较小,当中间轴的最高转速一定时,其最低转速能处于较高的位置,使传动件的转矩也较小。

3) 变速组的极限传动比。一般限制降速的最小传动比 $u_{min} \geqslant 1/4$,升速的最大传动比 $u_{max} = 2 \sim 2.5$。这样主传动系统各变速组的变速范围限制在 8~10。

4) 各中间轴的转速尽量高。在传动顺序上,各变速组的最小传动比应采取逐步降速的方法,也就是说降速要晚,使中间轴处于高转速范围,转矩较小,轴、轴承、齿轮径向尺寸也能做得小一些,避免由于中间轴尺寸大而导致变速器箱体尺寸过大。

2. X62W 型卧式铣床的主传动系统

X62W 型卧式铣床主传动系统如图 2-5 所示。从转速图中,已知 X62W 型卧式铣床的主轴转速范围为 30~1500r/min,主轴 18 级转速,公比 $\varphi = 1.26$。

变速系统中采用传动方案为 3×3×2=18,共三个变速组,该机床的主传动系统的总降速比为 30/1440=1/48,在主传动系统的最前端增加一对 26/54 的降速传动齿轮副,使中间的两个变速组降速缓慢一些,齿轮的径向尺寸小一些。在三个变速组中:

a 变速组为 Ⅱ-Ⅲ 轴之间的传动:

$$u_{a1} = \frac{16}{39} \approx \frac{1}{\varphi^4} = \frac{1}{2.5}, \quad u_{a2} = \frac{19}{36} \approx \frac{1}{\varphi^3} = \frac{1}{2}, \quad u_{a3} = \frac{22}{33} \approx \frac{1}{\varphi^2} = \frac{1}{1.5}$$

$$u_{a1} : u_{a2} : u_{a3} = 1 : \varphi : \varphi^2$$

b 变速组为 Ⅲ-Ⅳ 轴之间的传动:

$$u_{b1} = \frac{18}{47} \approx \frac{1}{\varphi^4} = \frac{1}{2.5}, \quad u_{b2} = \frac{28}{37} \approx \frac{1}{\varphi} = \frac{1}{1.26}, \quad u_{b3} = \frac{39}{26} \approx \varphi^2 = 1.5$$

$$u_{b1} : u_{b2} : u_{b3} = 1 : \varphi^3 : \varphi^6$$

c 变速组为 Ⅳ-Ⅴ 轴之间的传动:

$$u_{c1} = \frac{19}{71} \approx \frac{1}{\varphi^6} = \frac{1}{4}, \quad u_{c2} = \frac{82}{38} \approx \varphi^3 = 2$$

$$u_{c1} : u_{c2} = 1 : \varphi^9$$

传动顺序依次为 a、b、c 变速组。

按扩大顺序,a 变速组为基本组,$x_0 = 1$,b 变速组为第一扩大组,$x_1 = 3$,c 变速组为第

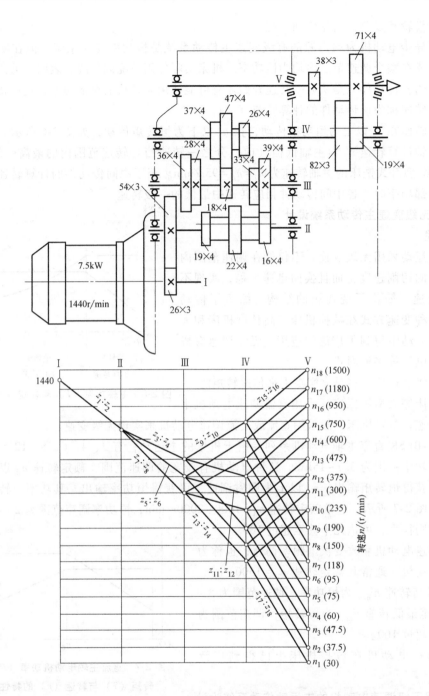

图 2-5 X62W 型卧式铣床主传动系统

二扩大组，$x_2 = 3 \times 3 = 9$，传动顺序与扩大顺序一致，最大和最小传动比皆在 c 组中，并在极限传动比范围之内。

另外，每个变速组的传动副个数都是 2 或 3，且各变速组的最小传动比也是依次逐步降速的。

以上所说的传动系统是正常的传动系统，在实际的机床中，还常采用多速电动机、交换齿轮、公用齿轮和多公比齿轮传动系统。

以交流异步电动机为动力源的有级变速主传动系统是恒功率变速系统,但在实际生产中,并不需要在整个调速范围内均为恒功率。机床实际使用情况调查统计表明,通用机床主传动系统中的各传动件只是从某一转速开始才有可能使用电动机的全部功率,这一传递全部功率的最低转速称为该传动件的计算转速(n_j)。

这样,转速在 n_j 以上为恒功率传动,在 n_j 以下为恒转矩传动,如图2-6所示。中型通用机床的主轴计算转速 n_j 为主轴低档(前三分之一转速档)转速范围内的最高一级转速。例如,X62W型卧式铣床的主轴转速为 $n_j = n_6 = 95r/min$。至于中间传动件的计算转速,可取主轴传递全部功率时,各中间传动件相应转速中最低的一级转速。

(五)无级变速主传动系统设计

1. 概述

机床主运动采用无级变速,不仅能在调速范围内选择到合理的切削速度,而且换向迅速平稳,实现不停车自动变速,简化了变速箱的结构,缩短了传动链,所以这种变速方式在数控机床、高精度机床和大型机床的主运动中得到了广泛的应用。无级调速有机械、液压和电气等多种形式。

机械无级变速箱大多是靠摩擦力来传递转矩的。

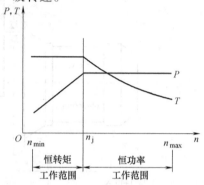

图2-6 主轴功率(P)和转矩(T)特性

龙门刨床等大型机床广泛采用直流调速电动机来实现无级变速,数控机床一般采用直流或交流调速电动机来实现无级变速。

FANUC-BESK直流主轴电动机系列专用于机床的主运动,有3、4、6、8、12、15型共六种规格,功率范围为3.7~15kW,这种电动机有较宽的调速范围,额定转速 n_d 以下为调压调速,可获得恒转矩输出;n_d 以上为调磁调速,可获得恒功率输出,其功率、转矩与转速的特性如图2-7所示。通常额定转速 $n_d = 1000~2000r/min$,恒功率调速范围为2~4,恒转矩调速范围则很大,可达几十甚至超过100。

交流调速电动机靠改变供电频率调速,也称为调频主轴电动机,通常其额定转速 $n_d = 1500r/min$,n_d 以上至最高转速 n_{max} 为恒功率,调速范围为3~5,n_d 以下至最低转速 n_{min} 为恒转矩,调速范围为几十甚至可超过100。

上述两种电动机在数控机床上已得到广泛应用。

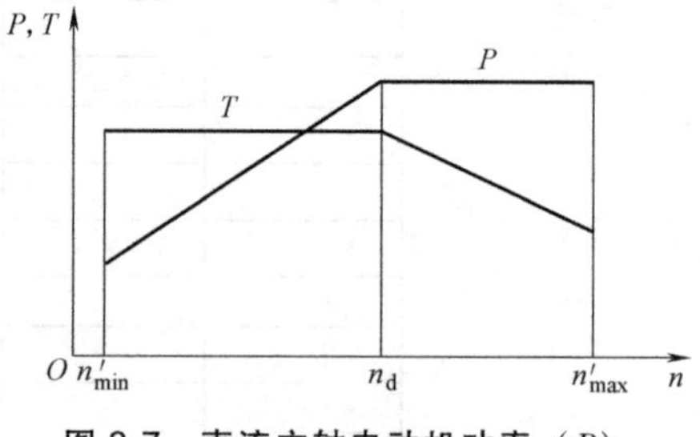

图2-7 直流主轴电动机功率(P)、转矩(T)与转速(n)的特性

2. 采用无级调速电动机的主运动传动系统设计

(1)主轴与电动机在功率特性上的匹配 上述直流和交流主轴电动机的恒转矩-恒功率的输出特性如图2-7所示,它与机床所要求的转矩与功率特性(图2-6)是相似的。但电动机转速要在额定转速 n_d 以上才是恒功率输出,而主轴需要在计算转速 n_j 以上达到恒功率区,一般 $n_d \gg n_j$,且电动机恒功率区小于主轴恒功率区。因此,存在机床主轴与电动机在功率特性方面的匹配问题。

例如,某一数控机床,主轴最高转速 $n_{max} = 3000r/min$,最低转速 $n_{min} = 30r/min$,计算

转速 $n_j = 120\text{r/min}$,则变速范围 $R_n = n_{\max}/n_{\min} = 100$,恒功率变速范围 $R_P = n_{\max}/n_j = 25$。

如采用直流主轴电动机,设其额定转速 $n_d = 1000\text{r/min}$,最高转速 $n_{\max} = 3500\text{r/min}$,恒功率调速范围 $R_{DP} = n_{\max}/n_d = 3500/1000 = 3.5$。显然,它远小于主轴要求的恒功率调速范围 $R_P = 25$。因此,虽然直流电动机的最低转速可以低于 35r/min,总的调速范围可以超过主轴要求的 $R_n = 100$,但由于恒功率调速范围不够,功率性能不匹配,是不能简单地用电动机直接拖动主轴的。解决的办法是在电动机与主轴之间串联一个有级变速箱。

(2) 有级变速箱设计　串联有级变速箱的变速级数 z 通常为 2~4。如果变速箱的公比 φ 大于电动机恒功率变速范围 R_{DP},如图 2-8a 所示,轴 O 的左边表示电动机在最高转速 $n'_{\max}$ 和最低转速 $n'_{\min}$ 之间无级变速的功率特性曲线,经三个传动比为 u_1、u_2、u_3 的有级变速箱变速后,将转速范围扩大为 $n_{\min} \sim n_{\max}$,在此范围内主轴 I 的功率特性曲线的右边形成两个缺口,称为功率降低区。

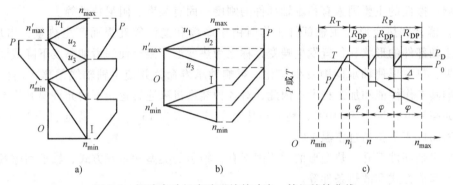

图 2-8　调速电动机变速系统的功率、转矩特性曲线

当取变速箱的公比 φ 等于或小于电动机的恒功率变速范围 R_{DP}(即 $\varphi \leq R_{DP}$)时,主轴 I 的功率特性曲线缺口完全消除了,如图 2-8b 所示,主轴 I 的恒功率变速范围分成几段,每段的变速范围等于电动机的恒功率调速范围 R_{DP}。当 $\varphi = R_{DP}$ 时,几段成直线排列,并首尾相连;当 $\varphi < R_{DP}$ 时,几段首尾互相重叠搭接。φ 越小,则重合长度越大。这样会使变速范围难以扩大,如果按照机床要求来扩大变速范围,则需增加有级变速箱的传动副,从而增加机械结构的复杂性。如数控车床车端面时,为保持恒切削速度,可采用恒功率重合方案。

五、金属切削机床典型部件

1. 主轴部件的基本要求

(1) 旋转精度　主轴部件的旋转精度是指主轴在手动或低速、空载时,主轴前端定位面的径向圆跳动、轴向圆跳动和轴向窜动值。当主轴以工作转速旋转时,主轴回转轴线在空间的漂移量即为运动精度。

主轴部件的旋转精度取决于部件中各主要件(如主轴、轴承及支承座孔等)的制造精度和装配、调整精度;运动精度还取决于主轴的转速、轴承的性能和润滑以及主轴部件的动态特性。各类通用机床主轴部件的旋转精度已在机床精度标准中做了规定,专用机床主轴部件的旋转精度则根据工件精度要求确定。

(2) 刚度　主轴部件的刚度 K 是指其在承受外载荷时抵抗变形的能力,如图 2-9 所示,

即 $K=F/y$（单位为 N/mm），刚度的倒数 y/F 称为柔度。

主轴部件的刚度是综合刚度，它与主轴的结构尺寸、所选用的轴承类型和配置及其预紧、支承跨距和主轴前端悬伸量、传动件的布置方式、主轴部件的制造和装配质量等有关。

（3）抗振性 主轴部件的抗振性是指其抵抗受迫振动和自激振动而保持平稳运转的能力。在切削过程中，主轴部件不仅受静载荷的作用，同时也受冲击载荷和交变载荷的作用，使主轴产生振动。如果主轴部件的抗振性差，工作时容易产生振动，从而影响工件的表面质量，降

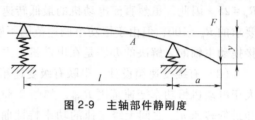

图 2-9 主轴部件静刚度

低刀具的寿命和主轴轴承的寿命，还会产生噪声影响工作环境。随着机床向高精度、高效率的方向发展，其对抗振性的要求越来越高。

影响抗振性的主要因素有：主轴部件的刚度、固有频率、阻尼特性等。

（4）温升和热变形 主轴部件工作时由于摩擦和搅油等耗损而产生热量，出现温升。温升使主轴部件的形状和位置发生畸变，称之为热变形。温升使润滑油黏度下降或润滑脂熔化而流失；热变形使轴承间隙发生变化，影响轴承寿命，并使主轴轴线偏离正确位置或倾斜，影响其工作性能和加工精度。因此，对各种类型机床连续运转下的允许温升均有一定的规定，如高精度机床为 8~10℃，精密机床和数控机床为 15~20℃，普通机床为 30~40℃，特别精密的机床不得超过室温 1℃。

影响主轴部件温升、热变形的主要因素有：轴承的类型和布置方式、轴承间隙及预紧力的大小、润滑方式和散热条件等。

（5）耐磨性 主轴部件的耐磨性是指长期保持其原始精度的能力，即精度的保持性。因此，主轴部件各个滑动表面，包括主轴端部定位面、锥孔，与滑动轴承配合的轴颈表面，移动式主轴套筒外圆表面等，都必须具有很高的硬度，以保证其耐磨性。

此外，对于数控机床，其工作特点是工序高度集中，一次装夹可完成大量的工序，主轴的变速范围很大，既要满足高速性能的要求，又要适应低速性能的要求；既要完成精加工，又要适应粗加工。因此，数控机床主轴部件对旋转精度、转速、变速范围、刚度、温升和可靠性等性能，一般都应按精密机床的要求，并结合各种数控机床的具体要求综合考虑。

2. 主轴轴承

（1）滚动轴承

1) 主轴常用的滚动轴承。主轴部件中常用的滚动轴承除圆柱滚子轴承、圆锥滚子轴承、推力球轴承、深沟球轴承等类型外，还有图 2-10 所示的几种类型。

① 双列圆柱滚子轴承。这种轴承以 NN3000K 系列轴承最为常用（图 2-10a），它的挡边在内圈上，外圈可以分离，内圈锥孔锥度为 1∶12，与主轴的锥形轴颈相配，内圈轴向右移使其径向胀大从而达到消除间隙和预紧的目的。图 2-10b 所示为超轻型 NNU4900K 系列轴承，挡边在外圈上，内圈可以分离，这类轴承的滚子数多（50~60 个），两列滚子交错排列，其径向刚度和承载能力较大，允许转速较高，但其内、外圈均较薄，对主轴颈和箱体孔的制造精度要求较高。这类轴承只能承受径向载荷，适用于载荷较大、转速中等的主轴部件。

② 角接触球轴承。这种轴承多用于高速主轴，它既能承受径向载荷，又能承受轴向载

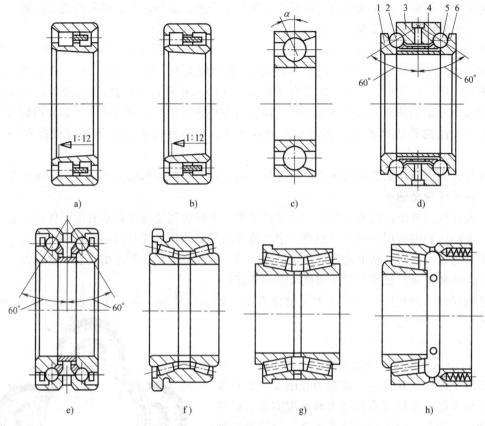

图 2-10 几种常用的主轴滚动轴承
1、6—内圈　2、5—滚珠　3—外圈　4—隔套

荷。常用的有 7000C（接触角 $\alpha = 15°$）和 7000AC（$\alpha = 25°$）两个系列，前者允许转速高，但轴向刚度较低，常用于高速、轻载的机床主轴，如磨床主轴或不承受轴向载荷的车床、镗床、铣床主轴后轴承；后者轴向刚度较高，但径向刚度和允许转速略低，多用于车床、镗床、铣床、加工中心等机床主轴。为适应主轴转速的进一步提高，可通过采用陶瓷滚珠或减小滚珠直径的方式，减小滚珠的离心力，来满足高速的要求。目前，国外已开发出了超高速角接触球轴承。

③ 双向推力角接触球轴承。如图 2-10d、e 所示，这种轴承的接触角 $\alpha = 60°$（代号为 234400），由外圈 3、内圈 1 和 6、两列滚珠 2 和 5 及保持架、隔套 4 组成。修磨隔套 4 的长度可以精确调整间隙和预紧。外圈的公称外径与同孔径的 NN3000K 系列轴承相同，但其外径公差带在零线下方，与箱体之间有间隙，专门作为推力轴承使用，与双列圆柱滚子轴承（NN3000K）组配用于主轴前支承。该轴承的轴向刚度、允许转速均较高。

④ 双列圆锥滚子轴承　如图 2-10f 所示，这种轴承有一个公用外圈和两个内圈，外圈的凸肩靠在箱体或主轴套筒的端面上，实现轴向定位，其凸肩上还有缺口，插入螺钉可防止外圈转动，修磨中间隔套可以调整间隙或预紧，且两列滚子数目相差一个，改善了轴承的动态特性。该轴承滚子数量多，刚度和承载能力大，既可承受径向载荷，又可承受双向轴向载荷。因支承座孔可做成通孔，加工方便，制造精度高，适用于中低速、中等以上载荷机床的

主轴前支承,但由于滚子大端面与内圈挡边为滑动摩擦,发热较大,极限转速受限制,工作时必须有充分的润滑和冷却。

⑤ 加梅（Gamet）轴承　如图 2-10g、h 所示,这类轴承是由法国加梅公司开发生产的。图 2-10g 所示为 H 系列,结构与图 2-10f 相似,用于前支承。图 2-10h 所示为 P 系列,与 H 系列配套,用于后支承,它的外圈带有预紧弹簧（16~20 根）,均匀增减弹簧可以改变预加载荷的大小。这类轴承的滚子做成空心,保持架为整体结构并充满空间,大部分的润滑油通过滚子内孔流向挡边摩擦处,润滑和冷却效果好,中空并充油的滚子还起吸振和缓冲的作用。

此外,为适应新型数控机床对高转速的要求,在某些数控机床上采用了陶瓷滚动轴承和磁悬浮轴承等新型轴承。

陶瓷材料密度小,线胀系数小,弹性模量大。常用的陶瓷滚动轴承有滚动体用陶瓷材料制成、滚动体和内圈用陶瓷材料制成、滚动体和内外圈均用陶瓷材料制成三种。前两种类型适用于高速、超高速、精磨机床的主轴部件,后一种类型适用于要求耐高温、耐腐蚀、非磁性、绝缘或要求减轻重量和超高速机床的主轴部件。

磁悬浮轴承是利用磁力来支承运动部件实现轴承功能的,其工作原理如图 2-11 所示,它由转子、定子等组成。

2) 滚动轴承的典型配置形式。

① 适应承载能力和刚度的要求。线接触的圆柱或圆锥滚子轴承,其径向承载能力和刚度要比点接触的球轴承好;在轴向承载能力和刚度方面,以推力球轴承为最高,圆锥滚子轴承次之,角接触球轴承为最低。

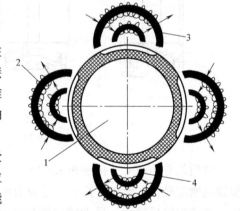

图 2-11　磁悬浮轴承的工作原理
1—转子　2—定子　3—电磁铁
4—位置传感器

对于两支承结构的主轴部件,因其前支承所受载荷通常大于后支承,且前支承变形对主轴轴端位移（即刚度）影响较大,故前支承处轴承的承载能力和刚度应比后支承处大。有冲击载荷时,宜选用滚子轴承。

② 适应转速的要求。合适的转速可以限制轴承的温升,保持轴承的精度,提高轴承的使用寿命。不同类型、规格和精度等级的轴承,其允许的最高转速是不相同的。相同类型的轴承,其规格越小,精度等级越高,允许的最高转速也越高;相同规格的轴承,点接触的球轴承比线接触的滚子轴承允许的转速高,滚子轴承比滚锥轴承允许的转速高。因此,选择轴承时应综合考虑转速和承载能力等诸方面的因素。

③ 适应结构的要求。为了使主轴部件具有高的刚度,且结构紧凑,主轴直径应选大一些的,这时轴承选用轻型或特（超）轻型,或者可在同一支承处（尤其是前支承）配置两联或多联轴承;对于中心距很小的多主轴机床（如组合机床）,可采用滚针轴承,并将推力球轴承轴向错开排列（图 2-12）,以避免其外径干涉。

④ 推力轴承的配置形式。主轴的轴向定位精度（热伸长）主要取决于承受轴向载荷的轴承,如推力球轴承、角接触球轴承和圆锥滚子轴承等。这类轴承的配置形式不同,对主轴

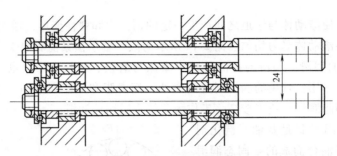

图 2-12 组合机床主轴部件

轴向精度的影响也不相同。推力轴承的配置主要有三种形式，其特点和应用范围见表 2-2。

表 2-2 滚动轴承的配置形式

配置形式	示意图	特点	应用范围
前端		前支承发热大，温升高，主轴热伸长向后，不会（或很小）影响主轴前端的轴向定位精度。需提高前支承处的冷却润滑条件	用于轴向精度和刚度要求较高的高精度机床，如精密车床、铣床、坐标镗床、落地镗床等
后端		前支承发热小，温升低，主轴热伸长向前，影响主轴前端的轴向定位精度	用于轴向精度要求不高的普通精度机床，如立式铣床、多刀车床等
两端		前支承发热较小，两推力轴承之间的主轴段受热后会产生弯曲，既影响轴承的间隙，又使轴承处产生角位移，影响机床精度	用于较短的主轴或轴向间隙变化不影响正常工作的机床，如钻床等

3）主轴滚动轴承的精度和配合。前、后轴承内圈偏心量对主轴端部的影响如图 2-13 所示。

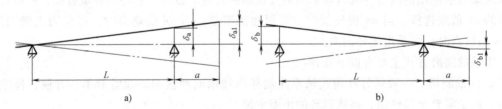

图 2-13 前、后轴承内圈偏心量对主轴端部的影响

图 2-13a 表示前轴承轴心有偏移 δ_a，后轴承偏移为零的情况，这时反映到主轴端部的偏移 δ_{a1} 为

$$\delta_{a1} = \frac{L+a}{L}\delta_a$$

图 2-13b 表示后轴承轴心有偏移 δ_b，前轴承偏移为零的情况，则反映到主轴端部的偏移 δ_{b1} 为

$$\delta_{b1} = \frac{a}{L}\delta_b$$

若 $\delta_a = \delta_b$，则 $\delta_{a1} > \delta_{b1}$，这说明前轴承的精度对主轴旋转精度的影响较大，因此，前轴承的精度通常应选得比后轴承高一级。

4）主轴滚动轴承间隙调整和预紧。主轴轴承通常采用预加载荷的方法消除间隙，并产生一定的过盈量，使滚动体与滚道之间产生一定的预压力和弹性变形，增大接触面，使承载区扩大到整圈，各滚动体受力均匀。图 2-14 所示为滚动轴承预紧前后的受力情况。

5) 滚动轴承的润滑。润滑的目的是减少摩擦与磨损、延长寿命，也起到冷却、吸振、防锈和降低噪声的作用。常用的润滑剂有润滑油、润滑脂和固体润滑剂。通常，速度较低、工作载荷较大时用脂润滑，速度较高、工作载荷较小时用油润滑。

① 脂润滑。润滑脂是基油、稠化剂或添加剂在高温下混合而成的半固态润滑剂。其特点是黏附力强、油膜强度高、密封简单、不需经常更换、维护方便。普通润滑脂摩擦阻力比润滑油大，但高级润滑脂（如锂基润滑脂）摩擦阻力比润滑油略小，常用于速度、温度较低且不需要冷却或不方便冷却的场合。对于立式主轴以及装于套筒内的主轴轴承（如钻床、坐标镗床、立式铣床、龙门铣床、内圆磨床等）

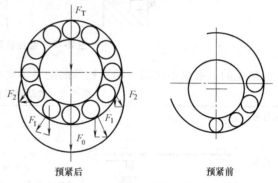

图 2-14　滚动轴承预紧前后的受力情况

宜用润滑脂。数控加工中心主轴轴承也常用高级润滑脂润滑。

润滑脂填充量一般为轴承空隙的 1/3～1/2 效果最好，过多则会因搅油发热而熔化、变质失去润滑作用。

② 油润滑。润滑油的种类很多，适用于速度、温度较高的轴承，由于黏度低、摩擦因数小，润滑及冷却效果较好。

适量的润滑油可使润滑充分，同时搅油的发热小，使得轴承的温升及功率损耗都较低。主轴滚动轴承常用的润滑方式与轴承类型及轴承的转速、载荷、容许温升值有关，一般可按轴承的 dn 值来选择。当 dn 值较低时，可用油浴润滑；当 dn 值略高时，可采用飞溅润滑；当 dn 值较高时，可采用循环润滑。

主轴的润滑方式主要有以下几种：

a. 滴油润滑。一般通过针阀式轴承注油杯向轴承间断滴油。润滑简单、方便，搅油发热小。用于需要定量供油、高速运转的小型主轴。

b. 飞溅润滑。利用浸入油池内的齿轮或甩油环的旋转使油飞溅进行润滑。其特点是结构简单，但需机床起动后才能供油，油不能过滤，搅油发热及噪声都大。用于要求不高的主轴轴承。溅油元件的速度一般为 0.8～6m/s，浸油高度为齿高的 1～3 倍。

c. 循环润滑。由液压泵供油润滑轴承。回油经冷却、过滤后可循环使用，能够保证轴承充分润滑，循环油可带走部分热量，使轴承温度降低。适用于高速、重载机床主轴轴承的润滑。

d. 油雾润滑。压缩空气通过专门的雾化器，再经喷嘴将油雾喷射到轴承中进行润滑，需要一套专门的油雾润滑系统，造价偏高，适用于高速主轴。

e. 喷射润滑。在轴承周围均布几个喷油嘴，周期性地将油喷射到轴承圈与保持架的间隙中，能冲破轴承高速旋转形成的"气流隔层"，把油送到工作表面。润滑效果好，但需一套专门润滑设备，成本高。适用于高速主轴轴承。

f. 油气润滑。是针对高速主轴开发的新型润滑方式。用极微量油与压缩空气混合，经喷嘴送入轴承中。它与油雾润滑主要区别是润滑油未被雾化，而是成滴状进入轴承，在轴承中容易沉积，不污染环境。由于大量空气冷却轴承，轴承温升更低。

对于角接触轴承及圆锥滚子轴承，由于转动离心力的甩油作用，润滑必须从小端进，否则润滑油很难进入。

6) 滚动轴承的密封。密封的作用是防止润滑油外漏，防止灰尘、切屑、切削液及水分等杂质侵入轴承而损坏轴承及恶化工作条件，减少磨损和腐蚀，保护环境，保障轴承的使用性能和寿命。密封主要分为接触式和非接触式，前者有摩擦磨损，发热严重，适用于低速主轴；后者制成迷宫式和间歇式，发热很小，应用广泛。

密封方式的选择应根据轴的转速、轴承润滑方式、轴端结构特点、轴承的工作温度及外界环境等因素综合考虑。

(2) 滑动轴承　滑动轴承在运转过程中阻尼性能好，具有良好的抗振性和运动平稳性，承载能力和刚度高，精度保持性好，因此广泛用于高速或低速的精密、高精度机床和大型数控机床中。

主轴滑动轴承按流体介质不同，可分为液体滑动轴承和气体滑动轴承。其中液体滑动轴承按产生油膜方式不同分为液体动压滑动轴承和液体静压滑动轴承。

1) 液体动压滑动轴承。液体动压滑动轴承的工作原理是主轴以较高的转速旋转时，带着润滑油从间隙大处向间隙小处流动，形成压力油楔而将主轴浮起，产生压力油膜以承受载荷。油膜的承载能力与速度、油液黏度、油楔的结构等工作状况有关。转速低，动压油膜的承载能力低，难以保证液体润滑。液体动压滑动轴承的轴承间隙对旋转精度和油膜刚度影响较大，所以必须能够进行调整。液体动压滑动轴承按油楔数分为单油楔和多油楔轴承，多油楔轴承工作中运行稳定，应用较多。图 2-15 所示为外圆磨床砂轮主轴部件。

2) 液体静压滑动轴承。液体静压滑动轴承系统由一套专用供油系统、节流阀和轴承三部分组成，其通过供油系统使油进到轴和轴承间隙中，利用油的静压力支承轴的载荷，从而把轴颈推向轴承中心，与主轴转速无关，承载能力不随转速变化而变化。其主要特点是抗振性好，运转平稳，油膜有均化误差的作用，可提高加工精度，可在低转速条件下工作；缺点是需要一套专用供油设备，制造工艺复杂。图 2-16 所示为液体静压滑动轴承径向承载的工作原理。在轴承的内圆柱孔 4 上，油腔之间由轴向回油槽隔开，油腔与回油槽之间是封油面。液压泵输出的油压为定值 p 的油液，分别流经油腔，将轴颈推向中央，然后流经轴颈与轴承封油面之间的微孔流回油箱。当无外载荷作用（不考虑自重）时，各油腔的油压为 p_4，保持平衡，轴在正中央，各油腔封油面与轴颈的间隙相等，间隙、液阻也相等。

外载荷 F 向下作用时，轴颈失去平衡，沿载荷方向偏移一个偏心距 e，间隙减小为 $h_3 = h_0 - e$，液阻增大，流量减小，节流阀 T_3 的压降减小，故油腔压力 p 随着增大。同理，上油腔 1 间隙增大为 $h_1 = h_0 + e$，液阻减小，流量增大，节流阀 T_1 的压降增大，油腔压力 p_1 随着减小。产生了压差 $p - p_1$，将主轴推回中心以平衡外载荷 F。

3. 主轴

(1) 主轴的结构　主轴端部的结构应保证夹具或刀具安装可靠、定位准确、连接刚度高、装卸方便、有良好的支承及支承调整装置、有较小的受载变形并能传递足够的转矩。由于夹具和刀具已标准化，因此，通用机床主轴端部的形状和尺寸均已标准化，设计时应遵循相关标准。

主轴本身的结构和形状主要取决于主轴上所安装的传动件、轴承等零件的类型、数量、

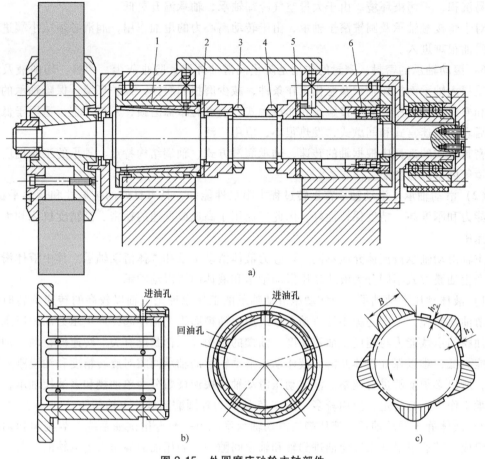

图 2-15 外圆磨床砂轮主轴部件
1—轴瓦 2、5—圆环 3、4—螺母 6—轴承

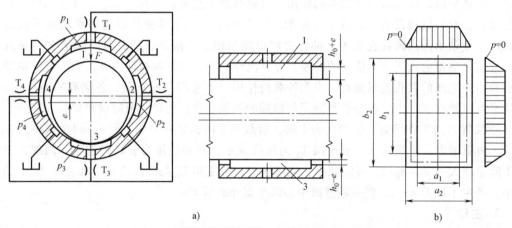

图 2-16 液体静压滑动轴承径向承载的工作原理

位置和安装定位方法等因素，此外还应考虑其加工工艺性和装配工艺性。通常主轴均呈头大尾小、逐级递减的阶梯形状，但某些机床主轴则呈两头小、中间为等直径的形状，如内圆磨床砂轮主轴。

（2）主轴的材料和热处理　主轴的材料主要根据耐磨性、载荷特点和热处理后的变形大小来选择。机床主轴常用的材料及热处理要求可参见表 2-3。

表 2-3 主轴常用的材料及热处理要求

钢材	热处理	用途
45 钢	调质 22~28HRC，局部高频	一般机床主轴、传动轴
	淬硬 50~55HRC	
40Cr	淬硬 40~50HRC	载荷较大或表面要求较硬的主轴
20Cr	渗碳、淬硬 56~62HRC	中等载荷、转速很高、冲击较大的主轴
38CrMoAlA	渗氮处理 850~1000HV	精密和高精度机床主轴
65Mn	淬硬 52~58HRC	高精度机床主轴

（3）主轴主要结构参数的确定

1）主轴前轴颈直径 D_1 的选取。主轴前轴颈 D_1 一般可根据机床类型、主电动机功率以及主参数来选取，见表 2-4。车床和铣床主轴后轴颈直径 $D_2 \approx (0.7~0.85)D_1$。

表 2-4 主轴前轴颈的直径 D_1　　　　　　（单位：mm）

机床	功率/kW					
	2.6~3.6	3.7~5.5	5.6~7.2	7.4~11	11~14.7	14.8~18.4
车床	70~90	70~105	95~130	110~145	140~165	150~190
升降台铣床	60~90	60~95	75~100	90~105	100~115	—
外圆磨床	50~60	55~70	70~80	75~90	75~100	90~100

2）主轴内孔直径 d 的确定。很多机床主轴具有内孔，主要用来通过棒料、拉杆、冷却管等，并能减轻主轴重量。内孔直径的大小，应在满足主轴刚度要求的前提下尽量取大值，但一般应保证 $d/D<0.7$。

3）主轴前端悬伸量 a 的确定。主轴前端悬伸量是指主轴前支承径向反力作用点到前端受力作用点之间的距离。其要通过功率、转速、切削力等要求计算确定。

4）主轴合理跨距的确定。合理确定主轴两个主要支承间的跨距，可提高主轴部件的静刚度。

（4）典型的主轴部件

1）车床、镗床、铣床类主轴部件。图 2-17 所示为某数控车床主轴部件，这种形式的主轴部件适用于转速较高（$dn=500000~1000000$ mm·r/min）、刚度略低的高精度机床，如数

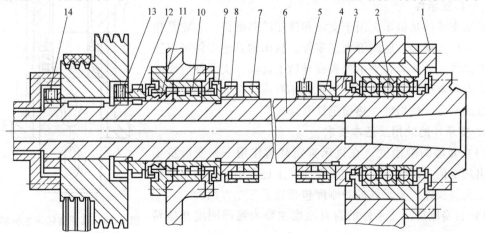

图 2-17 某数控车床主轴部件

1—前端盖　2—角接触球轴承　3、9、11—内隔套　4、8—调整螺母
5、7、13、14—锁紧螺母　6—主轴　10—双列圆柱滚子轴承　12—带轮

控车床、镗床、铣床和磨床等。

图 2-18 所示为某卧式铣床主轴部件，这种形式的主轴部件适用于载荷较大、刚度较高、转速较低（$dn = 250000 \sim 300000 \text{mm} \cdot \text{r/min}$）的普通机床，如车床、铣床等。

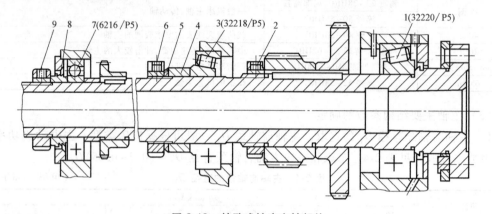

图 2-18 某卧式铣床主轴部件

1、3—圆锥滚子轴承 2、6、9—锁紧螺母 4—隔套
5—碟形弹簧 7—深沟球轴承 8—环

2）钻床类主轴部件。图 2-19 所示为某摇臂钻床主轴部件，为使主轴套筒径向尺寸紧凑，上、下支承均采用特轻型轴承，用脂润滑。

3）磨床类主轴部件。图 2-20 所示为某内圆磨床的砂轮主轴部件。

4）电主轴。图 2-21 所示为某车床用电主轴部件，电主轴非常适用于车削、铣削和用特定刀具加工硬材料等情况。

六、支承件及导轨

（一）支承件

机床支承件是机床上用于支承和连接的基础件，主要是指床身、立柱、横梁、底座等大型零件。机床的其他零件可以固定在支承件上，或者在支承件表面导轨上运动。支承件应能保证机床上各零部件之间的相对位置和相对运动精度，保证机床有足够的刚度、抗振性、热稳定性和寿命。

1. 支承件的功用及基本要求

（1）足够的静刚度 在机床额定载荷作用下，变形量不得超出规定值，以保证刀具和工件在加工过程中相对位移不超过加工允许误差。支承件的静刚度包括以下三个方面：

1）自身刚度。支承件的自身刚度主要为弯曲刚度和扭转刚度。

2）局部刚度。局部变形主要发生在支承件上载荷较集中的局部结构处。

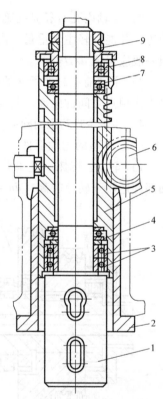

图 2-19 某摇臂钻床主轴部件

1—主轴 2、5—套筒
3、4、7、8—轴承
6—齿轮 9—螺母

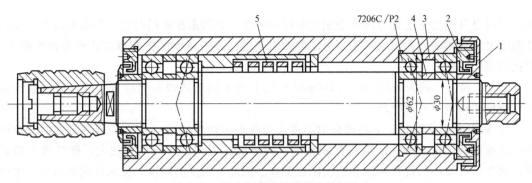

图 2-20 某内圆磨床的砂轮主轴部件
1—外端盖 2—内盖 3—外隔套 4—内隔套 5—弹簧

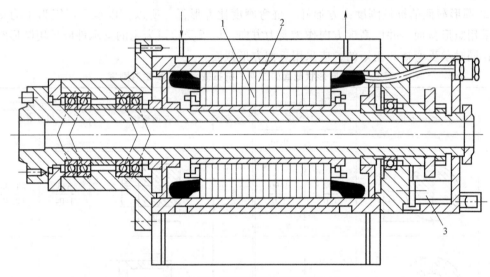

图 2-21 某车床用电主轴部件
1—转子 2—定子 3—传感器

3）接触刚度。支承件的结合面在外载荷作用下抵抗接触变形的能力，称为接触刚度。接触刚度 K_j（单位为 MPa/μm）是平均压力 p 与变形 δ 之比，即 $K_j = p/\delta$。

(2) 良好的动态特性　在规定的切削条件下工作时，应使受迫振动的振幅不超过允许值，不产生自激振动等，保证切削的稳定性，要求有较大的动刚度和阻尼。

(3) 较小的热变形和内应力　在机床工作过程中的摩擦热、切削热等热量会引起支承件的热变形和热应力；支承件在铸造、焊接、粗加工过程中会形成内应力，在使用中内应力重新分布并逐渐消失，导致支承件变形。

(4) 较高的刚度和质量之比　在满足刚度的前提下，应尽量减小支承件的质量。支承件的质量往往占机床总质量的 80% 以上，所以刚度和质量之比在很大程度上反映了支承件设计的合理性。

最后，支承件的设计应便于制造、装配、维修、排屑及吊运等。

2. 支承件的结构分析

(1) 提高支承件自身刚度和局部刚度

1）正确选择截面的形状和尺寸。由于支承件主要是承受弯矩、扭矩以及弯扭复合载荷，所以自身刚度主要是考虑弯曲刚度和扭转刚度。截面面积相同时空心截面刚度大于实心截面刚度，封闭的截面刚度大于不封闭的截面刚度，方形截面的抗弯刚度比圆形截面的大，而抗扭刚度较低。

表 2-5 列出了截面面积相同（100mm²）的 8 种不同形状截面的抗弯、抗扭截面系数和相对刚度的比较，通过比较可知：

① 截面面积相同时，空心截面的刚度大于实心截面的刚度。空心的圆形、方形、矩形截面的刚度都比实心的大；截面面积相同，同样截面形状、外形尺寸较大、壁厚适当的截面，比外形尺寸小的抗弯刚度和抗扭刚度都高。因此，为提高刚度，支承件的截面应是中空形状，在截面面积相同的情况下，尽可能加大截面尺寸，以提高抗弯和抗扭刚度，但也要注意壁厚不能太薄，以免出现振动和局部刚度过低。

② 圆形截面的抗扭刚度比方形好，抗弯刚度比方形低。所以，以承受弯矩为主的支承件应采用矩形截面，并以高度方向作为受力方向；以承受扭矩为主的支承件应采用圆形空心截面；同时承受弯矩和扭矩的，应采用近似方形截面。

表 2-5 不同形状截面的抗弯、抗扭截面系数和相对刚度

序号	截面形状	截面系数/mm⁴ 相对刚度		序号	截面形状	截面系数/mm⁴ 相对刚度	
		抗弯	抗扭			抗弯	抗扭
1	φ113 圆形	$\dfrac{800}{1.0}$	$\dfrac{1600}{1.0}$	5	100×100 方形	$\dfrac{833}{1.04}$	$\dfrac{1400}{0.88}$
2	φ113/φ160	$\dfrac{2412}{3.02}$	$\dfrac{4824}{3.02}$	6	100×100/142×142	$\dfrac{2555}{3.19}$	$\dfrac{2040}{1.27}$
3	φ160/φ196	$\dfrac{4030}{5.04}$	$\dfrac{8060}{5.04}$	7	50×200	$\dfrac{3333}{4.17}$	$\dfrac{680}{0.43}$
4	φ160/φ196（开口）	—	$\dfrac{108}{0.07}$	8	85×235/50×200	$\dfrac{5860}{7.325}$	$\dfrac{1316}{0.82}$

③ 封闭截面的刚度远远大于开口截面的刚度，特别是抗扭刚度。设计支承件时应尽量使截面做成封闭形状。但为了排屑和在支承件上安装机构的需要，有时不能做成全封闭时，可适当布置肋板或肋条。

图 2-22 所示为机床床身截面，均为空心矩形截面。图 2-22a 所示为典型的车床类床身，工作时同时承受弯曲和扭转载荷，并且床身上需要有较大空间以排除大量切屑和切削液。图 2-22b 所示为镗床、龙门刨床等机床的床身，主要承受弯曲载荷，由于切屑不需从床身排除，所以顶面多采用封闭结构，台面不太高，以便于工件的安装和调整。图 2-22c 所示为用于大型和重型的机床床身，采用了三道壁。重型机床可采用双层结构床身，以便进一步提高刚度。

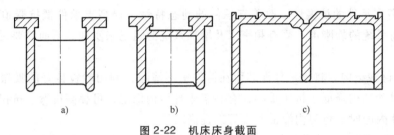

图 2-22 机床床身截面

2) 合理布置隔板和加强肋。隔板的功用在于把作用于支承件局部的载荷传递给其他壁板，从而使整个支承件能比较均匀地承受载荷。

加强肋一般配置在内壁上，作用与隔板相同，如图 2-23 所示。

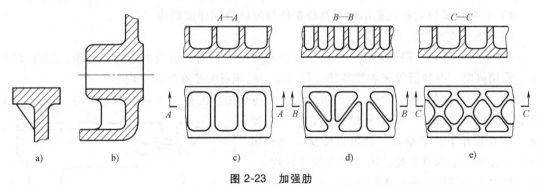

图 2-23 加强肋

3) 合理选择连接部位的结构。图 2-24 所示为支承件连接部位的四种结构形式。

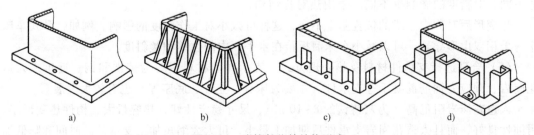

图 2-24 连接部位的结构形式
a) 一般凸缘连接 b) 有加强肋的凸缘连接 c) 凹槽式连接 d) U 形加强肋结构连接

4) 注意局部结构对机床刚度的影响。在支承件外壁上开孔，会降低抗弯刚度和抗扭刚度,设计时应该尽量避免在主要支承件上开孔。必须开孔时,孔的尺寸及位置要合理,工作时加盖,用螺钉拧紧,以补偿一部分刚度损失。注意床身与导轨连接处的局部过渡,如采用直接连接、双壁连接、适当加厚过渡壁并增添加强肋等措施来提高导轨处的局部刚度。

(2) 提高接触刚度

1) 导轨面和重要的固定面必须配刮或配磨。刮研时,每 25mm×25mm,高精度机床为 12 点,精密机床为 8 点,普通机床为 6 点,并应使接触点均匀分布。固定结合面配磨时,表面粗糙度 Ra 值应小于 $1.6\mu m$。

2) 施加预载荷。用固定螺钉联接时拧紧螺钉使接触面间有一预加载荷,这样工作时由外载荷引起的接触面间压力变化相对较小,可有效消除微观不平度的影响,提高接触刚度。

(3) 提高支承件的抗振性 改善支承件的动态特性,提高支承件抵抗受迫振动的能力主要通过提高系统的静刚度、固有频率以及增加系统的阻尼来实现。下面简要说明增加阻尼的措施。

1) 采用封砂结构。将支承件泥芯留在铸件中不清除,利用砂粒良好的吸振性提高阻尼比。同时,封砂结构降低了机床重心,有利于床身结构稳定,可提高抗弯、抗扭刚度。在焊接结构支承件内腔时,也可内灌混凝土等以提高阻尼。

2) 采用具有阻尼性能的焊接结构。如采用间断焊接、焊减振接头等来加大摩擦阻尼。

3) 采用阻尼涂层。对于弯曲振动结构,尤其是薄壁结构,在其表面喷涂一层具有高内阻尼的黏滞弹性材料,如由沥青基制成的胶泥减振剂、内阻尼高切变模量低的压敏式阻尼胶等。

4) 采用环氧树脂粘接的结构。其抗振性超过铸造和焊接结构。

(4) 减小支承件的热变形

1) 散热和隔热。隔离热源,如将主要热源与机床分离。适当加大散热面积,加设散热片,采用风扇、冷却器等来加快散热。高精度的机床可安装在恒温室内。

2) 均衡温度场。如车床床身,可以用改变传热路线的办法来减少温度不均。如图 2-25 所示,A 处装主轴箱,是主要的热源,C 处是导轨,在 B 处开了一个缺口,就可以使从 A 处传出的热量分散传至床身各处,床身温度就比较均匀。当然缺口不能开得太深,否则会使床身刚度降低。

3) 采用热对称结构。同样的热变形,由于构造不同,对精度的影响也不同。采用热对称结构,

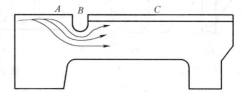

图 2-25 车床床身的均热

可使热变形后对称中心线的位置基本不变,这样可减小对工作精度的影响。例如,卧式车床床身采用双山形导轨,可以减小车床溜板箱在水平面内的位移和倾斜度。

(5) 合理选择支承件材料及热处理方式 支承件的材料主要为铸铁和钢。近年来人造花岗岩、预应力钢筋混凝土等支承件(主要为床身、立柱、底座等)也有较大发展。

人造花岗岩阻尼高(为灰铸铁的 8~10 倍)、尺寸稳定性好、热容量大、构件热变形小、耐蚀性良好,而且人造花岗岩支承件后期加工量小,可大大缩短加工支承件的时间和降低加工成本,但其材质较脆,抗弯强度较低,因此主要用于高精度机床。

混凝土的阻尼高于铸铁,刚度也较高,适用于制造受载均匀、截面面积大、抗振性要求较高的支承件。采用钢筋混凝土可节约大量钢材,降低成本,但其变形、侵蚀、导轨与支承

件连接刚度不足等问题，有待进一步研究解决。

铸铁支承件上没有导轨时，一般可采用 HT150。如导轨与支承件铸造为一体，铸铁牌号根据导轨的要求选择。

由型钢和钢板焊接的支承件，常采用 Q235AF 或 Q275 钢。

在铸造或焊接中产生的残余应力，将使支承件产生变形，因此必须进行时效处理以消除残余应力。普通精度机床的支承件在粗加工后安排一次时效处理即可，精密级机床最好进行两次时效处理，即粗加工前、后各一次。有些高精度机床在进行热时效处理后，还应进行自然时效处理，即把铸件露天堆放一年左右，让它们充分变形。

（6）支承件焊接结构　焊接结构的支承件与铸件相比突出优点是制造周期短，刚度和质量之比高，焊接结构设计灵活，可做成全封闭的结构，可按刚度要求很方便地加焊隔板和肋来提高其承载和抗变形能力。因此，焊接支承件在单件小批量生产和自制设备等场合的应用越来越多。

焊接结构要符合焊接的工艺性特点和要求，如合理选择壁板厚度，尽量减少焊缝的数量和长度，尽量避免焊缝集中，减轻焊缝的载荷，避免在加工面上、配合面上、危险断面上布置焊缝，轮廓形状应规整化，对大型结构分段焊接组装等。

（7）支承件的结构工艺性　为便于制造和保证支承件的加工质量，应注意支承件的结构工艺性。

机械加工工艺性主要考虑以下几个方面：

1）较长支承件（如车床的床身）应尽量避免两端有加工面，避免支承件内部深处有加工面以及倾斜的加工面。

2）尽可能使加工面集中，以减少加工时的翻转及装夹次数。同一方向的加工，应处于一个平面内，以便一次刨出或铣出。

3）所有加工面都应有支承面较大的基准，以便加工时进行定位、测量和夹紧。

如图 2-26 所示，图 2-26a 所示结构的立柱背面是曲面，当加工正面的导轨时就没有可靠的工艺基面。因此，必须在曲面上铸出"工艺凸台"A，加工时，先把凸台表面刨出或铣出，然后以它为基面来加工导轨面。加工完毕并经检验合格后割去凸台。图 2-26b 所示结构则借用了电器箱盖面作为工艺基准，一举两得。

（二）导轨

1. 导轨的分类和基本要求

（1）导轨的分类

1）按工作性质可分为主运动导轨、进给运动导轨和调位导轨。调位导轨只用于调整部件之间的相对位置，在加工时没有相对运动。例如，车床尾座用的导轨。

2）按摩擦性质可分为滑动导轨和滚动导轨。滑动导轨按两导轨面间的摩擦状态又可分为液体静压导轨、液体动压导轨、混合摩擦导轨和边界摩擦导轨。滚动导轨在两导轨面间装有滚珠、滚柱或滚针等滚动体，具有滚动摩擦的性质。

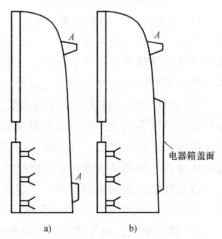

图 2-26　工艺凸台

3）按受力情况可分为开式导轨和闭式导轨。如图 2-27a 所示，所谓开式导轨是指靠外载荷和部件自重，使两导轨面在全长上保持贴合的导轨；如图 2-27b 所示，所谓闭式导轨是指必须用压板作为辅助导轨面才能保证主导轨面贴合的导轨，它能承受力 F，还能承受力矩 M。

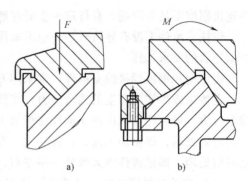

图 2-27 开式导轨和闭式导轨

（2）导轨应满足的基本要求

1）导向精度高。导向精度是指动导轨沿支承导轨运动时，直线运动导轨的直线性和圆周运动导轨的真圆性，以及导轨同其他运动部件（如主轴）之间相互位置的准确性。影响导向精度的主要因素有导轨的几何精度、导轨的结构形式、导轨及其支承的自身刚度和油膜刚度以及热变形等。

2）刚度高和耐磨性好。为了能长期保持导向精度，对导轨提出了刚度和耐磨性的要求。若刚度不足，则直接影响部件之间的相对位置精度和导轨的导向精度，使导轨面上的压力分布不均，加剧导轨面的磨损，所以刚度是导轨工作质量的另一个重要指标。导轨的耐磨性是决定导向精度能否长期保持的关键，是衡量机床质量的重要指标。

3）低速运动平稳性。就是要保证在低速运动或微量位移时不出现爬行现象（低速时运动速度不平稳现象）。进给运动时的爬行将使被加工表面粗糙度值增大；定位运动时的不平稳，将降低定位精度。产生爬行的原因主要是摩擦副存在着静、动摩擦因数之差，运动部件质量较大，传动机构刚度不足等。

4）结构简单、工艺性好。在可能的情况下，导轨的结构应尽量简单，便于制造和维护。对于刮研导轨，应尽量减少刮研量；对于镶装导轨，应做到更换容易。

数控机床的导轨，除了满足以上的基本要求外，还有其特殊的要求：①承载能力大、精度高，既要有很高的承载能力，又要求精度保持性好；②速度范围宽，具有适应较宽的速度范围并能及时转换的能力；③高灵敏度，运动准确到位，不产生爬行等。

2. 滑动导轨

（1）导轨材料及热处理方式

1）对导轨材料的要求和搭配。对导轨材料主要的要求是耐磨性好、工艺性好、成本低。常用的导轨材料有铸铁、钢、非铁金属和塑料。为了提高耐磨性和防止咬焊，动导轨和支承导轨应尽量采用不同的材料，一般动导轨采用较软的材料，以便维修。若选用相同的材料，则应采取不同的热处理方式以使其具有不同的硬度。

2）铸铁导轨。铸铁是一种成本低、有良好减振性和耐磨性、易于铸造和切削加工的金属材料。导轨常用的铸铁有灰铸铁 HT200、孕育铸铁 HT300 和耐磨铸铁，如高磷铸铁、磷铜钛铸铁和钒钛铸铁等。HT200 常用于对精度保持性要求不高的导轨，HT300 常用于较精密的机床导轨，耐磨铸铁常用于精密级机床导轨。

铸铁导轨经常采用高频淬火、超音频淬火、中频淬火及电接触自冷淬火等来提高表面硬度，表面淬火硬度一般为 45~55HRC，以增加抗硬粒磨损的能力和防止撕伤。

3）镶钢导轨。由于淬火钢的耐磨性比普通铸铁高 5~10 倍，故在耐磨性要求较高的机床支承导轨上，可采用淬硬钢制成的镶钢导轨。

镶钢导轨常采用材料有 45、40Cr 等，表面淬硬或全淬透，硬度可达 52~58HRC，或者采用 20Cr、20CrMnTi 等渗碳淬硬至 55~62HRC。

4) 非铁金属导轨。非铁金属镶装导轨耐磨性好，可以防止咬合磨损和保证运动平稳性，提高运动精度。常用于重型机床运动部件的动导轨上与铸铁的支承导轨搭配，材料主要有锡青铜、铝青铜等。

5) 塑料导轨。通过粘接或喷涂把塑料覆盖在导轨面上，这种导轨称为塑料导轨。常用的塑料导轨有聚四氟乙烯（PTFE）导轨软带、环氧型耐磨导轨涂层、复合材料导轨板等。

（2）导轨的结构

1) 截面形状与组合。滑动导轨可分为凸形和凹形两大类。对于水平布置的机床，凸形导轨不易积存切屑，但难以保存润滑油，因此只适合于低速运动；凹形导轨润滑性能良好，适合于高速运动，但为防止落入切屑等，必须配备良好的防护装置。

直线运动滑动导轨截面形状主要有三角形（支承导轨为凸形时，也称为山形；支承导轨为凹形时，也称为V形）、矩形、燕尾形和圆形，并可互相组合，如图 2-28 所示。旋转运动导轨截面形状主要有平面圆环形、锥形圆环形和V形圆环形。

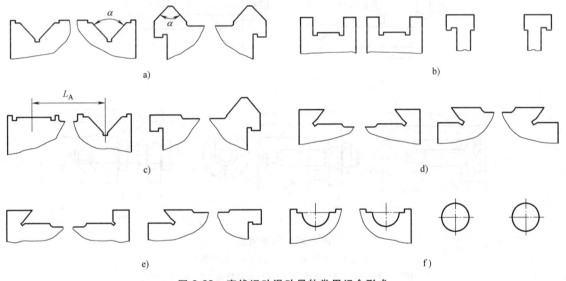

图 2-28 直线运动滑动导轨常用组合形式

2) 间隙调整。为保证导轨的正常运动，运动导轨与支承导轨之间应保持适当的间隙。间隙过小会增大摩擦力，使运动不灵活；间隙过大，会使导向精度降低。导轨接合面的松紧对机床的工作性能有相当大的影响。配合过紧，不仅操作费力、增加功耗，还会加快磨损；配合过松，则将影响运动精度，甚至会产生振动。因此，除应在装配过程中仔细地调整导轨的间隙外，使用一段时间后因磨损还需重新调整间隙。

间隙调整的方法：①压板调整，如图 2-29 所示；②镶条（平镶条、斜镶条）调整，如图 2-30 所示。

3. 静压导轨简介

静压导轨按其结构形式可分为开放式静压导轨和闭合式静压导轨两类。开放式静压导轨如图 2-31a 所示，用于运动速度比较低的重型机床。闭合式静压导轨如图 2-31b 所示，可以

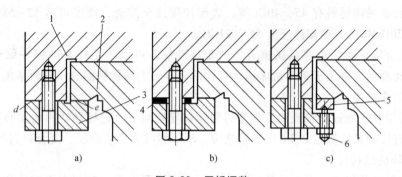

图 2-29 压板调整

1—动导轨 2—支承导轨 3—压板 4—垫片 5—平镶条 6—螺钉

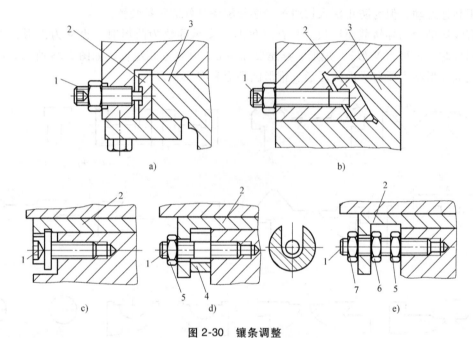

图 2-30 镶条调整

a)、b) 平镶条　c)、d)、e) 斜镶条

1—螺钉　2—镶条　3—支承导轨　4—开口垫圈　5、6、7—螺母

承受双向外载荷,具有较高的刚度,常用于要求承受倾覆力矩的场合。

4. 导轨的润滑与防护

(1) 导轨的润滑　润滑的目的是减少磨损、降低温度、降低摩擦力和防止锈蚀。导轨常用的润滑剂有润滑油和润滑脂,滑动导轨用润滑油,滚动导轨则两种都可用。

(2) 导轨的防护　导轨的防护是防止或减少导轨磨损的重要方法之一。导轨的防护方式很多,普通车床常采用刮板式,在数控机床上常采用可伸缩的叠层式防护罩。

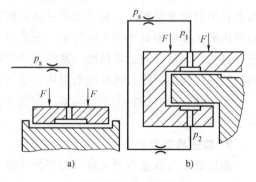

图 2-31 静压导轨

5. 滚动导轨的结构类型及其特点

（1）滚动导轨的结构类型

1) 直线运动滚动导轨。直线运动滚动导轨一般用滚珠作为滚动体，包括导轨条和滑块两部分，如图 2-32 所示。

滚动导轨块用滚子作为滚动体，承载能力和刚度都比直线滚动导轨高，但摩擦因数略大，如图 2-33 所示。

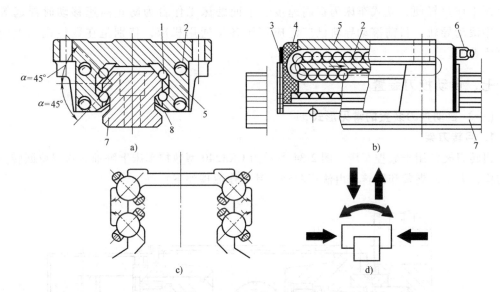

图 2-32 直线滚动导轨副

1—滚珠　2—回珠孔　3、8—密封垫　4—端面挡板　5—滑块　6—油嘴　7—导轨条

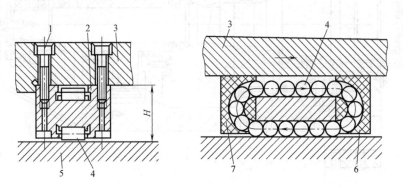

图 2-33 滚动导轨块

1—固定螺钉　2—导轨块　3—动导轨　4—滚动体　5—支承导轨　6、7—带返回槽挡块

2) 圆周运动滚动导轨。圆周运动滚动导轨用于机床回转工作台。常用的有滚珠导轨和滚柱导轨。滚珠导轨适用于轻载低速运动的工作台。滚柱导轨适用于数控立式车床、立式磨床的回转工作台。

为了保证滚动导轨所需的运动精度、承载能力和刚度，需进行间隙或预紧调整。有预紧的滚动导轨常用于：对移动精度要求较高的精密机床导轨，竖垂配置的立式机床滚动导轨，倾覆力矩较大、滚动体易翻转的滚动导轨等。

（2）滚动导轨的特点和应用　与滑动导轨相比，滚动导轨的优点是运动灵敏度高，其摩擦因数小于0.005，静、动摩擦因数很接近，在低速运动时不会产生爬行现象，定位精度高，精度保持性好，可用润滑脂润滑等；但其抗振性差，对脏物很敏感，结构复杂，制造成本高。

滚动导轨用于实现微量进给，如外圆磨床砂轮架的移动；实现精确定位，如坐标镗床工作台的移动；也用于对运动灵敏度要求高的场合，如数控机床。此外，工具磨床为使手摇工作台轻便、立式车床为提高速度、平面磨床工作台为防止高速移动时浮起等也都采用滚动导轨。目前滚动导轨已广泛应用于各类通用机床，特别是在数控机床上应用得更为普遍。

七、自动换刀装置

（一）自动换刀装置的常见形式

1. 回转刀架

回转刀架常用于数控车床。图 2-34 所示为 CK3240 型数控车床上卧轴式八刀位回转刀架的结构，刀架的夹紧和回转均由液压驱动。其工作原理如下：

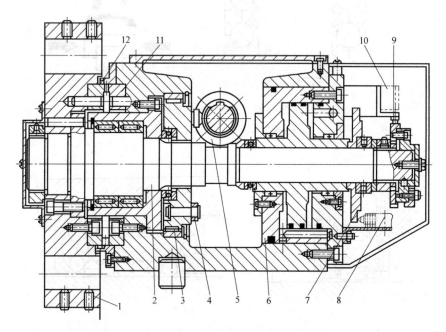

图 2-34　CK3240 型数控车床的刀架结构
1—刀盘　2—中心轴　3—回转盘　4—柱销　5、9—凸轮
6—液压缸　7—圆盘　8、10—开关　11、12—鼠牙盘

（1）松开刀架　当接到回转信号后，液压缸6右腔进油，将中心轴2和刀盘1左移，使鼠牙盘12和11分离。

（2）刀架转位　液压马达驱动凸轮5旋转，凸轮5拨动回转盘3上的柱销4，使回转盘带动中心轴和刀盘旋转。回转盘上均匀布置着八个柱销4，凸轮每转一周，拨过一个柱销，使刀盘转过一个刀位，同时，固定在中心轴尾端的选位凸轮9相应地压合计数开关10一次，当刀盘转到新的预选刀位时，液压马达停转。

（3）刀架夹紧　液压缸6左腔进油，将中心轴2和刀盘1右移，两鼠牙盘啮合实现精确定位，并且将刀架夹紧，此时圆盘7压下开关8，发出回转结束信号。

2. 动力刀架

图2-35所示为适用于车削中心机床的动力转塔刀架。

3. 主轴与刀库合为一体的自动换刀装置

图2-36所示为更换主轴换刀在数控机床上的应用实例，转塔上均布的八把可旋转的刀具对应装在八根主轴上，转动转塔头，即可更换所需的刀具。

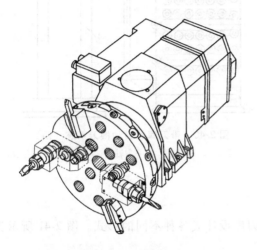

图2-35　动力转塔刀架

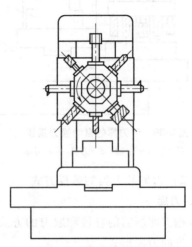

图2-36　更换主轴换刀

4. 主轴与刀库分离的自动换刀装置

这种换刀装置具有独立的刀库，因此又称为带刀库的自动换刀系统。刀库的安装位置可根据实际情况较为灵活地设置，用得较多的是将刀库装在机床的立柱上，如图2-37和图2-38所示。

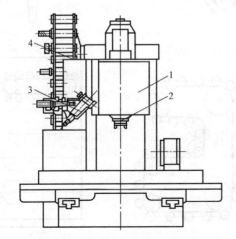

图2-37　带刀库的自动换刀系统（一）

1—主轴箱　2—主轴　3—机械手　4—刀库

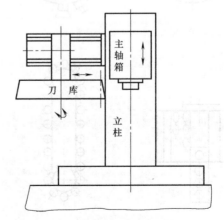

图2-38　带刀库的自动换刀系统（二）

也可以将刀库安装在工作台上，如图 2-39 所示；如果刀库容量较大、刀具较重，刀库也可作为一个独立部件落地安装在机床之外，如图 2-40 所示。

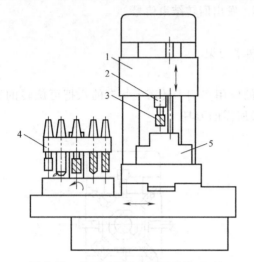

图 2-39　带刀库的自动换刀系统（三）
1—主轴箱　2—主轴　3—刀具　4—刀库　5—工件

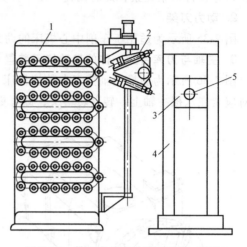

图 2-40　带刀库的自动换刀系统（四）
1—刀库　2—机械手　3—主轴箱　4—立柱　5—主轴

（二）刀库及刀具的选择方式

1. 刀库

根据刀库所需的容量和取刀的方式，可将刀库设计成各种不同的形式。图 2-41 所示为几种常见的刀库形式。

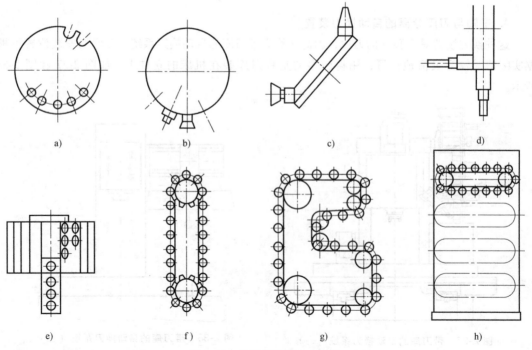

图 2-41　几种常见的刀库形式

2. 刀具的选择方式

刀具的选择方式是否合理是影响自动换刀系统性能的重要因素之一。从刀库中首先选出需要的刀具，然后将其运送到换刀位置，它有两种基本方式：一是顺序选刀，二是任意选刀。

（1）顺序选刀　这种选刀方式是将加工所需刀具按预先确定的加工顺序，依次排列于刀库中，它无须进行各把刀具的识别，选择取出时简单容易。但是，刀具放入刀库时必须重新排列刀库中的刀具顺序，这一过程比较烦琐。

（2）任意选刀　这种选刀方式是目前加工中心普遍采用的换刀方式。任意选刀必须对各把刀具或附件做必要的编码，成为可识别刀具的一种方法。

（三）刀具交换装置

1. 交换装置的形式

（1）无机械手的刀具交换装置　这种形式的刀具交换是在刀库和主轴间直接进行的。图 2-42 所示为一种卧式加工中心上的无机械手换刀装置。

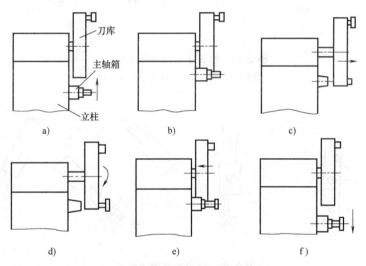

图 2-42　常见的无机械手换刀形式

（2）有机械手的刀具交换装置　图 2-43 所示为一种双机械手结构。

2. 机械手的类型

机械手的形式也是多种多样的。图 2-44 所示为机械手的几种基本形式。

图 2-45 所示为最常见的几种机械手。

（1）回转式单臂单爪机械手　如图 2-45a 所示。

（2）回转式单臂双爪机械手　如图 2-45b、c 所示。

（3）双机械手　如图 2-45d 所示。

（4）双臂往复交叉式机械手　如图 2-45e 所示。

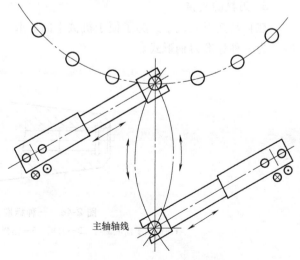

图 2-43　双机械手自动换刀

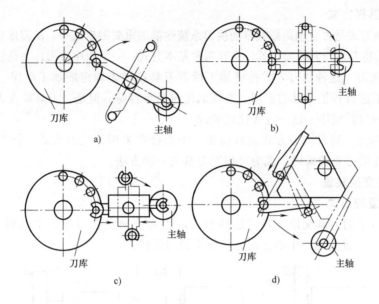

图 2-44 机械手的几种基本形式

a) 钩手 b) 抱手 c) 伸缩手 d) 插手

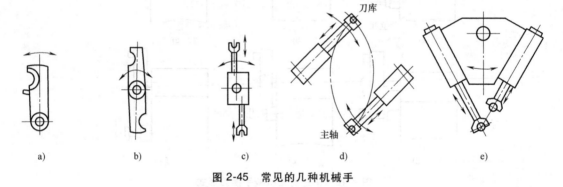

图 2-45 常见的几种机械手

3. 刀具的夹持

在自动换刀系统中,为了便于机械手的抓取,所有刀具应采用统一的标准刀柄。图 2-46 所示为一种标准刀柄形式。

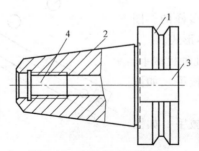

图 2-46 一种标准刀柄形式

1—机械手抓取部位 2—刀柄 3—键槽 4—安装可调节拉杆的螺孔

机械手夹持刀具的方法有柄式夹持和法兰盘夹持两种。图 2-47 所示为柄式机械手的夹持机构。

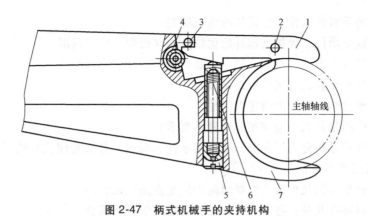

图 2-47 柄式机械手的夹持机构

1—活动手指 2—轴 3—挡销 4—锁紧销 5—螺栓 6—弹簧柱塞 7—固定爪

习题与思考题

1. 产品设计的方法有哪些？各有什么特点？
2. 机械类新产品设计有哪些步骤？各步骤中分别要完成哪些工作？
3. 机床的主要参数包括哪些？它们各自的含义是什么？
4. 影响机床总体布局的基本因素有哪些？
5. 在设计机床的主传动系统时，必须满足哪些基本要求？
6. 什么是传动组的级比指数？常规变速传动系统的各传动组的级比指数有什么规律？
7. 为何有级变速主传动系统的转速排列常采用等比数列？
8. 试分析转速图的基本规律。
9. 某车床的主轴转速 $n=40 \sim 1800 \mathrm{r/min}$，公比 $\varphi=1.41$，电动机的转速 $n_{电}=1440 \mathrm{r/min}$，试拟定结构式、转速图；确定齿轮齿数，验算转速误差；画出主传动系统图。
10. 某机床主轴转速 $n=100 \sim 1120 \mathrm{r/min}$，转速级数 $z=8$，电动机的转速 $n_{电}=1440 \mathrm{r/min}$，试设计该机床的主传动系统，包括拟定结构式和转速图，画出主传动系统图。
11. 试从 $\varphi=1.26$，$z=18$ 级变速机构的各种传动方案中选出其最佳方案，并写出结构式，画出其转速图。
12. 为什么对机床主轴提出旋转精度、刚度、抗振性、温升及耐磨性要求？
13. 主轴组件采用的滚动轴承有哪些类型？其特点和选用原则是什么？
14. 主轴组件中滚动轴承的精度应如何选取？试分析主轴前支承轴承精度应比后支承轴承精度高一级的原因。
15. 试分析结构参数跨度 L、悬伸量 a、外径 D 及内孔直径 d 对主轴组件弯曲刚度的影响。
16. 提高主轴刚度的措施有哪些？
17. 主轴的轴向定位方式有哪几种？各有什么特点？各适用于什么场合？
18. 为什么多数数控车床采用倾斜床身？
19. 支承件的功用及基本要求是什么？

20. 肋板和肋条有什么作用？使用原则有哪些？
21. 试述铸铁支承件、焊接支承件的优缺点，并说明其应用范围。
22. 树脂、混凝土支承件有什么特点？目前应用于什么类型的机床？
23. 支承件截面形状的选用原则是什么？
24. 提高支承件结构性能的措施有哪些？
25. 导轨的作用是什么？应满足哪些基本要求？
26. 按摩擦性质导轨分为哪几类？各适用于什么场合？什么是闭式导轨、开式导轨、主运动导轨、进给运动导轨？
27. 导轨的磨损有哪几种形式？导轨防护的重点是什么？
28. 导轨的材料有几种？各有什么特点？各适用于什么场合？
29. 常见的直线运动导轨组合形式有哪几种？说明其主要性能及应用场合。
30. 直线运动导轨的截面形状有哪些？各有什么特点？
31. 滚动导轨有哪些特点？应满足哪些技术要求？
32. 滚动导轨如何预紧？
33. 选择两种自动换刀装置，分别说明其工作原理。

第三章

机械加工生产线

本章主要讲述机械加工生产线的基本概念、类型、工艺范围、设计内容、工艺设计、专用机床设计、工件输送装置等，使学生掌握生产线分类和各自的特点、生产线专用机床的设计和生产线通用机床的选用，为在机械加工中合理设计、选择和运用生产线及相关设备打下良好的基础。

第一节　机械加工生产线概述

一、机械加工生产线及其基本组成

机械加工生产线是指为实现工件的机械加工工艺过程，以机床为主要装备，配以相应的输送和辅助装置，按工件的加工顺序排列而成的生产作业线。

机械加工生产线的基本组成包括加工装备、工艺装备、输送装备、辅助装备和控制系统等，如图3-1所示。

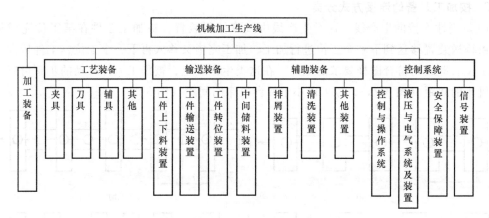

图3-1　机械加工生产线的基本组成

二、机械加工生产线的类型

根据不同的配置形式，机械加工生产线可按如下方法分类：

1. 按生产品种分类

（1）单一产品生产线　这类生产线由具有一定自动化程度的高效专用加工装备、工艺装备、输送装备和辅助装备等组成。按产品的工艺流程布局，工件沿固定的生产路线从一台设备输送到下一台设备，接受加工、检验、清洗等。这类生产线效率高，产品质量稳定，适用于大批大量生产。

（2）成组产品可调生产线　这类生产线由按成组技术设计制造的可调的专用加工装备等组成。按成组工艺流程布局，具有较高的生产率和自动化程度，用于结构和工艺相似的成组产品的生产。这类生产线适用于批量生产，当产品更新时，生产线可进行改造或重组以适应产品的变化。

2. 按组成生产线的加工装备分类

（1）通用机床生产线　这类生产线由通用机床经过一定的自动化改装后连接而成。

（2）专用机床生产线　这类生产线由各种专用机床连接而成，是一种专门用于某种特定零件或者特定工序加工的生产线，是组成用于大批大量制造的自动生产线式生产制造系统中不可缺的机床生产线品种。这种生产线生产效率高，但由于设计周期较长、部件通用性差，如果没有较长期稳定的经济效益，则会逐渐被组合机床生产线所替代。

（3）组合机床生产线　这类生产线由各种组合机床连接而成，组合机床由于采用70%~90%的通用零部件，故设计、制造周期短，工作可靠。因此，这类生产线有较好的使用效果和经济效益，在大批大量生产中得到了广泛应用。

（4）柔性制造生产线　这类生产线由高度自动化的多功能柔性加工设备（如数控机床、加工中心等）和柔性物料输送设备（如机器人、可编程机械手等）、物料输送系统和计算机控制系统等组成。这类生产线主要用于中、小批量生产，加工各种形状复杂、精度要求高的工件，只要工艺装备能配套，柔性制造生产线能在较大的工艺范围内适应机械加工生产需求，但建立这种生产线投资大，技术要求高。

3. 按加工装备的连接方式分类

（1）刚性连接的生产线　这类生产线中没有储料装置，被加工工件在某工位完成加工后，由输送装置移送到下一个工位进行加工，加工完毕又移入再下一个工位，工件依次通过每个工位后即成为符合图样要求的零件。在这类生产线上，被加工工件移动的步距可以等于两台机床的间距（图3-2a），也可以小于两台机床的间距（图3-2b）。

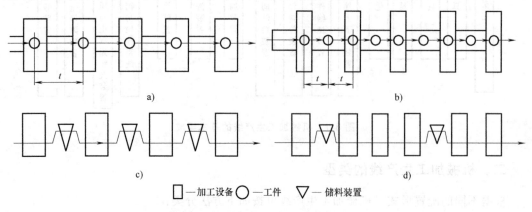

图3-2　刚性生产线和柔性生产线

（2）柔性连接的生产线　这类生产线根据需要可在两台机床之间设置储料装置（图3-2c），也可以相隔若干台机床设置储料装置（图3-2d）。

4. 按工件的输送方式分类

（1）直接输送的生产线　这类生产线上工件由输送装置直接带动，输送基面为工件上的某一表面。加工时工件从生产线的始端送入，完成加工后从生产线的末端输出，如图3-3所示。

（2）带随行夹具的生产线　这类生产线将工件安装在随行夹具上，由主输送带将随行夹具依次输送到各个工位，完成工件的加工。加工完毕后，随行夹具又返回输送带将其送回到主输送带的起始端，如图3-4所示。

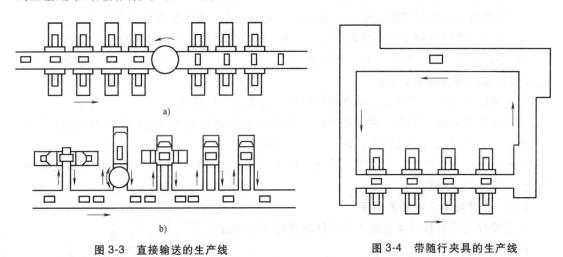

图3-3　直接输送的生产线　　　　图3-4　带随行夹具的生产线

5. 按工件外形和工件运动状态区分

按工件外形和工件运动状态，机械加工生产线可分为旋转体工件加工生产线和非旋转体工件加工生产线。

三、影响机械加工生产线工艺和结构方案的主要因素

影响机械加工生产线工艺和结构方案的主要因素有：工件的几何形状及外形尺寸、工件的工艺及精度要求、工件的材料、生产率的要求、车间平面布置、装料高度等。

四、机械加工生产线设计的内容及步骤

1）制订生产线工艺方案，绘制工序图和加工示意图。

2）拟订全线自动化方案。

3）确定生产线总体布局，绘制生产线的总联系尺寸图。

4）绘制生产线的工作循环周期表。

5）进行生产线通用加工装备的选型和专用机床、组合机床的设计。

6）进行生产线输送装置、辅助装置的选型及设计。

7）进行液压、电气等控制系统的设计。

8）编制生产线的使用说明书及维修等注意事项。

第二节 机械加工生产线工艺方案的设计

一、生产线工艺方案的制订

（一）工件工艺基准选择

1）尽可能在生产线上采用统一的定位基面，以利于保证加工精度，简化生产线的结构。

2）尽可能采用已加工面作为定位基准。

3）箱体类工件应尽可能采用"一面两销"定位方式，便于实现自动化。

4）定位基准应有利于实现多面加工，减少工件在生产线上的翻转次数。

5）定位基准应使夹压位置及夹紧简单可靠。

（二）工件输送基面的选择

首先确定工件在生产线上是采取直接输送还是随行夹具输送。

工件有足够大的支承面、两侧的导向面和供输送带棘爪用的推拉面采用直接输送的方式，否则需要采用随行夹具输送，甚至于加辅助支承。

小型回转体类工件一般采取滚动或滑动输送方式，盘、环类工件以端面作为输送基面，采用板式输送装置输送。

（三）生产线工艺流程的拟定

工艺流程是工件按照工艺加工顺序连续进行加工的过程。

1）确定各表面的加工方法。

2）划分加工阶段，一般可划分为粗加工、半精加工、精加工和光整加工几个阶段。

3）确定工序集中和分散程度。

4）安排工序顺序。先粗后精、粗精分开，基准先行，先主后次；先面后孔；全面考虑辅助工序。

（四）选择合理的切削用量

1）生产线刀具寿命的选择原则是换刀不占用或少占用工作时间。

2）根据加工时间长短，合理选择切削用量，提高刀具寿命，以减少生产成本。

3）选择复合刀具的切削用量时，应考虑到复合刀具各个部分的强度、寿命及其工作要求。

二、生产节拍的平衡和生产线的分段

（一）生产节拍的平衡

生产线的生产节拍 t_j 的计算公式为

$$t_j = \frac{60T}{N}\beta_1 \tag{3-1}$$

式中　T——一年基本工时，一般规定，一班制为 2360h/年，两班制为 4650h/年；

β_1——复杂系数，一般取 0.65~0.85；

N——生产线加工工件的年生产纲领（件/年）。

年生产纲领 N 的计算公式为

$$N = qn(1+p_1+p_2) \tag{3-2}$$

式中　　q——产品的年产量（台/年）；

　　　　n——每台产品所需生产线加工的工件数量（件/台）；

　　p_1——备品率；

　　p_2——废品率。

实现节拍平衡可采取的措施：

1）综合应用程序分析、动作分析、规划分析、搬运分析、时间分析等方法和手段对限制性工序进行评估优化，使作业改善。

2）将瓶颈工序的作业内容分担给其他工序，进行作业转移、分解与合并。

3）采用新的工艺方法，提高工序节拍。

4）增加顺序加工工位。

5）实现多件并行加工，提高单件的工序节拍。

（二）生产线的分段

生产线属于以下情况往往需要分段：

1）进行转位和翻转时，分段独立传送。

2）为平衡生产线的生产节拍，对限制性工序采用"增加同时加工的工位数"时，单独组成工段。

3）当生产线的工位数多时，一般要分段。

4）当工件加工精度要求较高时，减少工件热变形和内应力对后续工序的影响。

三、生产线的技术经济性能评价

生产线的工作可靠性、生产率和经济效益是设计和建造生产线时首先应该考虑和协调解决的问题，也是评价生产线优劣的主要指标。

（一）生产线的工作可靠性

生产线的工作可靠性是指在给定的生产纲领所决定的规模下，在生产线规定的全部使用期限内，连续生产合格产品的工作能力。

提高可靠性和效率的措施：

1）采用高可靠性的元器件，是提高生产线可靠性的主要手段。

2）提高寻找故障和排除故障的速度。

3）重要工位并联排列，易出故障的器件并联连接。

4）加强管理，减少生产线停机时间。

5）把生产线分成若干段，采用柔性连接，可提高生产线的可靠性。

6）加强管理，减少由于技术工作和组织管理不完善所造成的生产线停机时间。

（二）生产线的生产率

1. 生产线生产率的分析

生产线在正常运行并处于连续加工时，生产一个工件的工作循环时间就是生产节拍。

由生产线工作循环时间所决定的生产率称为生产线的循环生产率。

生产线停机原因：调整和更换刀具或工具；生产线组成的器件、设备、装置和仪器仪表等的故障；组织管理不善；生产出的工件不符合技术要求；多品种生产线上，更换加工对象进行的调整。

2. 生产线生产率和可靠性的关系

生产线生产率具有随机性，生产线的实际生产率取决于生产线的工作循环周期、故障强度、发现和排除故障的持续时间。

（三）生产线的经济效益分析

经济效益的分析和比较的基本原则是将几个不同技术方案的有关经济指标加以比较。
一般进行比较性的计算方法有产品年生产成本比较法和产品单件成本比较法。

第三节　机械加工生产线专用机床

生产线上的加工设备包括通用机床、数控机床、专用机床。通用机床、数控机床都有定型产品，可根据工艺要求选购。专用机床工艺范围较窄，是根据特定零件特定工序要求专门设计的，由于专用机床随着工件工艺的变化而具有多样性，无法进行全面的介绍，这里就介绍一下组合机床。实际上，只要是用于大批大量加工箱体类、板类、梁类、叉架类零件的孔系或平面的专用机床，已基本被设计制造周期较短的组合机床替代。

一、组合机床的定义

组合机床是依据大批量制造的工件高效加工的需要，以系列化、标准化的通用部件为基础，配以部分专用部件，而设计的专用机床。根据不同的工况环境，组合机床配备液压、气动、冷却、润滑、防护和排屑等辅助装置。组合机床是集机、电、液于一体的高效自动化金属切削设备。

二、组合机床的组成、特点及工艺范围

（一）组合机床的组成

组合机床是根据工件加工需要，采用模块化原理设计，以通用部件为基础，配以少量按工件特定形状及加工工艺设计的专用部件和夹具组成的一种高效专用机床。组合机床设计时，将机床分为若干个大部件，各部件是按系列化原则设计出的一系列通用部件。

图3-5所示为根据工件的加工需要和工序分布的合理性要求而设计的单工位双面多轴钻孔组合机床，当然如果工艺需要，此种形式的组合机床还可以在左侧和前侧再增加部件形成单工位四面多轴钻孔组合机床。其中，多轴钻孔箱4和夹具5都是由通用零部件与专用零件组成的专用部件。除动力箱3外，其余部件均是简单补充加工后的通用部件。例如镗销头，其中包含的零件有箱体、箱盖、连接件、齿轮、轴承和主轴等。箱体、箱盖和其内部的齿轮为通用件；而连接螺栓、轴承、密封件等是标准件；主轴是非标准件。箱盖、螺栓、轴承、密封圈等是通用件或标准件不需要再进行加工；箱体是通用件，其外形尺寸及与箱盖相连接部分不需要在设计时特别关注，这些是通用件中已明确规定的尺寸，购买来的通用箱体上已有这些内容，箱体上主轴的位置是根据具体加工的工件上工序孔的位置来决定的，因此需要根据动力头的输出轴位置和本镗销头要加工的工件上孔系的加工要求（各孔的位置、尺寸、精度等）来决定镗销头上用于安装主轴和中间传动轴的孔的位置、尺寸和精度，镗销头上这部分加工内容是个性化的，是需要由组合机床的设计人员给出镗销头补充加工图样的。镗

销头上安装的主轴、中间传动轴,其形状和尺寸都是根据其传递的动力和速度、要安装的齿轮的尺寸和位置等决定的,需要进行专门的设计和计算。

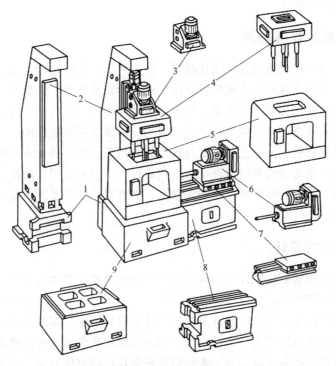

图 3-5　单工位双面复合式组合机床

1—立柱底座　2—立柱　3—动力箱　4—多轴钻孔箱　5—夹具　6—镗销头　7—动力滑台　8—侧底座　9—中间底座

(二) 组合机床的特点

组合机床与一般的专用机床相比具有以下特点:生产率高,加工精度稳定,研制周期短,便于设计、制造和使用维护,成本低;通用化、系列化、标准化程度高,通用零部件占 70%~90%;自动化程度高,劳动强度低;结构模块化、组合化,配置灵活。

(三) 组合机床的工艺范围

在组合机床上可完成下列工艺内容:平面加工,包括铣平面、车端面和锪平面等;孔加工,包括钻、扩、铰、镗孔及攻螺纹等。

组合机床主要用来大批大量加工箱体类零件,如气缸体、气缸盖、变速器箱体和电动机座等,也可以完成如曲轴、飞轮、连杆、拨叉、盖板类零件的加工。目前,组合机床已在汽车、拖拉机、阀门、电机、缝纫机等大批量生产的行业获得广泛应用,此外,一些重要零件的关键加工工序,虽然生产批量不大,也可采用组合机床来保证其加工质量。

三、组合机床的配置形式

1) 具有固定式夹具的单工位组合机床,这类组合机床夹具和工作台都固定不动。配置形式有:①卧式组合机床(动力箱水平安装);②立式组合机床(动力箱竖直安装);③倾斜式组合机床(动力箱倾斜安装);④复合式组合机床(动力箱为上述两种以上的安装状态)。

2) 具有移动式夹具的(多工位)组合机床。配置形式有:①具有移动工作台的机床;

②具有回转工作台的机床；③鼓轮式机床；④中央立柱式机床。

3）转塔主轴箱式组合机床。配置形式有：①只实现主运动的机床；②既实现主运动又可随滑台做进给运动的机床。

四、组合机床的发展趋势

近十多年来，组合机床及其自动线在高效、高生产率、柔性化以及并行工程优化方面取得了不小的进展。目前，我国组合机床行业已发展成为自成体系、配套齐全的行业，但由于行业内多数为中小企业，且兼产企业多，其国际市场竞争能力还有待提高。

为了使组合机床能在中小批量生产中得到应用，需要应用成组技术，把结构和工艺相似的零件集中在一台组合机床上加工，以提高机床的利用率。组合机床未来的发展需要适应社会生产模式的变革，主动持续升级组合机床通用部件，更多地采用新的传动技术，以简化结构、缩短生产节拍；采用数字控制系统和主轴箱、夹具自动更换系统，提高工艺可调性；纳入柔性制造系统等。

五、组合机床的设计

组合机床是由大量的通用零件和少量的专用部件所组成，为加工零件的某一道或几道工序而设计的高效率专用机床，它要求加工的零件为单一品种或相近品类的若干品种，且具有一定的批量。为了保证加工零件的质量及产量和降低设计成本，在组合机床设计时首先要制订合理的工艺方案；然后按工艺方案的要求，确定机床的配置形式并选择通用零部件，设计专用部件和液压及电气控制系统。为了表达组合机床设计的总体方案，在设计时要绘制被加工零件工序图、加工示意图、机床总图和生产率计算卡。该设计规程简称为组合机床"三图一卡"设计。所确定的"三图一卡"将作为组合机床设计、调整和验收的依据。在"三图一卡"完成后，再根据机床总图细化部件、零件设计，发现问题再对总体方案做适当调整。最后根据调整后的总体设计进行细化，直至完成所有相关设计任务。

（一）被加工零件工序图

被加工零件工序图是根据选定的工艺方案，表示在一台组合机床或自动线上完成的工艺内容，即加工部位的尺寸精度、表面粗糙度及技术要求、加工用的定位基准、夹紧部位以及被加工零件的材料、硬度和在本机床加工前毛坯或半成品的情况。它是在原有的零件图基础上，以突出本机床或自动线的加工内容，加上必要的说明而绘制的。它是设计和验收机床的重要依据，也是制造和使用时调整机床的重要技术文件。被加工零件工序图的主要内容包括：

1）被加工零件的形状和主要轮廓尺寸及与本机床设计有关的部位的结构形状及尺寸。当要设置中间导向装置时，需要表示出工件内部筋的布置和尺寸，以便检查工件在安装时是否与夹具相碰，以及刀具通过的可能性。

2）加工用定位基准、夹紧部位及夹紧方向，以便依此进行夹具的定位支承（包括辅助定位支承）、夹紧和导向装置的设计。

3）本道工序加工部位的尺寸精度、表面粗糙度、几何公差等技术要求。

4）必要的文字说明，如被加工零件的名称、编号、材料、硬度等。

5）工件的姿态及工件在生产线中的流向。

图 3-6 所示为某汽油机机体加工主轴承孔 601（501）、起动电动机孔 602、油泵孔 502 的工序图。工序的加工内容：汽油机机体后端面精镗主轴承孔 5×φ63.95mm，精镗起动电动机孔 φ77H8，机体前端面精镗油泵孔 φ50H9。主轴承孔的圆柱度要求在 0.015mm 以内，同轴度要求在 φ0.025mm 以内，被测的主轴承孔轴线平行于定位销连线 0.025mm 以内，表面粗糙度要求均为 Ra3.2μm。

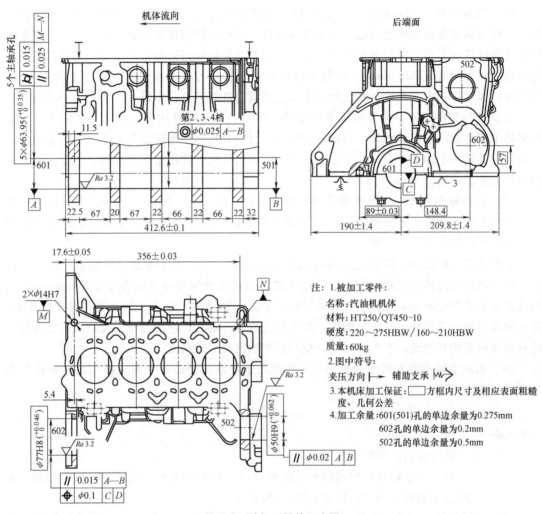

图 3-6 被加工零件工序图

（二）加工示意图

加工示意图是在工艺方案和机床总体方案初步确定的基础上绘制的，是表达工艺方案具体内容的机床工艺方案图。它是设计刀具、夹具和多轴箱，以及选择机床动力部件的主要依据，是整台组合机床布局和性能的原始要求，也是调整机床和刀具所必需的重要技术要求。

1. 加工示意图表达的内容

1）反映机床的加工方法、切削用量、刀具和动力头的工作循环及工作行程。

2）确定刀具类型、数量和结构尺寸，若为镗削时还需确定镗杆直径和长度，镗杆与镗套的配合尺寸和公差，镗杆与镗套的定向方式等。

3) 决定主轴端接口的结构类型、尺寸及外伸长度。

4) 接杆或浮动卡头、导向装置、攻螺纹靠模装置、刀杆托架的结构尺寸。

5) 刀具、接杆（浮动卡头）、主轴、夹具和工件之间的联系尺寸、配合尺寸及精度。

6) 切削中是否使用切削液。

2. 绘制加工示意图时需解决的几个问题

(1) 选择刀具 刀具的类型、结构和尺寸依据工件的结构尺寸、精度、表面粗糙度、生产率以及其他方面的要求确定。只要条件允许，尽可能选用标准刀具。为了提高工序集中程度或满足精度要求可采用复合刀具。孔加工刀具的长度应保证加工终了时，刀具螺旋槽尾部距离导向外端面有 30~50mm，以便于排出切屑和补偿刀具重新刃磨时长度上的减少量。刀具锥柄插入接杆内的长度，在绘制加工示意图时应从刀具总长中减去。

(2) 选择切削用量 组合机床常用多轴、多刀、多面同时加工，在同一多轴箱上往往有多种不同类型或规格的刀具，当按推荐值选取时，其切削用量可能各不相同，但多轴箱上所有刀具共用一个动力滑台，在工作时要求所有刀具的每分钟进给量都相同，且等于动力滑台的每分钟进给量。

(3) 选择导向装置 组合机床进行孔的加工时，除了采用刚性主轴外，大多数情况都采用导向装置，用来引导刀具以保证刀具和工件之间的位置精度和提高刀具系统的支承刚度，从而提高机床的加工精度。

导向装置有两大类，即固定式导向和旋转式导向。固定式导向是刀具或刀杆的导向部分，在导向套内既转动又轴向移动，所以一般只适用于导向部分线速度小于 20mm/min 时；当线速度大于 20mm/min 时，一般应用旋转式导向，如结构尺寸无法满足旋转导向的要求，可采用提高导套和刀杆耐磨性的措施，如更换材质等。旋转式导向的导向套与刀具之间仅有相对滑动而无相对转动，有利于减少磨损和持久地保持导向精度。

(4) 确定主轴类型及尺寸 根据刀具切削用量计算切削转矩，再根据切削转矩计算主轴直径，其计算公式为

$$d = b\sqrt[4]{10M} \tag{3-3}$$

式中 d——主轴直径（mm）；

M——主轴所传递的转矩（N·m）；

b——系数，当主轴材料的剪切弹性模量 $G = 8.1 \times 10^4$ MPa 时，刚性主轴取 $b = 7.3$，非刚性主轴取 $b = 6.2$，传动轴取 $b = 5.2$。

(5) 选择刀具的接杆 在钻、扩、铰、锪孔及倒角等加工小孔时，通常采用接杆。因为主轴箱各主轴的外伸长度为定值，刀具长度也为定值，为保证主轴箱上各刀具能同时到达加工终了位置，需在主轴与刀具之间选用接杆连接，通过接杆来调整各轴的轴向长度，以满足同时加工完各孔的要求。接杆已经标准化，通用标准接杆可根据刀具的锥柄尺寸及主轴的孔径从技术手册中选取。同一规格中，接杆有不同的长度，在选择接杆长度时，首先应按加工部位在外壁、孔深最小且孔径最大的主轴选定接杆（通常先按最小长度选取）。

(6) 确定动力部件的工作循环和行程 动力部件的工作循环是指动力部件以原始位置开始运动到加工终了位置，又回到原位的动作过程。一般包括快速前进、工作进给和快速退回等运动。当加工端面、止口和盲孔时，动力部件在工作终了位置，需在固定挡铁上停留数秒或主轴旋转几转后再快速退回。当加工深孔时，需采用分级进给工作循环。

工作进给长度为刀具的切入长度、加工长度和切出长度之和，加工长度应按加工长度最大的孔来确定。切入长度应根据工件端面情况确定，一般为5~10mm，切出长度从技术手册中选取。

图3-7所示为汽油机缸体精镗主轴孔、起动电动机孔和油泵孔的加工示意图。精镗主轴孔一般采用拉镗的方式，为便于同时镗削多段主轴孔，对应每一个孔段通常在镗杆上安装2把镗刀。加工同一孔段时，由安装在镗杆上的2把镗刀依次加工，前1把镗刀为半精镗刀，后1把镗刀为精镗刀，半精镗刀在半径方向上加工余量为1.25mm，精镗刀在半径方向上加工余量为0.1~0.4mm，根据加工孔的精度、孔的直径大小及工厂经验选取。精镗起动电动机孔和精镗油泵孔通常采用推镗的方式，因油泵孔镗杆（刀）和主轴孔镗杆（刀）共用一套进给系统，因此，需要协调两个孔的镗削次序，尽量避免出现同时镗削两个孔的现象。

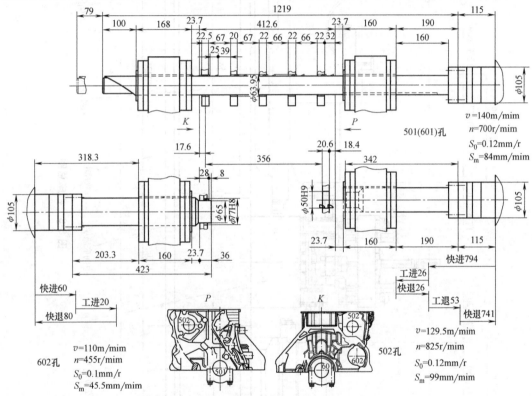

图3-7 汽油机缸体精镗主轴孔、起动电动机孔和油泵孔的加工示意图

镗套是镗模支架上特有的元件，用来引导刀具，以保证被加工孔的位置精度和提高工艺系统的刚度。为了保证孔系的同轴度要求，主轴孔系的多段孔从一端加工，导向装置采用前、后导向，且前、后导向均采用外滚式导向结构。镗杆与机床主轴采用小浮动连接，被加工孔的位置精度由镗模和镗杆的制造精度来保证。镗模、镗杆、镗套经精磨后研磨，加工尺寸公差等级可达IT4，其配合间隙采用研磨。镗杆要求具有足够的刚度、硬度和耐磨性，为此镗杆采用20Cr，渗碳淬火，渗碳淬火后硬度为61~63HRC。

（三）机床总图
1. 机床总图的作用和内容
机床总图（图3-8）是用来表示机床的配置形式、机床各部件之间相对位置和运动关系

机械制造装备及设计

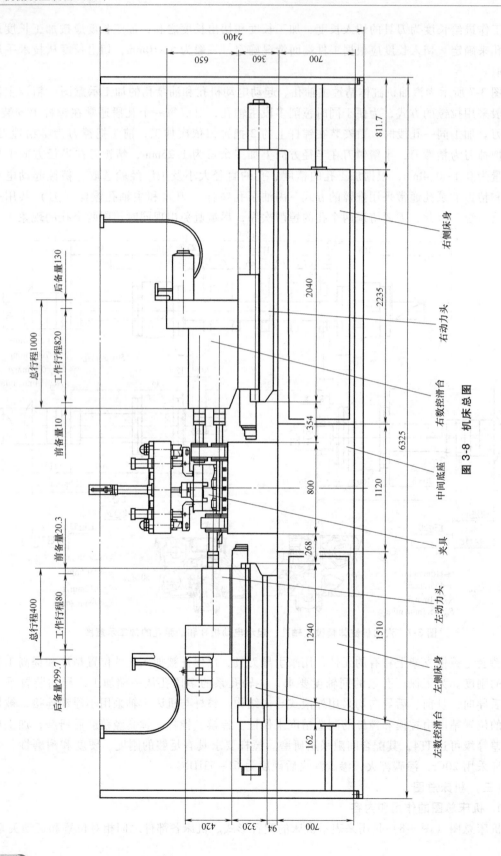

图 3-8 机床总图

的总体布局图。它用以检验各部件相对位置及尺寸联系能否满足加工要求和通用部件选择是否合适,是进行多轴箱、夹具等专用部件设计的重要依据。机床总图与车间平面布置以及生产方式有着密切的联系。

机床总图的主要内容包括:机床的配置形式和布局;工件和各部件的主要联系尺寸;动力部件的运动位置尺寸(动力部件的总行程和前备量、后备量尺寸);专用部件的轮廓尺寸;通用部件的规格、型号、各部件分组编号;机床分组和电动机的功率、转速等。

2. 绘制机床总图时需解决的几个问题

(1) 动力滑台的选取

1) 根据驱动方式选取。采用液压驱动还是机械驱动的滑台,应根据液压滑台和机械滑台的性能特点比较,并结合具体的加工要求、使用条件等因素来确定。当要求进给速度稳定、工作循环不复杂、进给量固定时,可选用机械滑台。当选用进给量需要无级调速、工作循环复杂时,可选用液压滑台。当进给位置需要精确控制或有多个进给位置时,可选用数控滑台。

2) 根据加工精度选取。动力滑台分为普通、精密、高精度三种精度等级,应根据加工精度要求选用不同精度等级的滑台。

3) 根据进给力选取。每一型号的动力滑台都有其最大允许的进给力,滑台所需的进给力计算公式为

$$F_{多轴箱} = \sum_{i=1}^{n} F_i \tag{3-4}$$

式中 F_i——各主轴所需的进给力(N)。

实际上,为克服滑台移动引起的摩擦等阻力,动力滑台的最大进给力应大于$F_{多轴箱}$。

4) 根据进给速度选取。每种型号的动力滑台都规定有快速行程的最大速度和工作进给速度的范围。当选用机械滑台时,要按加工示意图中确定的每分钟进给速度来验算有级调整的进给速度是否合适,如果不符,则要以滑台上接近的进给速度来修正加工示意图中的进给速度。当选用液压滑台时,由于温度在使用过程中要升高以及受液压元件制造精度等因素的影响,滑台的最小进给量往往不稳定,实际选用的进给速度要大于液压滑台许用的最小进给速度,精加工机床实际进给速度一般应为滑台规定的最小进给速度的1.5~2倍。当在液压进给系统中采用压力继电器时,实际进给速度还应选得更大些。

5) 根据最大行程选取。选取动力滑台时,必须考虑其最大允许行程除应满足机床工作循环要求之外,还必须保证调整和装卸刀具的方便。这样所选取动力滑台的最大行程应大于或等于工作行程、前备量和后备量之和。

(2) 动力箱的选取 每种规格的动力滑台都有相应的一种动力箱与其配套,所以选取动力箱的宽度必须与滑台宽度相等。动力箱的规格主要依据主轴箱所需的电动机功率来选用,在主轴箱传动系统设计之前,可按式(3-5)估算,即

$$P_{多轴} = \frac{P_{切削}}{\eta} \tag{3-5}$$

式中 $P_{切削}$——消耗于各主轴的切削功率的总和(kW);

η——多轴箱的传动效率,加工黑色金属时取0.8~0.9,加工有色金属时取0.7~0.8;主轴数多、传动复杂时取小值,反之取大值。

(3) 确定机床装料高度 装料高度H一般是指机床上工件安装基面到地面的垂直距离。

装料高度是根据工件上最低孔位置和通用部件联系尺寸以及车间物流输送滚道高度确定的。一般组合机床的装料高度在 850~1060mm 范围内选取，鼓轮式机床的装料高度常为 1200~1400mm，自动线的装料高度一般为 1060mm。

(4) 确定夹具轮廓尺寸　夹具的轮廓尺寸是指夹具底座的轮廓尺寸，它主要由工件的轮廓尺寸和形状来确定。另外还要考虑到布置工件的机构、夹紧机构、刀具导向位置的需求空间，并应满足排屑和安装的需要。夹具底座的高度尺寸要保证其有足够的刚度，同时要考虑机床的装料高度，中间底座的刚度，便于布置定位元件和夹紧机构，便于排屑。

(5) 确定中间底座尺寸　中间底座的轮廓尺寸要满足夹具在其上面连接安装的需要，中间底座长度方向尺寸要根据所选滑台和滑座及其侧底座的位置关系，由各部件联系尺寸的合理性来确定。一定要保证加工终了时，主轴箱前端面至工件端面的距离不小于加工示意图上要求的距离。还要考虑动力部件处于加工终了位置时，夹具外轮廓与主轴箱间应有便于机床调整、维修的距离。此外，确保动力滑台的前导轨防护罩的安装及维修空间。

在确定中间底座的宽度和高度方向轮廓尺寸时，应考虑切屑的贮存和排除，电气接线盒的安排以及切削液的贮存。此外，在确定中间底座尺寸时，还应考虑中间底座的刚性。在初步确定中间底座长、宽、高轮廓后，应优先选用标准系列尺寸，以简化设计。

(6) 确定主轴箱轮廓尺寸　标准主轴箱由箱体、前盖和后盖三部分组成。对卧式多轴箱总厚度为 325mm，立式多轴箱厚度为 340mm。主轴箱宽度和高度尺寸如图 3-9 所示。在图中用细双点画线表示被加工工件，用实线表示多轴箱轮廓。多轴箱的宽度 B 和高度 H 计算公式分别为

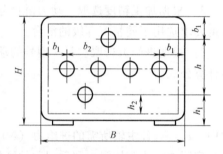

图 3-9　主轴箱的轮廓尺寸

$$B = b_1 + b_2 \tag{3-6}$$
$$H = h + h_1 + b_1 \tag{3-7}$$

式中　b_1——最边缘主轴中心至箱外壁的距离（mm）；

b_2——工件在宽度方向相距最远的两孔距离（mm）；

h——工件在高度方向相距最远的两孔距离（mm）；

h_1——最边缘主轴中心至箱底的高度（mm）。

(四) 生产率计算卡

生产率计算卡是反映机床的工作循环过程及每一过程所用的时间、切削用量、生产率与负荷率关系的表格。生产率计算卡也可反映出机床的自动化程度。根据生产率计算卡可分析所设计的机床方案是否满足生产纲领与负荷率的要求。

1. 理想生产率 Q（件/h）

理想生产率是指完成年生产纲领（包括备品率及品率）所要求的机床生产率，按式（3-8）计算。它与全年工时总数 t_k 有关，一般情况下，单班制 $t_k = 2350h$，两班制 $t_k = 4600h$。

$$Q = \frac{A}{t_k} \tag{3-8}$$

式中　A——年生产纲领（件）；

t_k——全年工时总数（h）。

2. 实际生产率 Q_1（件/h）

实际生产率是指机床每小时实际生产的零件数量，按式（3-9）计算。

$$Q_1 = \frac{60}{T_单} \tag{3-9}$$

式中 $T_单$——单件工时，即加工一个零件实际所需时间（min），可按式（3-10）计算。

$$T_单 = T_切 + T_辅 = \frac{L_1}{s_M} + T_辅 \tag{3-10}$$

式中 $T_切$——机加工时间（min）；

$T_辅$——辅助时间（min），包括空行程时间、工作台移动或转位时间、装卸工件时间及固定挡铁位停留时间；

L_1——加工行程（mm）；

s_M——进给量（mm/min）。

如果计算出的机床实际生产率不能满足理想生产率要求，即 $Q_1 < Q$，则必须重新选择切削用量或修改调整机床设计方案。

3. 机床负荷率 $\eta_负$

机床负荷率为理想生产率与实际生产率之比，可按式（3-11）计算。

$$\eta_负 = \frac{Q}{Q_1} \times 100\% \tag{3-11}$$

机床的负荷率应根据零件生产批量的大小和机床的复杂程度等具体情况来确定。一般而言，机床负荷率一般取 75%~90% 为宜。机床复杂时，取小值，反之取大值。

（五）部件设计

1. 支承部件

组合机床的支承部件主要用来安装其他部件，包括中间底座、侧底座、立柱、立柱底座、支架及垫块等。支承部件应具有足够的刚度，以保证各部件相对位置长期正确，从而保证组合机床的加工精度。

2. 动力滑台

组合机床动力滑台是组合机床实现进给运动的通用部件。根据被加工零件的工艺要求，可以在滑台上安装动力箱、多轴箱、钻削头、镗削头、铣削头和镗孔车端面头等各种部件。滑台可以安装在侧床身、倾斜式底座、立柱及其他支承部件上，用来组成卧式、倾斜式、立式等各种形式的组合机床。动力滑台包括滑台体、滑台座、驱动装置、限位机构以及各类开关。滑台根据驱动方式的不同，可以分为液压滑台、机械滑台和数控滑台。其中数控滑台已被普遍采用。

3. 多轴箱

多轴箱是组合机床的专用部件。它的功用是根据被加工零件的工序要求，将电动机与动力箱部件的功率和运动，通过按一定速比排布的传动齿轮，传递给各工作主轴，使其能按要求的转速和转向带动刀具进行切削。多轴箱箱体、箱盖及箱体与箱盖、箱体与动力头之间的装配关系，相关内容不需要进行设计，这些在通用件手册中可查，只有箱体及箱盖与主轴、中间传动轴相关的孔系需要进行设计，并且要给出相应的箱体、箱盖补充加工图。

(六) 其他相关设计

其他相关设计包括冷却、润滑、防护等。

第四节　机械加工生产自动线的工件转运装置

大多数箱体类、叉架类、板类零件平面、孔系机械加工生产线中，与专用机床配套，采用步伐式输送带输送工件。工作时，输送带按照规定的步距移动或搬动工件到下一个工位。当工件或随行夹具在新的工位上定位并夹紧后，工件输送带退回原位。在输送带与机床之间、输送带与输送带之间采用工业机器人转运工件。

一、输送带

(一) 带弹性棘爪的步伐式工件输送带

图 3-10 所示为带弹性棘爪的步伐式工件输送带，输送带由很多个中间棘爪、一个末端棘爪、一个首端棘爪、侧板和连接板等组成。输送带由传动装置向前推动时，棘爪前部接触工件而尾部被销子挡住推着工件或随行夹具前进。当工件被输送到下一个工位后，输送带后退，棘爪被工件压下。离开工件后，在弹簧的作用下，棘爪恢复原来位置。

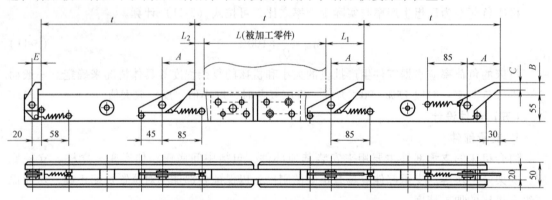

图 3-10　带弹性棘爪的步伐式工件输送带

输送带棘爪之间的距离一般是做成等距的，根据自动线实际需要也可以将某些间距做成不等距的。输送带在支承滚上移动，该支承滚通常安装在自动线的机床夹具上，支承滚的数量随机床之间的距离而定。一般可每隔 1m 左右安装一个支承滚。

(二) 摆杆式工件输送带

为了克服带弹性棘爪输送带的缺点，现已开发出用于组合机床自动线的摆杆式工件输送带，如图 3-11 所示。摆杆式工件输送带采用刚性棘爪，并有限位挡铁，可以保证工件的准确定位及输送到终了位置时的准确停止。该输送带允许采用 20m/min 以上的输送速度。工件在各工位上的停止准确度主要取决于刚性棘爪和限位装置。

摆杆式工件输送带由摆杆装置 1、摆杆输送驱动装置 2、摆杆支承与限位装置 3 和摆杆回转驱动装置 4 组成，如图 3-11 所示。摆爪安装在摆杆装置 1 上，一对摆爪夹持一个工件按照步距在组合机床自动线内移动。摆杆输送驱动装置 2 与摆杆上轴向位置固定的壳体连接，该壳体与摆杆之间通过轴承连接，如图 3-11 中局部放大视图所示。摆杆输送驱动装置 2

可为液压缸机构，也可为液压马达与滚珠丝杠机构，还可为伺服电动机与滚珠丝杠机构。摆杆输送驱动装置 2 将动力传输到摆杆壳体上，驱动摆杆装置前进和返回。摆杆支承与限位装置 3 由成组的 V 形滚道和圆柱滚轮构成，摆杆支承与限位装置 3 保证了摆杆装置 1 在组合机床自动线内的位置。当摆杆装置 1 前进送料时，摆杆回转驱动装置 4 使摆杆装置 1 产生转动，一组摆爪夹持一个工件；送料结束返回时，摆杆回转驱动装置 4 使摆杆装置 1 产生反转，摆爪与工件脱开，摆杆装置 1 在摆杆输送驱动装置 2 的作用下返回原始位置。

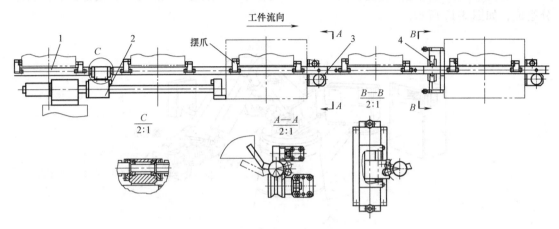

图 3-11　摆杆式工件输送带

1—摆杆装置　2—摆杆输送驱动装置　3—摆杆支承与限位装置　4—摆杆回转驱动装置

（三）抬起步伐式工件输送带

图 3-12 所示为抬起步伐式工件输送带示意图，该输送带由多个液压缸、抬起装置、输送装置等组成。抬起步伐式工件输送带采用抬起输送工件、落下返回原位的输送方式。输送带抬起工件时，其上的定位支架将工件托起，工件定位到定位支架，输送带由输送装置向前推动时，工件随着输送带上的定位支架被搬动，当工件

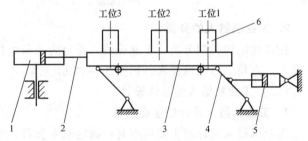

图 3-12　抬起步伐式工件输送带示意图

1—输送液压缸　2—输送装置　3—输送带
4—抬起装置　5—抬起液压缸　6—工件

被搬动到下一个工位后，输送带落下，将工件放置到自动线工位上，输送带上的定位支架与工件脱开，输送带由输送装置向后拉动，返回原位。

输送带上的定位支架之间的距离一般是做成等距的。根据自动线实际需要也可以将 90° 平转机构设置到输送带上，可实现输送与转位同步。由于输送时工件定位在输送带的定位支架上，因此，输送精度较高，此外，可允许的输送速度较高。但是抬起步伐式工件输送带的结构复杂，一般在精度较高的组合机床自动线中使用。

二、工业机器人

（一）工业机器人的定义

国际标准化组织（ISO）将工业机器人定义为"是一种具有自动控制的操作和移动功

能，能够完成各种作业的可编程操作机"。

我国国家标准 GB/T 12643—2013 将工业机器人定义为"是一种自动控制的、可重复编程、多用途的操作机，可对三个或三个以上轴进行编程。它可以是固定式或移动式，在工业自动化中使用"。

1. 工业机器人的组成

工业机器人由于用途和工艺范围不同而形式各异，一般由机械部分、控制部分和传感部分组成，如图 3-13 所示。

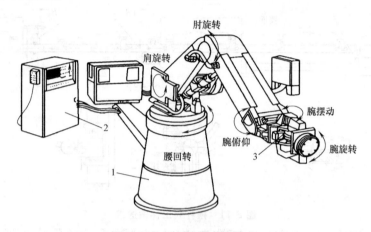

图 3-13 工业机器人的组成
1—机械部分 2—控制部分 3—传感部分

2. 工业机器人的分类

按机械结构类型分类，工业机器人可分为关节型机器人、球坐标型机器人、圆柱坐标型机器人、直角坐标型机器人，如图 3-14 所示。

（二）工业机器人的总体设计

1. 工业机器人设计的主要内容

工业机器人设计的主要内容有：确定基本参数，选择运动方式、手臂配置形式、位置检测与驱动和控制方式，结构设计，各部件的强度和刚度验算。

2. 设计内容与步骤

系统分析：分析工作环境、工作要求。

技术设计：确定基本参数、运动形式及控制系统，设计机械结构。

机械系统设计：驱动方式、材料选择、平衡系统设计、模块化结构设计。

（三）工业机器人驱动与传动系统设计

1. 工业机器人的驱动系统设计

（1）电动驱动　电动驱动装置又可分为直流（DC）伺服电动机驱动、交流（AC）伺服电动机驱动和步进电动机驱动。电动驱动的速度和位置精度高，使用相对简便，速度变化大，多与减速装置相联。

（2）液压驱动　液压驱动装置结构紧凑，刚度好，响应快，需要增设液压源，适合大功率机器人系统，如图 3-15 所示。

（3）气压驱动　气压驱动装置结构简单、速度快，难实现伺服控制，适合中小负荷机器人。

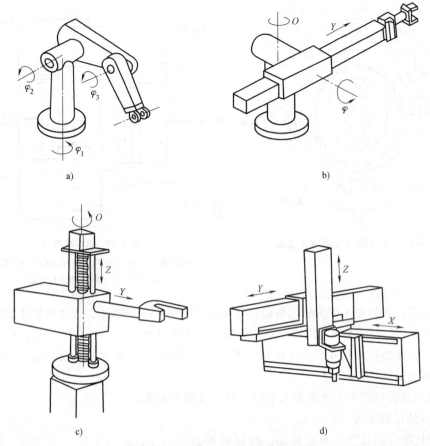

图 3-14 工业机器人的机械结构类型

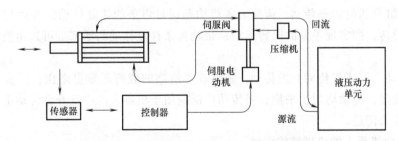

图 3-15 液压驱动装置及其组成部件示意图

2. 工业机器人的传动设计

（1）谐波减速器　谐波减速器主要包括刚轮、柔轮、轴承和波发生器。谐波齿轮传动啮合过程如图 3-16 所示。

工作原理：谐波传动工作原理是基于一种变形原理，即通过柔轮变形时其径向位移和切向位移间的转换关系，来实现传动机构的力和运动的转换。谐波齿轮传动是靠柔性齿轮（柔轮）所产生的可控弹性变形来实现传递运动和动力的。

（2）RV 减速器　RV 减速器包括一个行星齿轮减速器的前级和一个摆线针轮减速器的后级，如图 3-17 所示。

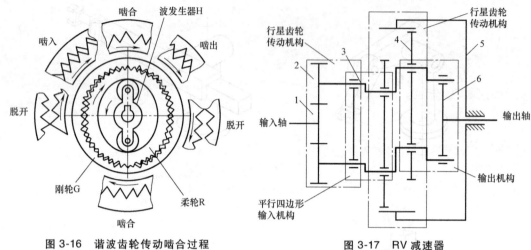

图 3-16 谐波齿轮传动啮合过程　　图 3-17　RV 减速器

1—太阳轮　2—行星齿轮　3—曲柄轴　4—摆线轮
5—针轮　6—输出盘（行星架）

工作原理：太阳轮 1 作为输入传给行星齿轮 2 进行第一级减速。行星齿轮 2 将旋转运动通过曲柄轴 3 传给摆线轮 4。摆线轮 4 与针轮 5 产生绕其回转中心的自转运动，此运动又通过曲柄轴 3 传递给输出盘 6 实现等速输出转动。运动也将通过曲柄轴 3 反馈给第一级差动机构形成运动封闭。

RV 减速器常应用于工业机器人手腕、肩、胳膊等关节。

(3) 其他传动装置

1) 丝杠螺母副及滚珠丝杠传动。丝杠螺母副冲击小，传动平稳，无噪声，并且能自锁；滚珠丝杠传动精度高，灵敏度和平稳性好。

2) 活塞缸和齿轮齿条传动。齿轮齿条机构是通过齿条的往复移动，带动与手臂连接的齿轮做往复回转，即实现手臂的回转运动；带动齿条往复移动的活塞缸可以由液压泵或压缩空气驱动。

3) 链传动、同步带传动、绳传动。链传动具有高的载荷和重量之比；同步带传动与链传动相比重量轻，传动均匀，平稳；绳传动广泛应用于机器人的手爪开合传动上，特别适合有限行程的运动传递。

(四) 工业机器人的机械结构设计

1. 工业机器人的机身

工业机器人机身是直接连接、支承和传动手臂及行走机构的部件。机身主要有回转机座和升降机座两种，用以实现手臂的整体回转或升降。

(1) 设计要求

1) 要有足够大的安装基面，以保证机器人工作时整体的稳定性。

2) 机器人机身的腰部轴及轴承的结构要有足够大的强度和刚度，以保证其承载能力。

3) 特别注意轴系及传动链的精度与刚度的保证，以保证末端执行器的运动精度。

(2) 机器人机身典型结构

1) 链条链轮型回转机身，如图 3-18 所示。

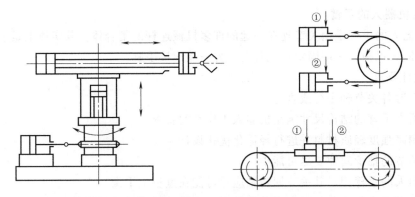

图 3-18 链条链轮型回转机身

2) 液压回转升降型机身,如图 3-19 所示。

3) 回转与俯仰型机身,如图 3-20 所示。由实现手臂左右回转和上下俯仰的部件组成。用手臂的俯仰运动部件代替手臂的升降运动部件。

4) 移动式机身,在规定的较大的工作场所完成事先为其规划好的工作任务。分为轮式移动机身、履带式移动机身和步足移动机身等。

5) 自动引导小车(AGV),末端执行器上装载货物,通过车轮相对地面运动,引导及控制装置沿要求的路径安全自动地行驶,将货物运送到作业地点。

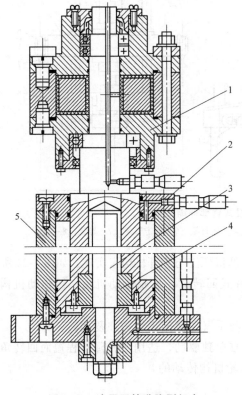

图 3-19 液压回转升降型机身
1—回转缸 2—活塞 3—花键轴 4—花键轴套 5—升降缸

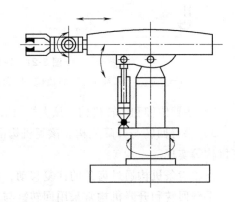

图 3-20 回转与俯仰型机身

2. 工业机器人的手臂

工业机器人的手臂是由关节连在一起的许多机械连杆的集合体。其实质上是一个拟人手臂的空间开链式机构,一端固定在机身上,另一端连接手腕。

(1) 设计要求

1) 使手臂各关节轴平行或垂直。

2) 机器人手臂的结构尺寸满足机器人工作空间要求。

3) 选用高强度轻质材料并进行轻量化优化设计。

4) 各关节的轴承间隙要尽可能小。

5) 机器人的手臂相对其关节回转轴应尽可能在重量上平衡。

6) 结构上考虑各关节的限位开关和具有一定缓冲能力的机械限位块。

(2) 典型结构

1) 手臂直线运动机构。该类机构由活塞液压(气)缸、活塞缸和齿轮齿条机构、丝杠螺母机构及活塞缸和连杆机构等机构实现。图3-21所示为四导向柱式臂部伸缩机构。

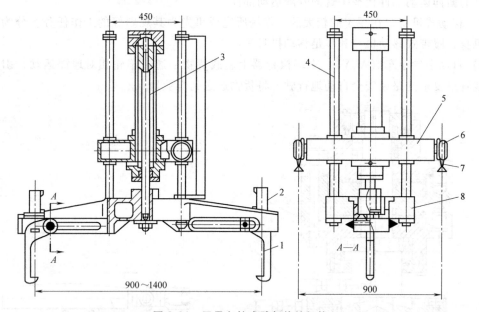

图 3-21 四导向柱式臂部伸缩机构

1—手部 2—夹紧缸 3—液压缸 4—导向柱 5—运行架 6—行走车轮 7—导轨 8—支座

2) 手臂俯仰和回转机构。该类机构采用活塞液压缸与连杆机构来实现,如图3-22所示。

3) 手臂回转与升降机构。该类机构由叶片式回转缸、齿轮传动机构、链传动机构、连杆机构等实现。

齿轮齿条机构通过齿条的往复移动,带动与手臂连接的齿轮做往复回转。

手臂回转和升降机构常采用回转缸与升降缸单独驱动,适用于升降行程短而回转角度小于360°的情况,也有用升降缸与气动马达锥齿轮机构传动的。

3. 工业机器人的手腕

工业机器人手腕是手臂和末端执行器的连接部件,起支承末端执行器和改变末端执行器空间姿态的作用。

(1) 设计要求

1) 根据作业需要来设计机器人手腕的自由度数。

2) 减少机器人手腕重量和体积,力求结构紧凑。

3) 机器人手腕与末端执行器要有标准的法兰联接,结构上要便于装卸。

4) 机器人的手腕机构要有足够的强度和刚度,以及可靠的传动间隙调整机构。

5) 手腕各关节轴转动要有限位开关,以防止超限造成机械损坏。

(2) 典型结构

1) 单自由度回转运动手腕。这种腕部结构紧凑、体积小,但最大回转角度小于360°,只能实现一个腕部自由度,如图3-23所示。

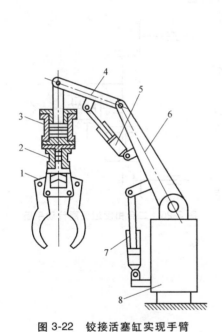

图3-22 铰接活塞缸实现手臂
俯仰运动结构示意图
1—手部 2—夹紧缸 3—升降缸 4—小臂
5、7—摆动气缸 6—大臂 8—立柱

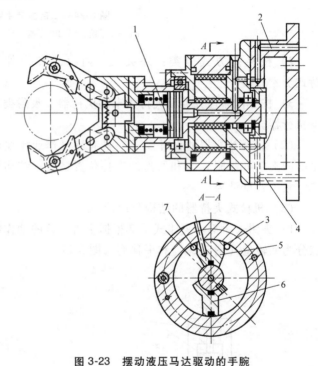

图3-23 摆动液压马达驱动的手腕
1—活塞 2、4—油路 3、7—进(排)油孔 5—定片 6—动片

2) 二自由度传动手腕。二自由度传动手腕可以是由一个旋转R关节和一个弯曲B关节组成的BR手腕,也可以是由两个B关节组成BB手腕,或两个R关节组成RR手腕,具体根据工作要求而定,如图3-24所示。图3-25所示是一种BR二自由度远距离传动手腕示意图。

当然,根据物件夹持和输送需求,也有需要设计成三自由度手腕的。

4. 工业机器人的末端执行器(手部)

工业机器人的末端执行器用于执行在物件输送过程中,对输送物件与机器人实现可靠联接的操作。

(1) 末端执行器的分类

1) 按用途分类:手爪、专用操作器。

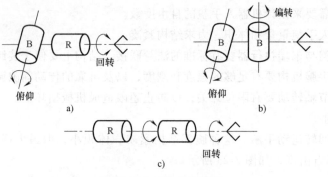

图 3-24 二自由度手腕
a) BR 手腕 b) BB 手腕 c) RR 手腕

2) 按夹持方式分类：外夹式、内撑式和内外夹持式。

3) 按工作原理分类：夹持类末端执行器、吸附类末端执行器。

(2) 末端执行器的设计要求　具有满足作业需要的足够的夹持（吸附）力和所需的夹持位置精度；结构简单、紧凑，重量轻。

(3) 机械式夹持器的结构与设计

1) 夹钳式手部。夹钳式手部根据手指开合的动作特点分为回转型（图 3-26）和平移型（图 3-27）。

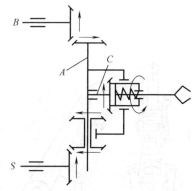

图 3-25 二自由度远距离传动手腕

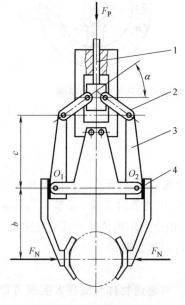

图 3-26 回转型夹持器
1—杆 2—连杆 3—摆动钳爪 4—调整垫片

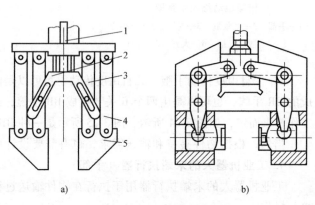

图 3-27 平移型夹持器
a) 平面平行式 b) 直线往复式
1—驱动器 2—驱动元件 3—主动摇杆 4—从动摇杆 5—手指

2) 钩托式手部。钩托式手部适用于在水平面内和竖直面内做低速移动的搬运工作,分为无驱动装置和有驱动装置两种,如图3-28所示。

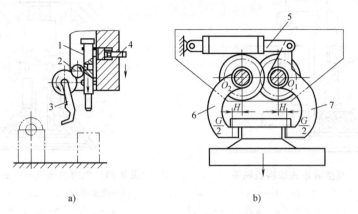

图 3-28 钩托式手部
a) 无驱动装置　b) 有驱动装置
1—齿条　2—齿轮　3—钩托　4—销子　5—液压缸　6、7—杠杆钩托

3) 弹簧式手部。弹簧式手部靠弹簧力的作用将工件夹紧,手部不需要专用的驱动装置,适于夹持轻、小工件,如图3-29所示。

(4) 吸附式末端执行器的结构与设计

1) 气吸式吸盘。气吸式吸盘利用吸盘内的压力和大气压之间的压力差工作。按形成压力差的原理,分为真空吸附式取料机械手(图3-30)、气流负压气吸附式取料机械手(图3-31)、挤压排气式取料机械手(图3-32)。

2) 磁吸附式手部。磁吸附式手部利用永久磁铁或电磁铁通电后产生的电磁吸力取料,断电后磁性吸力消失将工件松开(图3-33)。磁吸附式手部只能对铁磁物体起作用。

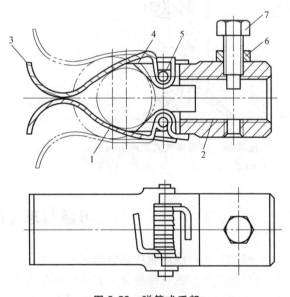

图 3-29 弹簧式手部
1—工件　2—套筒　3—弹簧片　4—扭簧
5—销钉　6—螺母　7—螺钉

(五) 工业机器人在机械制造系统中的应用

作为机械制造系统的一个组成部分,工业机器人要与系统的其他部分(如机床、输送带等)协调工作。在满足作业需求的同时,要在不干涉的情况下,优化工业机器人与其外围设备的空间布局,以减小占地面积,优化生产节拍。工业机器人可用于装配作业、打磨作业、钻铆作业、增材制造、焊接作业以及搬运作业中。

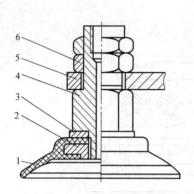

图 3-30　真空吸附式取料机械手

1—吸盘　2—固定环　3—垫片
4—支承杆　5—基板　6—螺母

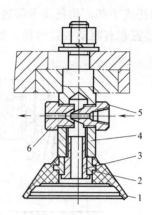

图 3-31　气流负压气吸附式取料机械手

1—橡胶吸盘　2—心套　3—通气螺钉
4—支承杆　5—喷嘴　6—喷嘴套

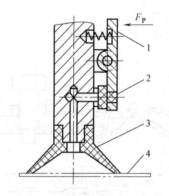

图 3-32　挤压排气式取料机械手

1—压盖　2—密封垫　3—吸盘　4—工件

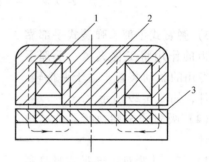

图 3-33　磁吸附式手部工作原理

1—线圈　2—铁心　3—衔铁

习题与思考题

1. 机械加工生产线由哪些部分组成？
2. 机械加工生产线有哪些分类方式？各分类方式中分别包含哪些类型？
3. 设计机械加工生产线要考虑哪些因素？其设计步骤是什么？
4. 设计机械加工生产线工艺方案要考虑哪些因素？各因素又涉及哪些内容？
5. 如何评价机械加工生产线？
6. 提高机械加工生产线可靠性的措施有哪些？
7. 机械加工生产线输送带有哪些类型？分别说明其工作原理。
8. 什么是组合机床？它与通用机床、一般专用机床相比较，有什么特点？
9. 简述单工位和多工位组合机床的工作特点。
10. 什么是组合机床通用部件？它们为何具有通用性？
11. 简述被加工零件工序图的作用和内容。为什么说被加工零件工序图是设计和验收机床的依据？

12. 简述加工示意图的作用和内容。为什么说加工示意图是设计和调整机床的依据？
13. 简述机床联系尺寸总图的作用和内容。机床联系尺寸总图中高度方向尺寸链有什么作用？
14. 选择动力滑台的依据是什么？
15. 在组合机床中为什么要留有前备量和后备量？
16. 在传动系统设计中齿轮传动比为什么最好采用降速排列？
17. 多轴箱箱体是通用零件，为什么还要绘制补充加工图？
18. 什么是工业机器人？它一般由哪几部分组成？各部分的作用是什么？
19. 按机械结构分，工业机器人有哪些类型？
20. 工业机器人的驱动方式有哪些？各种驱动方式的特点分别是什么？
21. 工业机器人机身设计有哪些要求？有哪些典型结构的机身？选择两种典型结构的机身，说明其工作原理。
22. 工业机器人手臂设计有哪些要求？有哪些典型的结构？
23. 工业机器人手腕设计有哪些要求？有哪些典型的结构？
24. 工业机器人末端执行器有哪些要求？有哪些类型？选择两种不同类型的典型结构说明其工作原理。

第四章

机床夹具设计

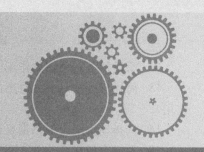

机床夹具是使被加工工件与机床联系的装置，它为工件在机床里获得恰当位置，以便进行有效的工艺操作提供了基础性条件。本章主要讲述机床夹具的基本概念、功用、分类、组成、定位方案设计、夹紧方案设计、导向或对刀装置设计、与机床的定位和联接设计，使学生了解夹具在生产过程中的地位与作用，掌握机床夹具的设计原理和方法，使学生具备相关工程实践能力。

第一节　机床夹具概述

在机械制造业的产品制造过程中，工件由毛坯到成品，需要在不同制造工位之间流转，绝大多数制造工位都要求工件在工位上占有正确的位置，即工件需要装夹在制造工位上。用于制造工位上装夹工件的工艺装备称为夹具，它被广泛地应用于机械加工、焊接、检验、热处理和装配等工艺过程中，分别称为机床夹具、焊接夹具、检验夹具、热处理夹具和装配夹具等。

机床夹具是机械加工中用以迅速、准确地将工件装夹到机床的一种工艺装备，简称夹具。在机械加工过程中，机床夹具是产品制造工艺阶段重要的工艺装备。它直接影响工件的加工精度、劳动生产率和产品的制造成本。因此，机床夹具设计在企业的产品制造和生产技术装备中占有非常重要的地位。

一、机床夹具的功用

1. 保证加工精度

工件通过装夹在机床夹具上，间接获得了工件相对于机床或刀具的正确位置，且机床夹具保证了工件的被加工表面与定位面之间以及被加工表面相互之间的位置精度。因此，除机床和刀具因素外，机床夹具是保证工件加工精度的主要手段。机床夹具用于批量加工，有助于整批次工件的加工质量稳定。

2. 提高生产率

采用夹具装夹工件时，可以有效地减少工件定位时间。夹具中采用自动夹紧机构，可以显著减小夹紧时间。此外，夹具还可实现装夹多件工件，在多个工位使用。因此，使用夹具装夹工件可以显著减少辅助时间，提高生产率。

3. 扩大机床的工艺范围

在单件小批量生产的条件下，工件的品种多，而机床的种类却有限。为解决这种矛盾，在机床上使用专用夹具可以改变机床的用途和扩大机床的使用范围。例如，在车床的溜板上安装镗模（镗削夹具）就可以进行箱体孔的镗削加工。在普通铣床上安装专用铣削夹具，又可以铣削成形表面。

4. 提高操作者的工作适应性

使用夹具装夹工件时，不论自动夹具还是手动夹具，定位都比较方便、准确和快捷，降低了操作者的工作难度。在大批量生产中，采用气压、液压等夹紧装置，可减轻操作者的工作强度。随着工作难度和工作强度的降低，提高了操作者的工作适应性。

二、机床夹具的类型

机床夹具的种类繁多，形式多样。为了便于夹具的制造和使用，需要对其进行分类管理。

1. 按夹具特点分类

（1）通用夹具　通用夹具是指结构形式、规格参数、技术特性及标识方式均已标准化的夹具。例如车床上的自定心卡盘、铣床上的平口钳、分度头，平面磨床上的电磁吸盘等。该类夹具通用性强，一般不需调整即可适应规格参数范围内工件的装夹，在单件小批生产中广泛应用。

（2）专用夹具　专用夹具是指专门为某一种（或几种）工件的某一道（或几道）工序的加工要求而设计制造的夹具。例如汽车发动机缸体机加工生产线上的各种夹具。该类夹具的针对性较强，可以得到较高的加工精度和生产率，但生产制造周期较长，制造费用较高，其柔性普遍较差，当被加工零件变更，将无法使用。专用夹具广泛用于成批生产和大批量生产中。

（3）可调夹具　可调夹具是指通过调整或更换原夹具的若干元件，即可用于加工形状相似、尺寸相近或加工工艺相似的多种工件的夹具。该类夹具是针对通用夹具和专用夹具的缺陷而发展起来的一种新型夹具，其还可分为通用可调夹具和成组夹具两种。可调夹具的特点是具有一定的可调性，或称"柔性"。可调夹具在多品种、中小批量生产中得到了广泛的应用。

（4）组合夹具　组合夹具是指为某一种工件的某道工序的加工要求而采用一系列的标准化元件组装而成的夹具。组合夹具所使用的标准化元件具有较高的精度和耐磨性，已实现商品化。该类夹具的特点是组装迅速，周期短，元件和组件可反复使用。组合夹具将一般专用夹具的设计、制造、使用、报废的单向过程变为设计、组装、使用、拆散、清洗入库、再组装的循环过程。组合夹具适用于单件、中小批量多品种生产或新产品试制。

（5）随行夹具　随行夹具是指为方便在自动化生产线中加工无良好输送和定位基面的工件而设计制造的夹具。随行夹具既要完成工件的定位和夹紧，又要作为运载工具按照加工制造流程将工件在生产线制造工位间进行输送，此外，随行夹具还应在生产线的制造工位上准确地定位和可靠地夹紧。一条生产线应配备足量的随行夹具，每套随行夹具随着工件完成加工制造流程，卸下已加工的工件，装上新的待加工工件，循环使用。

2. 按使用机床分类

夹具按照使用机床可分为车床夹具、铣床夹具、磨床夹具、刨床夹具、钻床夹具、镗床夹具、自动线夹具、其他机床夹具等。

3. 按夹紧动力源分类

夹具按照夹紧动力源可分为手动夹具和机动夹具。常用的机动夹具包括手动夹具、气动夹具、液压夹具、气液夹具、电动夹具、电磁夹具、真空夹具、其他夹具等。

夹具分类如图4-1所示。

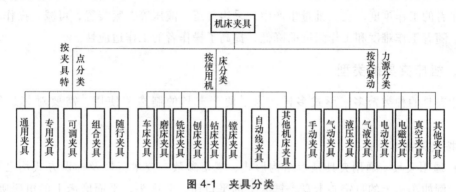

图4-1 夹具分类

三、机床夹具的基本组成

尽管机床夹具的种类较多，结构形式各异，但机床夹具是一个整体独立的部件，至少应包括定位元件（或装置）、夹紧机构（或装置）和夹具体三部分。此外，机床夹具是应用于各类机床上参与加工制造的，夹具与机床之间需要存在确定的位置关系，夹具与刀具之间存在特定的对应要求，如对刀、导向、防干涉等。

现以一个手动钻床夹具为例说明机床夹具的基本组成。图4-2所示为用于加工工件 $\phi 10mm$ 孔的钻床夹具。工件以 $\phi 68H7$ 孔、端面和键槽侧面与夹具上的定位法兰4和定位块5相接触来确定工件的正确位置。钻模板7上的钻套6用来确定所钻孔的位置并引导钻头。用螺套9、螺杆3及压板2将工件夹紧。

1. 定位装置

定位装置是夹具的主要功能组件之一。定位装置由各种定位元件构成，用于确定工件在夹具中的正确位置。如图4-2中的定位法兰4和定位块5一起组成定位装置。它们使工件在钻床夹具中占据正确位置。

2. 夹紧装置

夹紧装置是夹具的主要功能组件之一。夹紧装置由夹紧元件、中间传力机构和动力装置等组成，用于将工件固定在定位装置上，保证工件在加工过程中受到外力（切削力、重力、惯性力）作用时不脱离已经占据的正确位置。为了降低操作者工作强度和保证夹紧的可靠性，手动夹具的夹紧装置应具有增力和自锁功能。如图4-2中的手柄10、螺套9、弹簧8、螺杆3、压板2和销钉1一起组成夹紧装置。

3. 夹具体

夹具体是夹具的基础件，它用于将夹具上各个元件或装置连接成一个整体，并与机床的有

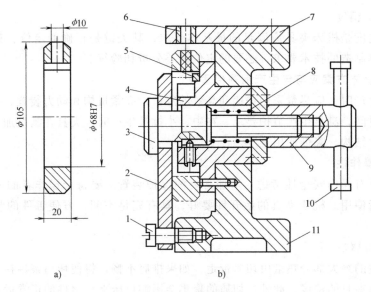

图 4-2 钻床夹具

1—销钉 2—压板 3—螺杆 4—定位法兰 5—定位块 6—钻套
7—钻模板 8—弹簧 9—螺套 10—手柄 11—夹具体

关部位相连接。如图 4-2 中的夹具体 11，通过它将夹具的所有元件或装置连接成一个整体。

4. 导向或对刀装置

导向或对刀装置是用以确定刀具相对于夹具定位基准正确位置的元件和装置。导向或对刀装置保证了刀具与工件被加工表面的正确位置。如图 4-2 中钻套 6 和钻模板 7 组成导向装置。铣床夹具上的对刀块和塞尺组成对刀装置。

5. 动力装置

在机动夹具中，动力装置是指为夹紧装置提供动力源的装置，动力装置驱动夹紧装置实现工件的夹紧和松开。图 4-2 所示钻床夹具为手动夹具，没有设置动力装置。常采用液压、气动、电动等动力装置。

6. 检测装置

随着自动化加工技术的发展，数控机床、加工中心机床和生产线均可实现全自动化加工。为提高自动化加工的可靠性，夹具需设置必要的检测装置，如有无料检测装置、夹紧到位检测装置和工件定位检测装置等。

7. 连接装置

连接装置是用于确定机床与夹具相对位置的元件和装置。连接元件有两种形式：一种是安装在工作台上，如定向键和螺钉组合；另一种是安装在机床主轴上，如止口和螺钉组合。

8. 其他元件及装置

根据加工需要而设置的其他元件或装置，如分度装置、靠模装置、上下料装置、推靠装置和平衡块等。

四、机床夹具应满足的基本要求

机床夹具应满足的基本要求包括以下几方面：

1. 保证加工精度

保证加工精度是机床夹具应满足的最基本要求，其关键是正确的定位、夹紧和导向方案，合理的夹具制造的技术要求，必要的定位误差分析和验算。

2. 夹具的总体方案应与年生产纲领相适应

在大批量生产时，应尽量采用快速和高效的定位、夹紧机构和动力装置，提高自动化程度，缩减辅助时间，满足生产节拍要求。在中、小批量生产时，夹具在满足加工要求的前提下，应尽量简化结构，降低使用难度。

3. 适宜的操作性

机床夹具要有操作安全性考虑，增加必要的保护装置。要符合操作者的操作位置和习惯，便于操作者使用。机床夹具的敞开性要好，具有充足空间，方便工件的装卸和夹具的维修。

4. 良好的排屑性

切削中产生的绝大部分热量由切屑带走，如果排屑不畅，将使切屑聚集在夹具中，热累积效应将会影响夹具的精度。此外，切屑的聚集会影响机床夹具组件的正常运动，需停机清理，清理切屑将增加辅助时间，降低生产率，因此，设计夹具时要充分重视排屑问题。

5. 符合经济性

机床夹具应尽量采用标准元件和组合件，专用零件的结构工艺性要好，以便于制造、检测和装配，可缩短夹具设计制造周期，降低夹具制造成本。机床夹具的复杂程度要与加工环境及工件加工精度要求等相匹配，在满足加工要求的基础上，尽量降低机床夹具的复杂程度。

第二节　机床夹具定位机构设计

一、工件定位

工件定位是指工件加工前，在夹具中占据某一正确加工位置的过程。一个尚未在夹具中定位的工件，其在夹具中的位置可以是任意的、不确定的。对于一批未定位的工件，它们在夹具中的位置是不一致的。工件在夹具中定位的目的，就是要使同一批工件在夹具中占有一致的、正确的加工位置。

（一）六点定位原则

尚未在夹具中定位的工件，与空间自由状态的刚体类似，其在夹具中的位置是不确定的。一个自由刚体的位置不确定性，称为自由度。任何形状的工件在夹具中未定位前，都可以看成是空间直角坐标系中的自由刚体。如图4-3所示，一个自由工件在空间直角坐标系中，工件可以沿 x、y、z 轴的方向有不同的位置，称为工件沿 x、y 和 z 轴的轴向位置自由度，用 $\vec{x}$、$\vec{y}$、$\vec{z}$ 表示。工件也可以绕 x、y、z 轴的角度方位有不同的位置，称为工件绕 x、y 和 z 轴的角向位置自由度，用 $\hat{x}$、$\hat{y}$、$\hat{z}$ 表示。因此，工

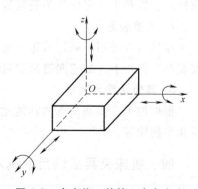

图4-3　未定位工件的六个自由度

件的自由度有六个。

工件的定位就是采用适当的约束措施来限制工件的自由度，使工件在该方向上有确定的位置。如图 4-4 所示，在长方体工件底面设置不处于同一直线上的三个约束点 1、2、3，工件底面与三个约束点接触，限制 $\vec{z}$、$\hat{x}$ 和 $\hat{y}$ 三个自由度。在工件侧面设置两个约束点 4、5，工件侧面与两个约束点接触，限制 $\vec{x}$ 和 $\hat{z}$ 两个自由度。在工件端面设置一个约束点 6，工件端面与一个约束点接触，限制 $\vec{y}$ 一个自由度。这样工件的六个自由度都限制了，工件在夹具中的位置得到了完全确定。这些用来限制工件自由度的约束点，称为定位支承点，简称支承点。用适当分布的六个支承点限制工件的六个自由度，称为六点定位原则。

六点定位原则是工件定位的基本法则，支承点的分布必须合理，否则六个支承点限制不了工件的六个自由度。例如，图 4-4 中长方体工件底面上的三个支承点应放成三角形。三角形的面积越大，定位越稳。若工件底面上的三个支承点沿 y 轴成一条线分布，则工件绕 y 轴的角向位置自由度 $\hat{y}$ 不能限制。若工件侧面上的两个支承点沿 z 轴方向分布，则工件绕 z 轴的角向位置自由度 $\hat{z}$ 不能限制。

必须指出：定位是支承点与工件的定位基面相接触来实现的，如果两者一旦相脱离，定位作用就消失了。同时，定位和夹紧的概念不能混淆。某些定位元件（如自定心卡盘）具有定位和夹紧的双重功能，只有当工件的定位基准紧贴在定位元件上，才可称为定位。夹紧是定位后保持位置状态不变，夹紧不能代替定位。在分析定位支承点起定位作用时，不考虑力的作用，工件在某一坐标参数方向上的自由度被限制，是指工件在该坐标参数方向上有了确定的位置，而不是指工件受到使工件脱离支承点的外力时不能运动，使工件在外力作用下不能运动属于夹紧任务。此外，长方体工件底面与三个支承点接触，限制 $\vec{z}$、$\hat{x}$ 和 $\hat{y}$ 三个自由度。这是由于三个支承点综合作用的结果，而不是各支承点与被限制的自由度之间成一一对应关系，即不是一个支承点限制一个自由度。

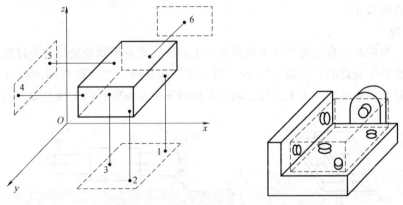

图 4-4　长方形工件的六点定位

（二）定位的正常情况

工件定位的实质是根据加工要求来限制工件的自由度，使其在夹具中占有某个确定的正确加工位置。显然，工件定位就是要限制对加工有不良影响的自由度，而对于加工无不良影响的自由度，可视具体情况确定是否需要限制。因此，只要满足加工要求的定位都属于定位的正常情况。

1. 完全定位

完全定位是指工件在夹具中定位时，全部六个自由度不重复地被限制的定位状态。如在长方体工件上铣不通槽时，需要不重复地限制工件的六个自由度，应该采用完全定位。

2. 不完全定位

不完全定位是指工件被限制的自由度少于六个，但能保证加工要求的定位状态。如图 4-5b、c、d 所示加工通槽的示例，工件的 $\vec{y}$ 自由度对通槽的加工要求无不良影响，$\vec{y}$ 自由度可以限制，也可以不限制，如果不限制则是不完全定位状态。不完全定位也属正常定位，采用不完全定位可以简化装置，所以在生产中广泛应用。

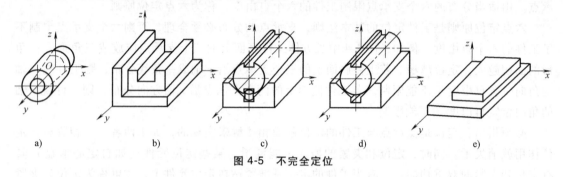

图 4-5 不完全定位

（三）定位的非正常情况

1. 欠定位

按照加工要求，需要限制的自由度没有全部被限制的定位称为欠定位。欠定位未全部限制对加工有不良影响的自由度，因此不能保证加工要求。欠定位是不允许出现的定位状态。如图 4-6a 所示铣台阶面，如果 $\vec{z}$、$\vec{x}$ 未被限制，则不能保证台阶面左侧立面与工件最左侧或最右侧面平行和相应的尺寸；如图 4-6b 所示铣不通槽，如果 $\vec{y}$ 自由度未被限制，则不能保证不通槽的长度尺寸。

2. 过定位

工件的一个或几个自由度被两个或两个以上的约束重复限制的定位称为过定位。一般来说，过定位也是不合理的。例如，图 4-6c 所示为车床夹具，以工件两端的中心顶尖孔为基准，在主轴端顶尖和尾座顶尖上定位，限制工件的五个自由度；以工件左端外圆面为基准，

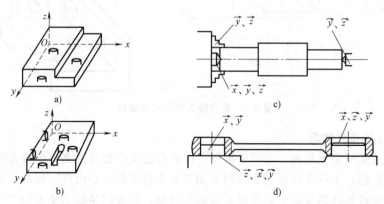

图 4-6 定位的非正常情况

a) 铣台阶面欠定位 b) 铣不通槽欠定位 c) 过定位 d) 过定位

在主轴端自定心卡盘上定位，限制工件的两个自由度，$\hat{y}$、$\vec{z}$ 被重复限制，属于过定位。图 4-6d 所示也为过定位，$\vec{x}$、$\vec{y}$ 被重复限制。

3. 过定位注意事项

1) 当以几何精度较低的毛坯面定位时，不允许过定位。
2) 为提高定位稳定性和刚度，以加工过的表面定位时，可以出现过定位。
3) 当以两个或两个以上的组合表面定位时，过定位可能造成不良后果。

二、典型的定位方式和元件

六点定位原则中，以支承点来限制工件的自由度。而生产实际中，工件在夹具中定位常以具有一定形状的几何体来限制工件的自由度。这些在工件定位时起支承点作用的几何体被称为定位元件。一个定位元件可以限制一个以上的工件自由度，多个定位元件组合可以限制工件的若干个自由度。

尽管工件的结构形式比较庞杂，工件的定位基准选取也各具特色，但在实际生产中常常选取工件特定部位的平面特征、圆孔面特征及外圆面特征作为定位基准。工件在夹具上的定位是通过工件的定位基准面与夹具定位元件的接触实现的，定位基准面的特征不同，夹具上的定位元件的种类和布置方式也不同。

（一）平面定位

在机械加工中大多数工件，如箱体、机体、支架、圆盘等零件，常选取平面作为定位基准。工件以平面定位时，常用的定位元件有固定支承、可调支承、自位支承和辅助支承等。除辅助支承外，其余支承都对工件有定位作用。根据工件加工需要，选用单个或多个定位元件（或其组合）来限制相应的基准平面。

1. 固定支承

固定支承有支承钉和支承板两种形式。在夹具体上，固定支承所起作用的支承点的位置不可变动。图 4-7a 所示为平头支承钉，用于精基准平面的定位。图 4-7b 所示为球头支承钉，用于定位基准面是粗糙不平的粗基准表面，可减小与工件的接触面积提高定位稳定性。图 4-7c 所示为网纹头支承钉，网纹可增大摩擦因数，防止工件受力后产生滑动现象，常用于侧面或顶面定位。

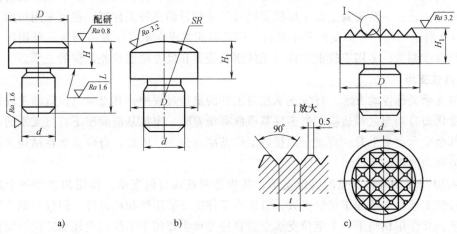

图 4-7 固定支承钉

支承板多用于基准平面为精度较高的大面积平面的定位场合。图 4-8a 所示为光面支承板，结构简单，便于制造，但沉头螺钉处的积屑难于清除，多用于侧面和顶面定位。图 4-8b 所示为斜槽式支承板，易于清除切屑和容纳切屑，适用于底面定位。

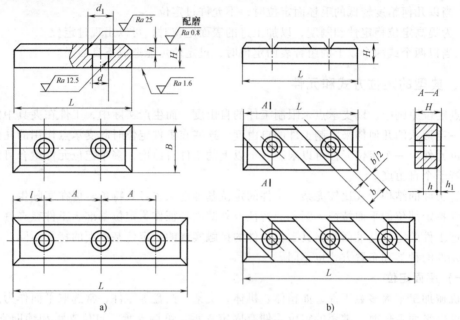

图 4-8 固定支承板

在实际应用中，还可以根据需要设计非标准结构支承钉和支承板，如台阶式支承板、圆形支承板、三角形支承板等。当几个支承钉或支承板在装配后要求等高时，采用装配后一次磨削法，以保证它们的限位基面在同一平面内。

2. 可调支承

在夹具体上，可调支承所起作用的支承点的位置可以变动。可调支承的工作位置调节确定后需要锁紧，以防止夹具使用过程中可调支承的安装螺纹产生松动而使其支承点位置发生变化。可调支承主要用于以毛坯面作为定位基准面的场合，每批调整一次，以补偿各批毛坯误差。此外，若在一台夹具上加工形状类同且尺寸相近的多种工件时，也可采用可调支承。

图 4-9 所示的几种可调支承采用螺钉、螺母形式实现支承点位置的调整，可用扳手拧动螺钉进行高度调节，多用于较重工件或工件刚度较差和尺寸精度较差部位的支承。

3. 自位支承

自位支承又称浮动支承。自位支承在对工件的定位过程中，其支承点位置随工件定位基准面的变化而自动与之相适应。当工件基准面有误差时，定位基准面压下自位支承的一个支承点，其余支承点便上升，直至全部接触定位基准面为止。因此，自位支承在结构上是具有可移动或转动的浮动元件。

图 4-10 所示为几种常见的自位支承，其均是两点式自位支承，作用相当于一个定位支承点。自位支承由于增加了接触点数，可提高工件的安装刚性和稳定性，但仅限制工件的一个自由度，其作用相当于一个定位支承点。自位支承主要用于工件以毛坯面定位、定位基面不连续或台阶面及工件刚性不足的场合。

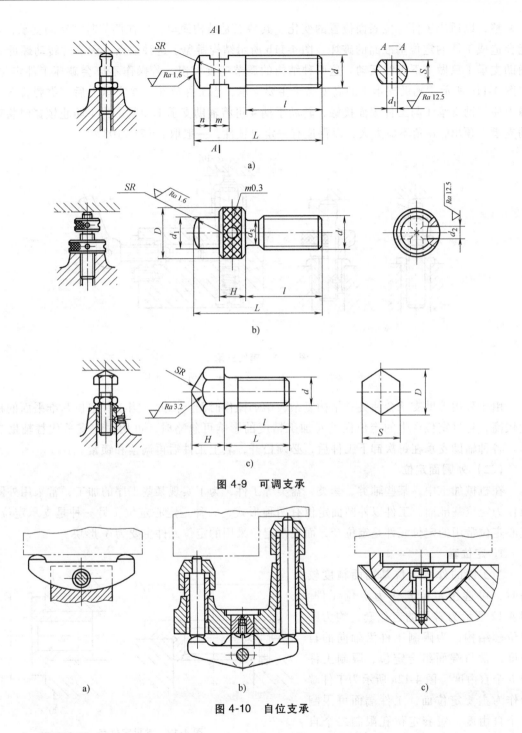

图 4-9 可调支承

图 4-10 自位支承

4. 辅助支承

实际切削加工中，由于工件形状以及夹紧力、切削力、工件重力等原因可能使工件定位后产生变形或定位不稳定现象。为了提高工件的安装刚性和稳定性，常需要设置辅助支承。辅助支承是在工件定位完成后才参与支承的，其不起定位作用。一般辅助支承具有调整和锁紧机构。

如图 4-11a 所示，工件定位时，辅助支承 1 的高度低于主要支承，工件定位后，必须逐个调整，以适应工件定位表面位置的变化。其特点是结构简单，但在调节时需转动支承，可能会造成工件的定位基准面的破坏。图 4-11b 所示结构避免了这种缺点，调节时转动螺母 2，辅助支承 1 只做上下直线运动。这两种结构的调节速度较慢，若操作不慎会破坏工件定位。如图 4-11c 所示，辅助支承 1 的高度高于主要支承，当工件放在主要支承上后，靠弹簧 3 的弹力使辅助支承 1 与工件表面接触，转动手柄 4 可将辅助支承 1 锁紧。为了防止锁紧时将辅助支承 1 顶出，α 角不应太大，以保证有一定自锁性，一般取 α=7°~10°。

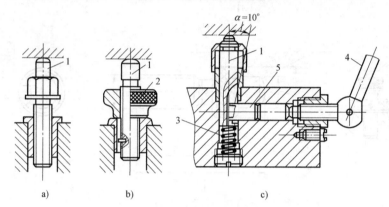

图 4-11 辅助支承

1—辅助支承 2—螺母 3—弹簧 4—手柄 5—推杆

由于采用辅助支承会使夹具结构复杂，增加操作时间。因此，当工件定位基准平面的精度较高，且过定位产生的定位误差对加工精度的影响可忽略时，可用固定支承代替辅助支承。各种辅助支承在每次卸下工件后，必须松开，装上工件后再调整和锁紧。

（二）外圆面定位

在机械加工中，某些轴类、套类、盘类等工件，为了实现某些工序的加工，常采用外圆面作为定位基准面。工件以外圆面定位有两种形式，一种是定心定位，另一种是支承定位。定心定位常用的定位元件是定位套，而支承定位采用的定位元件主要为 V 形块。

1. 定位套

当工件的外圆定位基准面精度较高时，可选用定位套作为定位元件。图 4-12 所示为常用的定位套，均为圆定位套结构，为限制工件沿轴向的自由度，常与端面组合定位，限制工件的五个自由度。图 4-12a 所示为工件端面作为主要定位面，工件端面可限制三个自由度，短套定位孔限制二个自由度。图 4-12b 所示为长套定位孔作为主要限位基面，长套定位孔限制四个自由度，工件端面可限制一个移动自由度。

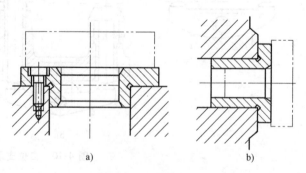

图 4-12 常见定位套

2. V 形块定位

当工件的对称度要求较高时，可选用 V 形块定位。V 形块的结构尺寸如图 4-13 所示，V 形块有长短之分，长 V 形块限制四个自由度，其宽度 B 与圆直径 D 之比 $B/D \geq 1$，短 V 形块

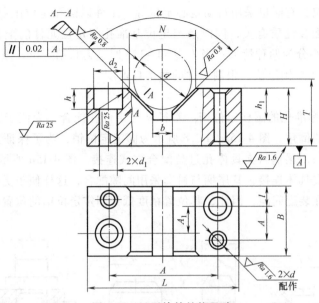

图 4-13 V 形块的结构尺寸

只能限制两个自由度,其宽度有时仅为 2mm。V 形块均已标准化,可以选用,特殊场合也可自行设计。标准 V 形块的两斜面夹角有 60°、90°、120° 三种。其中,90° V 形块使用最广泛。V 形块可用于完整外圆面的定位,也可用于完整外圆面或阶梯外圆面的定位。

V 形块的主要设计参数是其在夹具中的安装尺寸 T,由图 4-13 可知

$$T = H + 0.5\left(\frac{d}{\sin\frac{\alpha}{2}} - \frac{N}{\tan\frac{\alpha}{2}}\right) \tag{4-1}$$

式中 T——V 形块的定位高度 (mm);

H——V 形块的高度 (mm);

d——工件或检验心轴的直径 (mm);

α——V 形块的两斜面间夹角 (°);

N——V 形块的开口尺寸 (mm)。

当 $\alpha = 60°$ 时,$T = H + d - 0.867N$;当 $\alpha = 90°$ 时,$T = H + 0.707d - 0.5N$;当 $\alpha = 120°$ 时,$T = H + 0.578d - 0.289N$。

图 4-14 所示为常见固定 V 形块的结构形式。图 4-14a 所示结构用于较短的精基准面定位。图 4-14b 所示为整体式 V 形块,用于加工较长且未经加工的粗基准面定位。图 4-14c 所示为一对短 V 形块组合,将其紧固在夹具体上代替整体 V 形块,用于加工较长且已加工的外圆面定位。

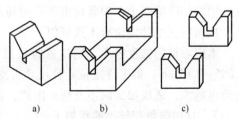

图 4-14 常见固定 V 形块的结构形式

(三) 圆柱孔定位

在机械加工中,套筒、轮盘和齿轮类工件常以孔的中心线作为定位基准。实际的生产中,以圆孔面作为基准面来替代孔的中心线作为定位基准。一般通过定位销、定位心轴等与

孔的配合来实现定位，有时也采用自动定心定位等。工件以圆孔定位限制的工件自由度数，不仅与两者之间的配合性质有关，同时还与定位基准孔与定位元件的配合长度 L 与直径 D 有关。根据 L/D 大小分为两种情形：当 $L/D=1\sim1.5$ 时，为长销定位，限制工件的四个自由度；当 $L/D<1$ 时，为短销定位，限制工件的两个自由度。

1. 定位销

图 4-15 所示为标准化的圆柱定位销。直径 d 与定位孔配合，为便于工件装入，圆柱定位销的上部有较长的倒角。图 4-15a、b、c 所示为固定定位销，为了保证定位销在夹具上的位置精度，定位销采用尾柄与夹具体孔过盈配合方式连接。图 4-15d 所示为可换式定位销，定位销通过衬套与夹具体连接，其尾柄与衬套采用间隙配合，这样便于更换。由于可换式定位销与衬套之间存在装配间隙，因此，其位置精度低于固定定位销的位置精度。

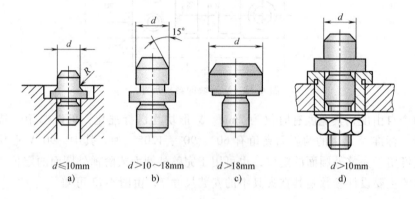

图 4-15　圆柱定位销

菱形销只在圆弧部分与工件定位孔接触。因而定位时只在该接触方向限制工件的一个自由度，在需要避免过定位时使用，菱形销也已标准化。圆柱定位销和菱形销的有关参数可查"夹具标准"或"夹具手册"。

2. 定位心轴

定位心轴广泛用于车床、磨床、齿轮机床等机床上，定位心轴可作为独立的夹具使用。有时心轴可与夹具体连接使用，特殊情况下，可将心轴与夹具体做成一个整体。常见的心轴有以下几种。

(1) 锥度心轴　锥度心轴的外圆表面有 $1:1000\sim1:5000$ 的锥度。定位时，工件楔紧在心轴的外圆锥面上，楔紧后由于孔的局部弹性变形，使工件与心轴在一定长度上为过盈配合，从而保证工件定位后不致倾斜。

锥度心轴的锥度越小，则楔紧时接触长度越大，定心定位精度越高，定心精度可高达 $0.005\sim0.01$mm。但工件定位孔径尺寸有变化时，锥度心轴的锥度越小引起工件轴向位置的变动也越大，造成加工的不方便。因此，锥度心轴一般只适用于工件定位孔尺寸公差等级高于 IT7，且切削负荷较小的精加工。

(2) 圆柱心轴　在成批生产时，为了避免锥度心轴造成的轴向定位不准确的缺点，可采用圆柱心轴。图 4-16 所示为常见的圆柱心轴。图 4-16a 所示为间隙配合心轴，该圆柱心轴的限位基面一般按 h6、g6 或 f7 制造，与工件孔的配合属于间隙配合。其特点是装卸工件方便，但定心精度不高。为了减少因配合间隙而造成的工件倾斜，工件常以孔与端面组合定位。因此，要求工件定位孔与定位端面、心轴限位圆柱面与限位端面之间都有较高的位置精度。图 4-16b 所示为过盈配合心轴，其包括引导部分 1、工作部分 2 和传动部分 3。引导部分的作用是使工件迅速而准确地装入心轴。引导部分的直径按 e8 制造，工作部分的直径按 r6 制造。当工件定位孔的长度与直径之比 $L/d>1$ 时，心轴的工作部分应略带锥度，此时，工作部分的大端直径按 r6 制造，小端直径按 h6 制造。传动部分的作用是与机床传动装置相连接，传递运动。过盈配合心轴制造简单、定心准确、不用另设夹紧装置，但装卸工件不便，易损伤工件定位孔，因此，多用于定心精度要求高的精加工。

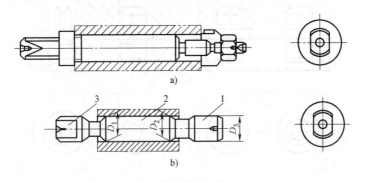

图 4-16 圆柱心轴
1—引导部分　2—工作部分　3—传动部分

（四）组合表面定位

实际生产中经常遇到的工件不是以单一表面作为定位基准面，而是以两个及两个以上的表面组合作为定位基准面。平面作为定位基准，通常根据其限制自由度的数目，分为主要支承面、导向支承面和止推支承面。限制工件的三个自由度的定位平面，称为主要支承面。限制工件的两个自由度的定位平面，称为导向支承面。限制一个自由度的平面，称为止推支承面。

常见的定位表面组合有平面与平面的组合，平面与圆孔的组合，平面与外圆表面的组合等。下面介绍一面两孔的组合定位及特殊表面定位。

1. 工件以一面两孔定位

在加工箱体、连杆和支架类零件时，常用工件的平面和垂直于此平面的两个孔为定位基准组合起来定位，这样易于基准统一，保证工件的位置精度，又有利于简化夹具结构。工件的定位平面一般是已加工的精基准面，两孔可以是工件结构上原有的，也可以是为定位需要而专门精加工的工艺孔。夹具中用于工件一面两销定位的元件组合有两种形式，一种为两个圆柱销和支承板组合，另一种为一个圆柱销、一个菱形销和支承板组合，如图 4-17 所示。

（1）两个圆柱销的定位方案　如图 4-17a 所示，工件以一面两孔在夹具支承板和两个短圆柱销上定位，这种定位是过定位，两销在连心线方向的自由度被重复限制了。过定位的后果是，当工件上两定位孔与定位圆柱销的配合间隙较小，而中心距误差较大时，就会发生装夹工件插销干涉的现象。为解决这一问题，可以采用适当减小其中一个定位销直径的方法。虽然该方法可消除插销干涉的现象，实现工件的顺利装夹，但增大了工件的转角误差，因此只适用于加工要求不高的场合。

（2）一个圆柱销和一个菱形销（削边销）的定位方案　如图 4-17b 所示，两销中的一个定位销采用削边销的形式,沿垂直于两销的连心线方向削边,通常把削边销设计为菱形销结构以提高其强度。这种方法不缩小定位销的直径,也能起到相当于在连心线方向上缩小定位销直径的作用,使中心距误差得到补偿。在垂直于连心线的方向上,由于定位销的直径并未减小,因此,工件的转角误差未发生变化。一个圆柱销、一个菱形销和支承板组合的定位方案有利于保证工件的定位精度,在生产中获得了广泛应用。

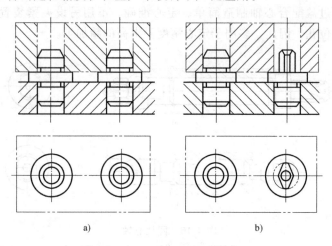

图 4-17 一面两孔组合定位

2. 工件以特殊表面定位

(1) 导轨面的定位 图 4-18 所示为主轴箱孔系加工时的定位简图。两个短圆柱销 1 形成一个定位长销,作为主要定位基准依据,对凹山形导轨进行定位,限制两个移动自由度 ($\vec{x}$、$\vec{z}$) 和两个转动自由度 ($\hat{x}$、$\hat{z}$);长条支承板 2 限制一个移动自由度和一个转动自由度 ($\vec{z}$、$\hat{y}$),挡销 3 限制一个移动自由度 ($\vec{y}$),此处的长支承板为重复定位设置。仅从工件定位的需要来考虑,在平导轨处只需一个简单的支承钉,就可以满足工件限制主轴箱 $\hat{y}$ 自由度的要求,但若考虑到工件的安装稳定性及安装刚性,此处需设计为长支承板定位。若要保证支承板处较为理想的接触,工件的双导轨面必须保证较高的制造精度,否则,在平导轨处极易形成线接触以至点接触。

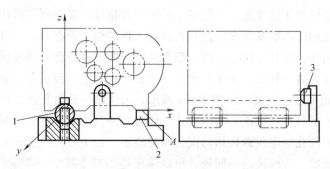

图 4-18 主轴箱孔系加工时的定位简图
1—圆柱销 2—支承板 3—挡销

(2) 齿形面定位 高精度齿轮传动中,要保证齿轮具有较高的传递运动准确性,一般要在淬火后磨内孔和齿的侧面。为保证磨齿侧面时余量均匀,先以齿形面定位磨内孔,再以内孔定位磨齿侧面。

三、定位误差的分析与计算

在机械加工过程中,为保证工件的加工精度,工件加工前必须正确的定位。在设计定位方案时,工件除了正确地选择定位基准和定位元件之外,还应使选择的定位方式所产生的误差在工件允许的误差范围内。因此,需要对定位方式所产生的定位误差进行分析与计算,以确定所选的定位方式是否合理。

1. 影响加工精度的因素

在机械加工中,机床、夹具、工件和刀具构成了一个完整的系统,称为工艺系统。工艺系统中影响工件加工精度的因素很多,与夹具有关的因素有定位误差 Δ_D、对刀误差 Δ_T、夹具的安装误差 Δ_A 和夹具误差 Δ_Z。影响加工精度的其他因素综合称为加工方法误差 Δ_G。上述各项误差均导致刀具相对工件的位置不精确,从而形成总加工误差 $\Sigma\Delta$。

(1) 定位误差 Δ_D 工件在夹具中定位时产生的误差,称为定位误差。

(2) 对刀误差 Δ_T 由于刀具相对于对刀元件或导向元件的位置不准确而造成的加工误差,称为对刀误差。

(3) 夹具的安装误差 Δ_A 由于夹具在机床上的安装不准确而造成的加工误差,称为夹具的安装误差。

(4) 夹具误差 Δ_Z 由于夹具上定位元件、对刀元件(或导向元件)及安装基面三者之间的位置不准确而造成的夹具制造误差,称为夹具误差。

(5) 加工方法误差 Δ_G 由于机床、刀具的精度,工艺系统的受力受热变形等因素造成的加工误差统称为加工方法误差。因该误差影响因素多,又不便于精确计算所以常取工件公差的 1/3。

2. 定位误差的产生原因及其计算

(1) 定位误差产生的原因 定位误差 Δ_D 是由定位引起的同一批工件的工序基准在工序尺寸方向上的最大变化量。定位误差产生的原因有两种:一种是定位基准与工序基准不重合,由此产生基准不重合误差 Δ_B;另一种为定位基准与限位基准不重合,由此产生基准位移误差 Δ_Y。

基准不重合误差 Δ_B 是指由于定位基准与工序基准不重合而造成工序基准对于定位基准在工序尺寸方向上的最大变化量。当工序基准的变动方向与工序尺寸方向相同时,基准不重合误差的大小应等于工序基准与定位基准之间的联系尺寸的公差。

基准位移误差 Δ_Y 是指由于定位副制造误差而造成定位基准对其规定位置的最大变动位移。不同的定位方式,对于基准位移的影响也有区别,基准位移误差 Δ_Y 的计算也不同。

1) 用平面支承定位的 Δ_Y 计算。用平面支承定位,通常情况 $\Delta_Y=0$。如果定位面间存在位置误差,应考虑位置误差对基准位移的影响。

2) 用 V 形块定位的 Δ_Y 计算。当工件在夹具 V 形块上以外圆柱面为定位基面时,如图 4-19 所示,一般认为精密加工的 V 形块两工作面是对称的,即可保证定位基准处于 V 形块的假想对称平面上,则定位基准在水平方向上的位移误差为零,而竖直方向上的位移误差则为图 4-19 中两圆心之间的距离,根据几何关系可知,两圆心之间的距离为

$$\overline{O_1O_2} = \frac{\delta_d}{2\sin\dfrac{\alpha}{2}} \quad (4\text{-}2)$$

式中　α——V 形块的两斜面间夹角（°）；

　　　δ_d——工件直径尺寸误差（mm）。

将基准位移误差 Δ_Y 代入式（4-2），可得用 V 形块定位的 Δ_Y 为

$$\Delta_Y = \frac{\delta_d}{2\sin\dfrac{\alpha}{2}} \quad (4\text{-}3)$$

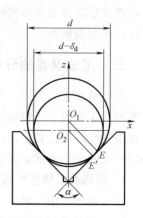

图 4-19　V 形块定位的基准位移误差

3）用定位销或心轴定位的 Δ_Y 计算。如图 4-20 所示，工件以孔在夹具的心轴上定位铣键槽，要求保证尺寸 A 和 B，其中尺寸 B 是由刀具尺寸决定的，而尺寸 A 是由工件相对于刀具的位置决定的。由于工件的定位基准内孔直径 D 和定位心轴直径 d 总有制造误差，且为了使工件内孔易于插销，两者间还留有最小间隙 $x_{\min}$，如图 4-20a 所示，因此，工件的定位基准和定位销中心就不可能完全重合。

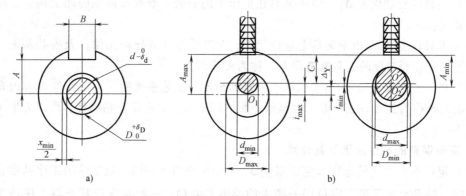

图 4-20　定位销或心轴定位的基准位移误差

用心轴定位加工键槽，孔中心线既是工序基准又是定位基准。如图 4-20b 所示，如果心轴水平安装，在重力等因素的作用下，工件的定位基准内孔将与心轴的上母线接触，从而使工件定位基准位置发生变化，使得加工尺寸 A 因基准位移而产生了误差。其基准位移误差为 $A_{\max}$ 与 $A_{\min}$ 之差，即

$$\Delta_Y = \frac{\delta_D}{2} + \frac{\delta_d}{2} \quad (4\text{-}4)$$

（2）定位误差的计算方法　定位误差是由基准不重合误差 Δ_B 和基准位移误差 Δ_Y 共同作用的结果。定位误差的计算方法有合成法和极限位置法等。

1）合成法。通过基准不重合误差 Δ_B 与基准位移误差 Δ_Y 的合成计算定位误差时，首先判断定位中是否存在基准不重合误差 Δ_B 与基准位移误差 Δ_Y，然后分别计算出 Δ_B 和 Δ_Y，最后将两者合成而得定位误差 Δ_D。

合成时，若不存在基准不重合误差，即 $\Delta_B = 0$，则 $\Delta_D = \Delta_Y$。

若不存在基准位移误差，即 $\Delta_Y=0$，则 $\Delta_D=\Delta_B$。

若工序基准不在定位基面上（工序基准与定位基面为两个独立的面），即 Δ_Y 和 Δ_B 无相关公共变量，则 $\Delta_D=\Delta_Y+\Delta_B$。

若工序基准在定位基面上，即 Δ_Y 和 Δ_B 有相关的公共变量，则 $\Delta_D=\Delta_Y\pm\Delta_B$。

判断式 $\Delta_D=\Delta_Y\pm\Delta_B$ 中"+""-"号的确定方法：首先分析定位基面尺寸由小到大（或由大到小）时，定位基准的变动方向；再分析当定位基准的位置不变动，定位基面尺寸做同样变化时，工序基准的变动方向，若两者变动方向相同时，则取"+"号，反之则取"-"号。

当工件以平面定位，由于一般情况下 $\Delta_Y=0$，所以不存在两项误差的合成问题。当工件以曲面作为定位基准面时，才可能出现两项误差的合成问题。

2）极限位置法。根据定位误差的定义，直接计算出一批工件的工序基准在工序尺寸方向上的相对位置最大位移量，即加工尺寸的最大变动范围。计算时，先画出工件定位时工序基准变动的两个极限位置，再根据几何关系确定工序尺寸的最大变动范围。

第三节　机床夹具夹紧装置设计

一、夹紧装置的组成和基本要求

夹紧装置的基本任务就是保持工件在定位中所获得的既定位置，确保工件在切削力、重力、离心力、惯性力等外力作用下不发生移动，从而保证工件的加工质量和生产安全。

（一）夹紧装置的组成

夹紧装置的结构形式繁多，但夹紧装置的结构总是可分为动力源和夹紧机构两个基本部分。图 4-21 所示为夹紧装置组成示意图，其中，液压缸 1 为动力源，连杆 2 和压板 3 为夹紧机构。

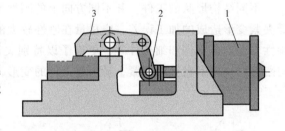

图 4-21　夹紧装置组成示意图
1—液压缸　2—连杆　3—压板

1. 动力源

夹紧力来源于人力或者某种动力装置。如果用人力对工件进行夹紧，称为手动夹紧。如果用各种动力装置产生夹紧作用力进行夹紧，称为机动夹紧。常用的动力装置有气动装置、液压装置、电动装置、气-液联动装置、电磁装置和真空装置等。

2. 夹紧机构

夹紧机构是接收和传递原始作用力使之转变为夹紧力并执行夹紧任务的机构。夹紧机构在传递力的过程中，能根据需要改变原始作用力的方向、大小和作用点。夹紧机构包括中间力传递元件和夹紧元件。中间力传递元件是在动力源与夹紧元件之间传递夹紧力的元件。其主要作用有：改变作用力的大小和方向；夹紧工件后还应具有良好的自锁性能，保证夹紧可靠，尤其在手动夹具中。夹紧元件是执行元件，它直接与工件接触，最终完成夹紧任务。图 4-21 中连杆 2、压板 3 分别为中间力传递元件和夹紧元件。

（二）对夹紧装置的基本要求

1）夹紧时不能破坏工件定位时所获得的正确位置。

2) 夹紧应可靠和适当。既要保证工件在整个加工过程中的位置稳定不变,又要使工件不产生过大的夹紧变形。夹紧力稳定可减小夹紧误差。

3) 夹紧装置的自动化程度和复杂程度应与工件生产批量及工厂条件相适应。

4) 夹紧操作应方便、省力、安全。

5) 夹紧装置应有良好的结构工艺性,便于制造维修,尽量使用标准件。

二、夹紧力的确定

确定夹紧力的方向、作用点和大小三要素时,要分析工件的加工要求、结构特点、切削力和其他外力作用于工件的情况,以及定位元件的结构和布置方式。

(一) 夹紧力方向的确定

1. 夹紧力应朝向主要限位面

对工件只施加一个夹紧力,或施加几个方向相同的夹紧力时,夹紧力的方向应尽可能朝向主要定位基准面,使夹紧力有利于工件的准确定位。如图 4-22 所示,工件在夹具角形支座上定位进行镗孔加工,由于工件上的被镗孔轴线相对工件左端面 A 有一定的垂直度公差要求,因此,工件以左端面 A 为主要定位基准,与角形支座右侧垂直面接触限制工件的三个自由度,工件的底面 B 与角形支座上平面接触,限制两个自由度。因此,不论工件面 A、B 的垂直度公差处于何种精度范围,夹紧力都应朝向主要限位面,有利于保证孔与左端面 A 的垂直度要求。

2. 夹紧力的方向尽量与工件刚度大的方向一致

不同结构形状的工件,其不同方向上的刚性不尽相同。为尽量减小工件的夹紧变形,降低夹紧变形造成的加工误差,应尽量在刚性较大的方向上施加夹紧力。特别是对于那些自身刚性较差的薄壁件和细长件等,更应予以特别关注。图 4-23 所示的薄壁套的轴向刚性比径向刚性好,用卡盘径向夹紧,易引起工件的变形,所以,此类工件常采用轴向夹紧方法。

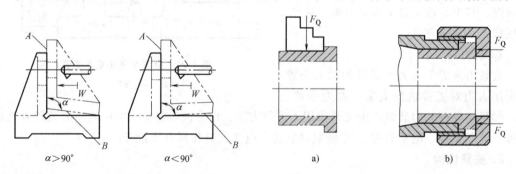

图 4-22 夹紧力的方向朝向主要限位面　　图 4-23 薄壁套筒的夹紧

3. 夹紧力的方向应有利于减小夹紧力

夹紧力和切削力、重力、离心力及惯性力等的方向有多种组合形式。一般来说,切削力、重力、离心力及惯性力等对于夹紧的影响程度各不相同。下面以切削力和重力为主要影响夹紧的因素为例来分析夹紧力的方向。当夹紧力和切削力、工件重力的方向一致时,此时所需夹紧力最小,而当切削力和工件重力与夹紧力的方向相反或由夹紧力所产生的摩擦力夹紧工件时,则所需夹紧力较大。图 4-24 所示为夹紧力与切削力、重力的关系。

当上述三个确定夹紧力的基本要求之间互相矛盾时，夹紧力方向首先应有利于确保加工要求，其次应有利于减少夹紧变形，再次有利于减小夹紧力。

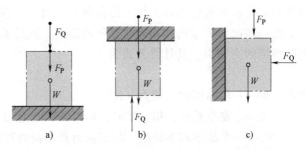

图 4-24　夹紧力与切削力、重力的关系

（二）夹紧力作用点的选择

1）夹紧力作用点应正对支承元件或位于支承元件所形成的稳定受力区内，以保证工件获得的定位不变。如果夹紧力的作用点落在定位元件支承范围之外，将会产生使工件倾覆的力矩，很可能破坏工件的定位。

2）夹紧力作用点应在工件刚性较好的部位，以减小工件的夹紧变形。如图 4-25 所示的薄壁箱体，如果把夹紧力作用点选在工件刚性最差的薄壁空腔顶部的中央，则会造成工件顶面产生较大的夹紧变形；如果把夹紧力作用点设置在工件底部凸缘处，则夹紧所产生的工件变形就很小。若箱体没有凸缘，则可将单点夹紧改为三点夹紧，从而使夹紧力作用点分散到刚性好的箱壁上，可以减小工件的夹紧变形。

3）夹紧力作用点和支承点应尽量靠近切削部位，以提高工件切削部位的刚度和抗振性。如图 4-26 所示，在拨叉上铣两侧面时，由于主要夹紧力的作用点距工件的铣削表面较远，故需要在靠近铣削部位处设置辅助支承，并在辅助支承处对工件的悬臂施加夹紧力，从而提高拨叉的定位稳定性，有利于防止拨叉在铣削力作用下产生振动和变形。

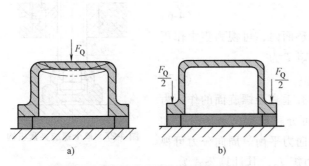

图 4-25　夹紧力作用点与夹紧变形关系

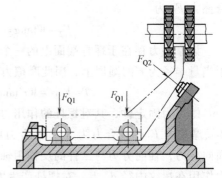

图 4-26　夹紧力作用点与夹紧变形关系

（三）夹紧力大小的估算

夹紧力的大小应使夹紧可靠，其大小应适当。如果夹紧力过小，则夹紧不可靠，在加工过程中工件可能会发生位移而破坏定位。如果夹紧力过大，则可能增大夹紧变形，对加工质量不利。

夹紧力的理论大小应与作用在工件上的切削力、重力、离心力及惯性力等相平衡；但实际上，夹紧力的大小还与工艺系统的刚度、夹紧机构的传递效率等因素有关，且切削力为动态力，所以精确计算夹紧力较为困难。在实际生产中一般采用估算法、类比法和试验法确定所需的夹紧力。

估算夹紧力大小时，一般将夹具和工件视为刚性系统，首先找出对工件夹紧最不利的瞬时状态；接着分析作用在工件上的各种力，列出工件的静力平衡方程，有时为了方便计算，可忽略一些次要因素的作用力对工件的影响；然后求出理论夹紧力，再乘以安全系数，作为实际所需的夹紧力。其计算公式为

$$W = KW_0 \tag{4-5}$$

式中　W——实际所需夹紧力（N）；

　　　K——安全系数，粗加工时，$K=2.5\sim3$，精加工时，$K=1.5\sim2$；

　　　W_0——在最不利夹紧时，与切削力相平衡的理论夹紧力（N）。

三、典型的夹紧机构

夹具的基本夹紧机构已典型化，并已列于夹具图册或夹具设计手册中，供设计者选用或参考，夹具中的其他夹紧机构多由基本夹紧机构演变或者组合而成。常用的典型夹紧机构有螺旋夹紧机构、斜楔夹紧机构及偏心夹紧机构等。

（一）螺旋夹紧机构

由螺钉、螺母、螺栓或螺杆、压板、垫圈等组成的夹紧机构称为螺旋夹紧机构。它具有机构简单、制造方便、夹紧行程不受限制、夹紧可靠等优点。目前螺旋夹紧机构是手动夹具中应用最多的一种夹紧机构。

图 4-27 所示为单个螺旋夹紧机构，它由螺杆、螺母、手柄和摆动压块组成。螺旋可以看作一个斜楔绕在圆柱体上而形成。原始动力为 P，力臂为 l 作用在螺杆上，其力矩 $T=Pl$。工件对螺杆的反作用力有垂直方向反作用力 W（等于夹紧力）、工件对其摩擦力 F_2 为

$$F_2 = W\tan\varphi_2 \tag{4-6}$$

该摩擦力存在于螺杆端面上的一个环面内，可视为集中作用于当量半径为 r' 的圆周上，因此摩擦力矩 T 为

$$T = F_2 r' = W r' \tan\varphi_2 \tag{4-7}$$

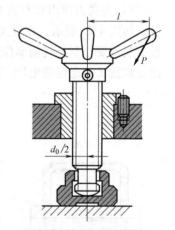

图 4-27　单个螺旋夹紧机构

螺母为固定件，其对螺杆的作用力有垂直于螺旋面的作用力 R 及摩擦力 F_1，其合力为 R_1，该合力可分解成螺杆轴向分力和周向分力，轴向分力与工件的反作用轴向力平衡。周向分力可视为作用在螺纹中径 d_0 上，对螺杆产生力矩 T_2，其计算公式为

$$T_2 = \frac{d_0}{2} W\tan(\alpha+\varphi_1) \tag{4-8}$$

螺杆上的力矩 T、T_1 和 T_2 平衡，即

$$Pl - W\tan(\alpha+\varphi_1)\frac{d_0}{2} - W\tan\varphi_2 r' = 0 \tag{4-9}$$

则

$$W = \frac{Pl}{\dfrac{d_0}{2}\tan(\alpha+\varphi_1) + r'\tan\varphi_2} \tag{4-10}$$

式中　W——夹紧力（N）；

P——原始动力（N）；

l——作用力臂（mm）；

d_0——螺纹中径（mm）；

α——螺旋线导程角（°）；

φ_1——螺母处摩擦角（°）；

φ_2——螺杆端部与工件（或压脚）处摩擦角（°）；

r'——螺杆端部与工件当量摩擦半径（mm）。

螺旋夹紧机构的优点是扩力比可高达 80 以上，自锁性好，结构简单，夹紧可靠，制造方便，夹紧行程不受限制；其缺点是动作慢，辅助时间长，操作强度大。

（二）斜楔夹紧机构

斜楔夹紧机构是最基本的夹紧机构。斜楔夹紧机构是利用楔块上的斜面移动产生的压力来直接或间接将工件夹紧的机构。如图 4-28 所示，斜楔夹紧机构用于工件上互相垂直两孔的钻削，装入工件 2，人工楔入斜楔 3，使工件夹紧，加工结束后，人工退出斜楔 3，使工件 2 松开。

斜楔夹紧机构的优点是结构简单，有一定的扩力作用，可以方便地改变力的方向，缺点是角 α 较小，行程较长，操作不方便。斜楔夹紧机构多用于机动夹紧，且工件毛坯质量较高的场合。

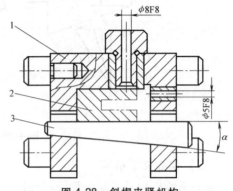

图 4-28　斜楔夹紧机构
1—夹具体　2—工件　3—斜楔

斜楔主要是利用其斜面移动时产生的压紧力夹紧工件的。图 4-29 所示为斜楔的受力分析。以斜楔为研究对象，斜楔受到工件对它的反力 F_W 和摩擦力 F_1，还受到夹具体对它的反力 F_N 和摩擦力 F_2。斜楔与工件之间的摩擦角为 φ_1，斜楔与夹具体之间的摩擦角为 φ_2。

图 4-29a 所示为斜楔夹紧工件的状态，根据静力平衡可得

$$F_Q = F_1 + F_{RX} \tag{4-11}$$

其中，$F_1 = F_W \tan\varphi_1$；$F_{RX} = F_W \tan(\alpha+\varphi_2)$。

因此，斜楔夹紧时所产生的夹紧力为

$$F_W = \frac{F_Q}{\tan\varphi_1 + \tan(\alpha+\varphi_2)} \tag{4-12}$$

令 $\varphi_1 = \varphi_2 = \varphi$，当 $\alpha \leq 10°$，可得近似计算公式为

$$F_W = \frac{F_Q}{\tan(\alpha+2\varphi)} \tag{4-13}$$

图 4-29b 所示为斜楔夹紧工件时自锁的状态，此状态为在工件夹紧后撤去夹紧力 F_Q 后斜楔的受力状态，根据斜楔自锁条件，可得

$$F_1 > F_{RX} \tag{4-14}$$

其中，$F_1 = F_W \tan\varphi_1$；$F_{RX} = F_W \tan(\alpha-\varphi_2)$。

则

$$\tan\varphi_1 > \tan(\alpha-\varphi_2) \tag{4-15}$$

即

$$\alpha < \varphi_1 + \varphi_2 \qquad (4\text{-}16)$$

由上述计算可知，斜楔自锁需满足斜楔升角 α 小于斜楔与工件之间的摩擦角和斜楔与夹具体之间的摩擦角之和的条件。

一般 $\varphi_1 = \varphi_2 = \varphi = 5° \sim 7°$，所以当 $\alpha < 14°$ 时斜楔自锁。为了保证自锁可靠，一般手动夹紧机构取 $\alpha = 6° \sim 8°$，机动夹紧机构取 $\alpha \leqslant 12°$。

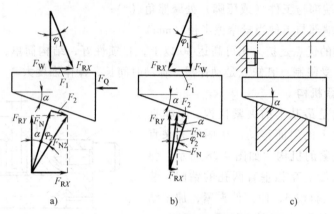

图 4-29 斜楔的受力分析

（三）偏心夹紧机构

偏心夹紧机构是靠偏心轮回转时其半径逐渐增大而产生夹紧力来夹紧工件的。如图 4-30 所示，偏心夹紧机构包括垫板、手柄、偏心轮、轴、压板、弹簧、螺栓和螺母及垫圈。加工开始前，安装好工件后，压板和偏心轮组件向左移动至夹紧位置，顺时针转动偏心轮夹紧工件，加工完成后，逆时针转动偏心轮松开工件，压板和偏心轮组件向右移动至让料位置，装

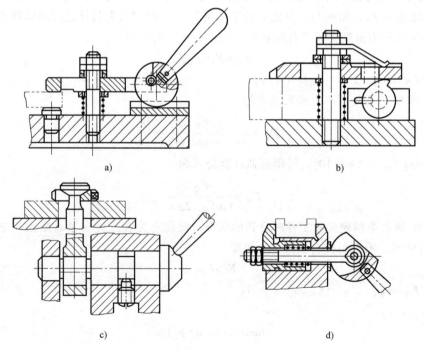

图 4-30 偏心夹紧机构

卸工件。其中螺栓、弹簧、螺母及垫片组件，一批工件调整一次，调整后锁紧螺母保持位置固定。偏心夹紧机构操作方便、夹紧迅速，但夹紧力和行程较小，一般用于切削力不大、振动小、夹压面公差小的情况。

偏心夹紧原理与斜楔夹紧机构依斜面高度增高而产生夹紧相似，只是斜楔夹紧的楔角不变，而偏心夹紧的楔角是变化的。图 4-31 所示为偏心夹紧原理，不同位置的楔角计算公式为

$$\alpha = \arctan \frac{e\sin\gamma}{R-e\cos\gamma} \tag{4-17}$$

式中　α——偏心轮的楔角（°）；
　　　e——偏心轮的偏心距（mm）；
　　　R——偏心轮的半径（mm）；
　　　γ——偏心轮作用点 X 与起始点之间的圆心角。

当 $\gamma = 90°$ 时，偏心轮的楔角接近最大值，即

$$\alpha_{\max} = \arctan \frac{e}{R} \tag{4-18}$$

根据斜楔自锁条件，偏心轮工作点 P 处的楔角 $\alpha = \varphi_1 + \varphi_2$，这里 φ_1 为轮周作用点处的摩擦角，φ_2 为转轴处的摩擦角。不考虑转轴处的摩擦，并考虑不利的情况。偏心轮夹紧的自锁条件为

$$\frac{e}{R} \leqslant \tan\varphi_1 = \mu_1 \tag{4-19}$$

式中　μ_1——轮周作用点处的摩擦因数。

偏心夹紧的夹紧力 F_W 的计算公式为

$$F_W = \frac{F_Q L}{\rho[\tan\varphi_1 + \tan(\alpha_p + \varphi_2)]} \tag{4-20}$$

式中　F_W——夹紧力（N）；
　　　F_Q——作用在手柄上的原始力（N）；
　　　L——原始作用力的力臂（mm）；
　　　ρ——转动中心到原始力作用点间的距离（mm）。

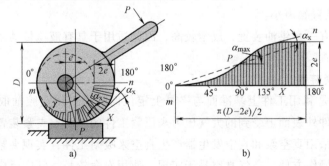

图 4-31　偏心夹紧原理

四、夹紧装置的动力装置

手动夹紧装置在各种生产规模中都有广泛应用，但手动夹紧动作慢，劳动强度大，夹紧

力波动范围较大。在大批大量生产中往往采用机动夹紧装置,如气动、液动、电磁和真空夹紧装置。机动可以克服手动夹紧的缺点,减少装夹时间,有效提高生产率,有利于实现自动化加工。

(一) 气动夹紧装置

气动夹紧装置采用压缩空气作为夹紧装置的动力源。由于压缩空气具有黏度小、污染小、易制备等优点,使得气动夹紧装置的应用越来越广泛。气动夹紧装置的夹紧力基本恒定,夹紧动作迅速;但是气动夹紧装置的夹紧力比液压的夹紧力小,而且夹紧刚度差。图4-32所示为典型气动传动系统,其主要元器件包括油雾器、减压阀、单向阀、换向阀、调速阀、压力表和气缸,其中,气缸为执行元件,单向阀和换向阀为控制元件。气压传动系统各组成元件的结构尺寸都已标准化和系列化,设计时可查阅相关资料和设计手册,气压传动系统的设计需要根据机床、夹具和生产环境等因素来确定。

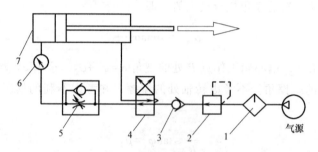

图 4-32 典型气动传动系统
1—油雾器 2—减压阀 3—单向阀 4—换向阀 5—调速阀 6—压力表 7—气缸

(二) 液压夹紧装置

液压夹紧装置利用压力油作为夹紧装置的动力源。液压夹紧装置的工作原理和结构基本上与气动夹紧装置相似,也必须具有油路控制元件和执行元件。

它与气动夹紧装置相比有下列优点:

1)压力油工作压力较高,因此液压缸尺寸小,不需增力机构,夹紧装置紧凑。
2)压力油具有不可压缩性,因此夹紧装置刚度大、夹紧可靠。
3)液压夹紧装置噪声小。

其缺点是需要有一套供油装置,成本较高,因此适用于具有液压传动系统的机床和切削力较大的场合。

(三) 真空夹紧装置

真空夹紧装置是利用工件上基准面与夹具上定位面间的封闭空腔抽取真空后来吸紧工件,也就是利用工件外表面上受到的大气压力来压紧工件的。真空夹紧装置用于产生真空的介质为空气,一般采用真空泵和真空发生器产生真空来吸附工件,实现夹紧工件。真空夹紧装置的结构简单,操作方便,空气真空易于实现,使用寿命较长,已广泛应用于消费电子产品制造、轻工机械、医疗机械、食品机械、包装机械等领域。真空夹紧装置特别适用于夹紧由铝、铜及其合金、塑料等非导磁材料制成的具有较光滑表面薄板形或薄壳形工件。图4-33所示为一种真空夹紧装置。图4-33a所示为未夹紧状态,此时工件与定位元件及弹性密封圈2之间形成封闭腔1,抽气口3所外接的真空发生装置未工作。图4-33b所示为夹紧状态,此时，抽气口 3 所外接的真空发生装置工作，将封闭腔 1 及定位元件内腔的气体抽空，形成工件上下表面的气压差，将工件夹紧到定位元件上。

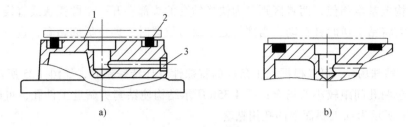

图 4-33　真空夹紧装置

1—封闭腔　2—弹性密封圈　3—抽气口

（四）电磁夹紧装置

如平面磨床上的电磁吸盘，当线圈中通上直流电后，其铁心就会产生磁场，在磁场力的作用下将导磁性工件夹紧在吸盘上。电磁夹紧加工后的工件一般需要做消磁处理。

第四节　机床夹具的其他装置

一、导向装置

刀具的导向装置通过对刀具的引导作用，确保刀具与被加工孔的相对位置准确，有利于保证孔的位置精度。刀具的导向装置通过对刀具的支承作用，提高刀具刚度，有利于减小刀具的变形，保证孔加工精度。

（一）钻孔的导向装置

钻床夹具中钻头的导向采用钻套，钻套有固定钻套、可换钻套、快换钻套和特殊钻套四种。其中，固定钻套、可换钻套和快换钻套已标准化，如图 4-34 所示。图 4-34a 所示为固定钻套，其直接压入钻模板或夹具体的孔中，与钻模板或夹具体之间采用过盈配合。固定钻套的结构简单，位置精度高，但磨损后不易更换。由于固定钻套的内孔直径为固定值，因此适合于中、小批生产中钻特定孔的情况。图 4-34b 所示为可换钻套。首先将衬套以过盈配合固

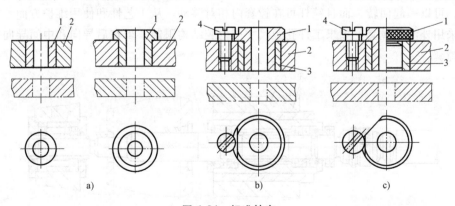

图 4-34　标准钻套

1—夹具体　2—钻套　3—衬套　4—螺钉

定在钻模板或夹具体上,再采用间隙配合将可换钻套装入衬套中,接着用螺钉限制钻套的周向和轴向位置。可换钻套更换方便,适用于中批以上生产。图 4-34c 所示为快换钻套。其与可换钻套结构上基本相似,两者区别仅为快换钻套的头部多开一个圆弧状或直线状缺口。换钻套时,只需将钻套逆时针转动,当螺钉处于缺口位置时,即可拆卸钻套,进行更换,换套方便迅速。

对于一些特殊场合,可以根据加工条件的特殊性设计特殊钻套,如图 4-35 所示。图 4-35a 所示结构用于两孔间距较小的场合;图 4-35b 所示结构使钻套更贴近工件孔,可改善导向效果;图 4-35c 所示为加工斜面上的孔用钻套。

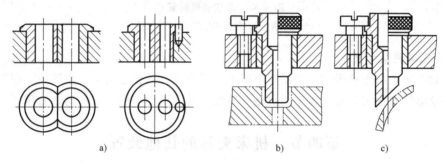

图 4-35 特殊钻套

(二) 镗孔的导向装置

镗削加工箱体内孔系时,如果该孔系的位置精度可由机床及加工工艺系统保证,则机床夹具不需另设镗孔导向装置;如果该孔系的位置精度不能由机床及加工工艺系统保证,则机床夹具需另设镗孔导向装置来引导和支承刀具,孔系的位置由镗模及其上镗套的位置来决定。

镗套有两种形式,一种是固定镗套,另一种为回转式镗套。固定镗套与快换钻套的结构形式相似,在切削加工中,镗杆相对于固定镗套既有旋转运动,又有轴向移动。为了防止镗杆与固定镗套之间快速磨损,一般镗杆的转速较低。

图 4-36 所示为一根镗杆上采用两种回转式镗套的结构。图 4-36 中左端为内滚式镗套,镗套 2 固定在导向支架 1 上,镗杆 4、轴承和导向滑动套 3 在固定镗套 2 内可轴向移动,镗杆可转动。图 4-36 中右端为外滚式镗套,镗套 5 装在轴承内孔上,镗杆 4 右端与镗套为间隙配合,可以一起回转,而且镗杆可在镗套内相对移动。从工艺性和使用维护方面考虑,一般建议采用外滚式镗套,如果工件孔距尺寸或内腔结构限制,可在后导向和中间导向处采用内滚式镗套。

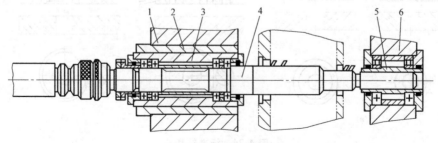

图 4-36 回转式镗套
1、6—导向支架 2、5—镗套 3—导向滑动套 4—镗杆

二、对刀装置

在铣床或刨床夹具中,为了快速、准确地调整刀具相对于工件的距离,节约对刀时间,一般需要设置对刀装置。当完成工件装夹需要对刀时,移动机床工作台,使刀具靠近对刀块,在刀具切削刃与对刀块间塞进一规定尺寸的塞尺,让切削刃轻轻靠紧塞尺,抽动塞尺感觉到有一定的摩擦力存在,这样确定刀具的最终位置,抽走塞尺,就可以开动机床进行加工。使用对刀装置对刀,具有操作简单、速度快等优点。常用的对刀块和塞尺可选用已标准化的,特殊形式的对刀块可以自行设计。

图 4-37 所示为几种常见的对刀装置。图 4-37a 所示为铣顶面时的对刀装置;图 4-37b 所示为铣侧面时的对刀装置;图 4-37c、d 所示为铣成形面时的对刀装置。对刀块对刀表面的位置应以定位元件的定位表面来标注,以减小基准转换误差。

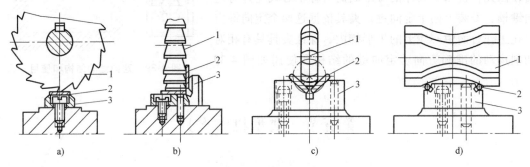

图 4-37 铣床对刀装置
1—铣刀 2—塞尺 3—对刀块

三、分度装置

如需一次装夹后加工出工件上按一定角度分布的相同表面,则需要在夹具上设置分度装置。分度装置包括等分机构和分度对定机构。等分机构使夹具的旋转角度与工件上的角度分布一致。分度对定机构是使每次转过的角度固定。图 4-38 所示为几种分度对定机构。

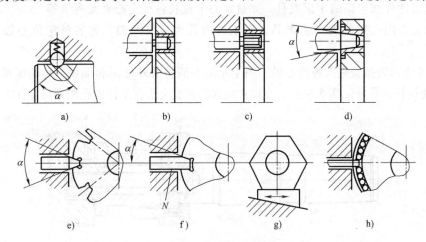

图 4-38 分度对定机构
a) 钢球对定 b) 圆柱销对定 c) 菱形销对定 d) 锥销对定
e) 双斜面楔形槽对定 f) 单斜面楔形槽对定 g) 正多面体对定 h) 滚柱对定

除了在夹具上设置分度装置外，还可以把夹具安装在通用的回转工作台上来实现分度，但分度精度要低一些。

四、对定装置

夹具在机床上的安装有两种基本形式：一种是安装在机床工作台上，如铣床、刨床和镗床夹具；另一种是安装在机床主轴上，如车床夹具。为了保证夹具（含工件）相对于机床主轴（或刀具）、机床运动导轨有准确的位置和方向，夹具需要设置与机床定位的对定装置。对定装置必须依据相应机床的安装基面的形式和基准进行设计。

如铣床工作台设置了平行工作台运动方向的定位键槽，因此，铣床夹具体的底平面的对称中心线上开有定向键槽，安装上两个定向键，夹具依据这两个定向键定位在工作台面中心线上的T形槽内，保证夹具具有相对切削运动的准确方向。定向键的结构和使用如图4-39所示。

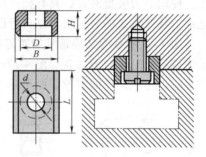

图4-39　定向键的结构和使用

第五节　典型机床夹具

一、车床夹具

安装在车床上用于加工工件的内外回转面及端面的夹具称为车床夹具。车床夹具大多数安装在车床主轴上，少数安装在车床的床鞍或床身上。

（一）车床夹具的种类

安装在车床主轴上的夹具，根据被加工工件定位基准和夹具的结构特点，分为以下四类：

1）以工件外圆定位的车床夹具，如自定心卡盘及各种定心夹紧夹头等。

2）以工件内孔定位的车床夹具，以工件内孔为定位基面，如各种定位心轴、弹性心轴等。

图4-40所示为弹簧夹头弹性心轴，用于车削手柄座的外球面和端面。转动螺母2通过传动销1推动拉杆3带着锥塞5左移，心轴4端部的弹簧夹头在工件内孔胀开将工件定心夹紧。

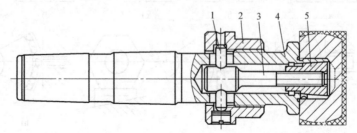

图4-40　弹簧夹头弹性心轴
1—传动销　2—螺母　3—拉杆　4—心轴　5—锥塞

3）以工件顶尖孔定位的车床夹具，如顶尖、拨盘等。

4）用于加工非回转体的车床夹具，如角铁和花盘式夹具。

图 4-41 所示为角铁车床夹具，用于镗削轴承座内孔。轴承座在夹具上采用一面两销定位方式，使用两组螺旋压板 4 将其夹紧。导向套 6 用来引导加工孔的刀具，以提高刀杆刚度。配重块 7 用于消除回转时质量偏心造成的不平衡。夹具体 3 上设置有轴向定程基面用来控制刀具的轴向行程。夹具体 3 通过止口和过渡盘与机床主轴连接。

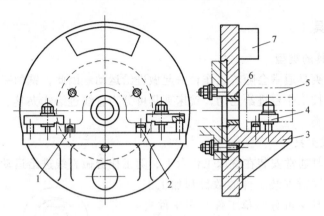

图 4-41 角铁车床夹具

1—削边销　2—圆柱销　3—夹具体　4—螺旋压板　5—工件　6—导向套　7—配重块

（二）设计要点

1. 定位装置的设计

车床夹具主要用来加工回转体表面，夹具定位装置的结构需满足工件加工表面的轴线与车床主轴的回转轴线必须重合的要求。对于盘套类或其他回转体工件，为使工件的定位基面、加工表面和车床主轴三者轴线重合，常采用心轴或定心夹紧夹具；对于壳体、支架等形状复杂的工件，定位装置主要是保证定位基准与车床主轴回转轴线具有正确的尺寸和位置关系，多采用花盘式、角铁式车床夹具。

2. 夹紧装置的设计

车削工件时，工件和夹具随同主轴一起做旋转运动。在车削加工过程中，工件除了受切削力、重力外，还有离心力的作用。因此，要求车床夹具的夹紧装置必须产生足够的夹紧力，且具有良好自锁性，以防止工件在加工过程中脱离定位元件。

3. 夹具的平衡设计

车床夹具高速回转，若不平衡，由于离心力，会产生振动，影响零件的加工精度和零件的表面质量，降低刀具寿命。因此，设计车床夹具时，特别是角铁式、花盘式等结构不对称的车床夹具，必须采取平衡措施。平衡措施有两种：一种是在较轻的一侧加平衡块；另一种是在较重一侧设计减重孔。

4. 与机床的连接设计

车床夹具的回转精度主要取决于夹具在车床主轴上的连接精度。根据车床夹具径向尺寸的大小，其在机床主轴上的安装一般有两种方式。对于径向尺寸 $D<140\text{mm}$ 或 $D<3d$ 的小型夹具（d 为锥柄大端直径），一般通过莫氏锥柄直接安装在车床主轴锥孔中，并使用拉杆拉

紧。对于径向尺寸较大的夹具，通过过渡盘与车床主轴前端连接。

5. 总体结构设计

由于车床夹具多采用悬臂安装，因此，应尽量缩短夹具的悬伸长度，使重心靠近主轴，以减少主轴的弯曲载荷，保证加工精度。车床夹具一般在高速回转状况下工作，因此，应尽可能将夹具外形设计成圆柱状，还应尽量减小夹具的外形尺寸，减小离心力和回转力矩对加工的影响。

二、铣床夹具

（一）铣床夹具的类型

铣削加工中，夹具通常会随着工作台一起做进给运动。因此，铣削夹具的结构常取决于铣削的进给方式。按工作台进给运动，铣床夹具可分为直线进给式夹具、圆周进给式夹具和仿形进给式夹具三类。

1. 直线进给式夹具

直线进给式夹具通常安装在铣床工作台上，随工作台做直线进给运动，是最常见的铣床夹具。按照夹具中同时安装工件的数目和加工工位，直线进给式夹具又可分为单工件与多工件夹具，或单工位与多工位夹具。

图 4-42 所示为直线进给拨叉铣床夹具。工件以孔和端面为基准在心轴 3 上定位，同时用固定支承 5 限制工件绕心轴 3 的转动自由度。开口垫圈 2 在螺母 1 的作用下夹紧工件，开口垫圈 2 可实现工件的快速装卸。更换安装刀具时，可通过对刀块 6 实现快速刀具位置调整。

2. 圆周进给式夹具

圆周进给式夹具通常用在具有回转工作台的立式铣床上。工作台同时安装多套相同的夹具，或多套粗、精两种夹具，一般采用连续进给，生产率较高，一般用于大批大量生产。

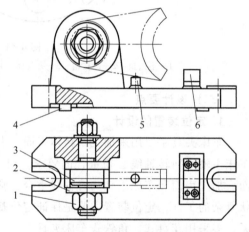

图 4-42 直线进给拨叉铣床夹具
1—螺母 2—开口垫圈 3—心轴
4—定位键 5—固定支承 6—对刀块

图 4-43a 所示为圆周进给式铣床夹具简图。图 4-43b 所示为拨叉加工工序图。转台 5 带动拨叉依次进入切削区，加工好后进入装卸区（非切削区）被取下，并装入新的待加工工件。

3. 仿形进给式夹具

仿形进给式夹具用于加工曲线轮廓的工件，常见于立式铣床。在机床基本进给运动的同时，由仿形机构获得一个辅助的进给运动，通过两个运动的合成可加工出曲线轮廓表面。

（二）设计要点

1）由于铣削加工是断续切削，且加工余量较大，所以不仅切削力较大，而且切削力的大小和方向是不断变化的，致使铣削过程产生切削振动；在大批量生产中又往往采用多工件、多工位加工。因此，铣床夹具要有足够的夹紧力，夹紧机构的受力元件和夹具体要有足够的强度和刚度。

2）从提高夹具的刚度出发，工件待加工表面应尽量不超出机床工作台面范围；尽量降

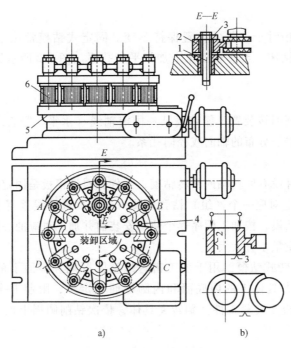

图 4-43 圆周进给式铣床夹具
1—拉杆 2—定位销 3—开口垫圈 4—挡销 5—转台 6—液压缸

低夹具高度。

3) 应防止工件在加工过程中因振动造成夹紧松脱,采用自锁原理的夹紧机构应该具有足够的自锁能力,或采用始终保持机动夹紧力的方法来保证夹紧的可靠。

4) 为获得较大的夹紧力,夹紧装置中尽可能采用扩力机构;对于较大工件和切削力较大时,应尽量采用机动夹紧。

5) 在铣削工件刚度薄弱部位时,如较大悬伸处的表面、大面积薄壁处表面等,应在靠近被加工处增设辅助支承和夹紧点。

6) 以工件毛坯面为定位面时,为使定位稳定、可靠,应适当增设辅助支承。

7) 铣床夹具一般均设置对刀装置,用以保证加工前刀具与工件处于正确的位置。对刀装置应设置在使用塞尺方便又利于观察的位置,并应处于刀具开始切入工件的一端。

8) 铣床夹具一般应设置定向键,用以保证工件与刀具轴线、工件与进给运动方向之间的位置精度。定向键一般与工作台上 T 形槽配合,用 T 形槽螺钉来固定夹具。

9) 铣床夹具加工中切屑量较大,特别是粗铣,因此夹具结构上要易于排屑,并具有足够的排屑和容屑空间。

三、钻床夹具

钻床夹具通常用于孔的钻、扩、铰工序加工。在实际生产中,除了在数控钻床、镗铣床和加工中心机床上钻孔使用的夹具外,钻床夹具一般都设有刀具导向装置,即钻套。钻套安装在钻模板上,故习惯上把钻床夹具称为钻模。

(一) 钻模的结构类型

钻模从结构上可分为固定式钻模、回转式转模、翻转式钻模、盖板式钻模和滑柱式钻模等。

1. 固定式钻模

加工中这种钻模相对于工件的位置保持不变。固定式钻模常用于立式钻床上加工较大的单孔，或在摇臂钻床、或多轴钻床上加工平行孔系。图4-2所示钻床夹具即为固定式钻模。

2. 回转式钻模

回转式钻模有分度回转装置，能够绕某一固定轴线（水平、竖直或倾斜）回转，主要用于加工以某轴线为中心分布的轴向或径向孔系。

3. 翻转式钻模

翻转式钻模是一种没有回转轴的回转钻模，工件相对钻模板是固定的，工件上每个方向的孔（孔系）在夹具上对应一个（组）钻套以及一个与孔系轴线垂直的安装面。在使用过程中，需要手工翻转钻模，按加工顺序逐个使用安装面并加工对应的一组孔。因此，翻转式钻模及其上的工件的质量不宜太大。

图4-44所示为翻转式钻模，用于加工密封螺塞圈圆周和端面上的6个孔。工件以端面和外圆为基准，在夹具体1的内底面和内圆柱面上定位，限制五个自由度。手动拧紧滚花螺母，由钩形压板3夹紧工件。翻转夹具体，依次钻削圆周上的3个孔和端面上的3个孔。

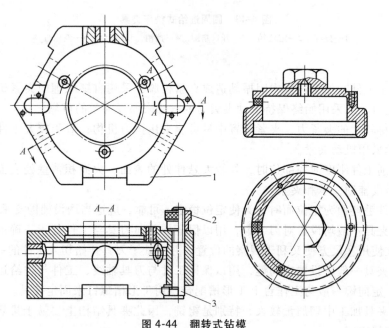

图 4-44 翻转式钻模
1—夹具体 2—滚花螺母 3—钩形压板

4. 盖板式钻模

盖板式钻模没有夹具体，钻套、定位和夹紧元件一般都固定在钻模板上，使用时将其覆盖在工件上，定位夹紧后即可加工。它适用于中批以下的大件、笨重件在摇臂钻床上加工孔。图4-45所示为盖板式钻模。钻模以圆柱和钻模板端面在工件上定位，通过拧动滚花螺钉2挤压钢球3，钢球3同时挤压推动三个径向分布的滑柱5沿径向伸出，在工件内孔中涨紧，从而使钻模夹紧在工件上。

5. 滑柱式钻模

滑柱式钻模是一种带有升降钻模板的通用可调夹具。通过钻模板的升降，滑柱式钻模可以适应不同尺寸的工件，或便于工件的装卸，或同时实现定位和夹紧。它适用于不同生产类型的中小型工件上一般精度的孔加工。滑柱式钻模的夹具体、滑柱、锁紧机构和钻模板等结构已标准化并形成系列。使用时，只需根据工件的形状、尺寸和定位夹紧要求，设计制造与之相配的专用定位、夹紧装置和钻套，并将其安装在夹具体上，便可组成一个滑柱式钻模。

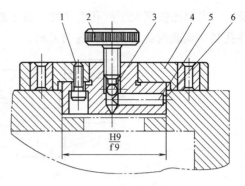

图 4-45 盖板式钻模

1—螺钉 2—滚花螺钉 3—钢球
4—钻模板 5—滑柱 6—锁圈

（二）钻模板的形式

钻模板通常装配在夹具体或支架上，或与夹具上的其他元件相连接。钻模板用于安装钻套，并确保钻套在钻模上的正确位置。考虑到工件的大小，操作空间和工件的装卸方便一般采用如下方式：固定式、铰链式、分离式（盖板式）、悬挂式和可调式。

四、镗床夹具

镗削加工用到的夹具按是否有刀具导向装置（即导套）可分为两类。对能够由机床和刀具保证加工孔的位置、镗刀回转精度和刀杆刚度的镗削，其夹具没有导套，如在数控铣床、数控镗床、加工中心机床、坐标镗床、金刚镗床（高速细镗）上镗孔。除此以外，在镗孔时一般在夹具上设置镗套，由镗套保证加工孔的位置精度、刀具的回转精度和刀杆刚度，如在钻床、铣床、车床、普通镗床和专用机床上镗孔。镗床夹具主要一般指设置了镗套的镗床夹具，习惯上称其为镗模。

（一）镗模导向支架的布置形式

根据镗套的布置形式不同，分为单面前导向镗模、单面后导向镗模、单面双导向镗模和双面单导向镗模。

1. 单面前导向镗模

单面前导向镗模的刀具导向支架设置在刀具远离机床主轴的一端。图 4-46 所示为单面前导向镗孔，主轴与镗杆刚性连接，主要用于加工 $D>60\mathrm{mm}$，$L/D<1$ 的通孔，或小型箱体上同轴线的几个通孔。单面前导向形式便于装卸工件和更换刀具、观察加工和测量尺寸。其缺点是装卸工件时，刀具的引进和退出行程较长，加工时切屑容易带入镗套中。

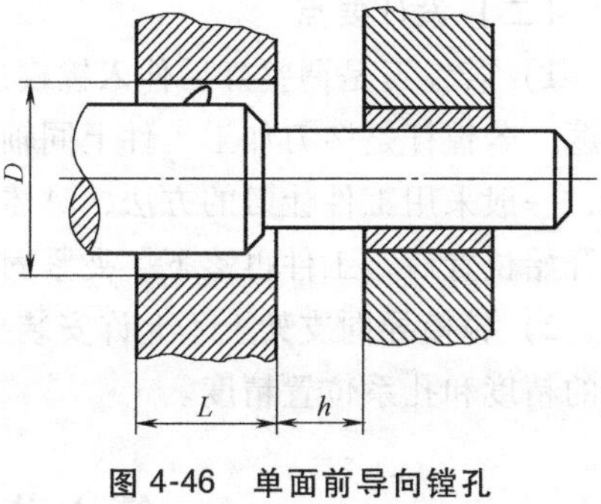

图 4-46 单面前导向镗孔

2. 单面后导向镗模

单面后导向镗模的刀具导向支架设置在刀具近机床主轴的一端。图 4-47 所示为单面后导向镗孔，主要用于加工 $D<60\mathrm{mm}$ 的不通孔，或通孔但无法设置前导向的场合。主轴与镗杆刚性连接，装卸工件和更换刀具方便。如图 4-47a 所示，当镗孔长度小于镗孔直径时，可使镗杆的导向段直径大于工件孔径，此时镗杆的刚性较好，且镗刀易于穿过镗套。如图 4-47b

所示，当镗孔长度大于镗孔直径时，为了减少镗杆的悬伸量，可使镗杆的导向段直径小于工件孔径，但此时镗套内应设置引刀槽。

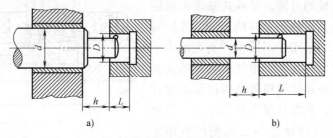

图 4-47　单面后导向镗孔

3. 单面双导向镗模

单面双导向镗模上刀具近机床主轴的一端有两个引导镗杆的支承。单面双导向形式吸取了单面导向换刀、观察、测量和装卸工件方便的优点，镗床的主轴和镗杆采用浮动连接，消除了机床主轴回转误差对镗孔精度的影响，镗孔的位置精度由镗模的制造精度来保证。由于镗杆呈悬臂支承方式，一般伸出长度不大于镗杆直径的 5 倍。

4. 双面单导向镗模

双面单导向镗模在工件两边均布置了单导向支承。图 4-48 所示为双面单导向镗孔，其主要适用于加工 $L > 1.5D$ 的通孔，同轴线上的几个短孔，以及有较高同轴度或中心距要求的孔系。双面单导向形式常用于箱体上精密孔系加工。镗杆与主轴浮动连接，孔的精度与孔系相互位置精度全由镗

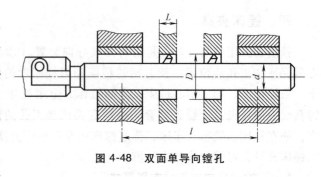

图 4-48　双面单导向镗孔

套保证。当双面单导向支承距离大于镗杆直径的 10 倍时，一般还应在中间适当位置再加一个导向镗套及其支架。

（二）设计要点

1）若镗刀是调整好后伸入镗模进行加工的，必须注意镗刀从镗套中穿过时的刀具引入问题。若镗杆是多刀加工工件上同轴线的多孔情况，必须注意刀具从未加工底孔中穿过的问题，一般采用工件让刀的方法，具体是刀尖都准停在刀杆上部，将工件先抬高，刀具进入加工开始位置后，工件再落下，夹紧固定。

2）镗模导向支架上不允许安装夹紧元件及其机构，防止导向支架受力变形，影响加工孔的精度和孔系位置精度。

第六节　机床夹具设计方法

一、夹具设计的基本要求

1）保证工件的加工精度。该项要求是夹具设计的最基本要求，决定了夹具是否能用。

工件的加工精度主要指被加工工件的几何精度，特别是位置精度以及与位置相关的尺寸精度。因此，夹具设计应有合理的定位方案、夹紧方案和导向方案，合理制订夹具的技术要求，必要时应进行误差的分析与计算。

2）夹具的总体方案应与生产纲领相适应。夹具结构形式与其生产效率直接相关，在大批大量生产时，应尽量采用各种快速和高效结构，以缩短辅助时间，提高生产率。小批量生产中，则要求在满足夹具功能的前提下，尽量使夹具结构简单、易于制造。对介于大批大量和小批量生产之间的各种生产规模，可根据经济性原则选择合理的结构方案。

3）使用性好。夹具的操作维护应安全方便，有利于减轻操作者的劳动强度。夹具操作位置应符合操作者的习惯，必要时应设置安全保护装置，工件的装卸要方便，夹紧要省力，排屑要顺畅。

4）经济性好。应尽量采用标准元件和组合件，专用零件的结构工艺性要好，不仅有利于夹具的制造、装配和维修，还可缩短夹具设计制造周期，降低夹具制造成本。

二、夹具设计的步骤

（一）设计准备

1）根据设计任务书，掌握工序加工内容和加工要求，分析研究被加工零件的作用、结构特点、材料特性、技术要求和难点等；了解被加工零件的加工工艺过程；了解配套机床的性能、规格和运动情况，掌握与夹具连接部分的结构和尺寸；了解使用单位的基本工况条件；明确生产纲领，构思与生产纲领相适应的多种方案，必要时还要了解同类零件所使用夹具的情况作为参考。

2）收集有关资料，包括夹具零部件设计的国家标准、行业标准、企业标准；同类夹具的典型结构、夹具设计手册、夹具图册等资料。

（二）拟定夹具总体方案

设计方案的确定是一项十分重要的设计程序，方案的优劣往往决定了夹具设计的成败。为使设计的夹具先进、合理，一般应拟定几种结构方案，进行分析比较，从中确定结构简单可行、经济合理的方案。

1）确定工件的定位方法及定位元件的结构，定位元件尽可能选用标准件，必要时可在标准元件结构基础上做一些修改，以满足具体设计的需要。

2）确定工件的夹紧方式和夹紧力的方向及作用点的位置，设计夹紧机构，计算夹紧力。夹紧可以用手动、气动、液压或其他力源形式。对于气动、液压夹具，应考虑气（液压）缸的形式、安装位置、活塞杆长短等。

3）确定刀具的对刀、导向方式，选择对刀、导向元件。

4）确定分度机构、顶出装置等其他机构，最后设计夹具体，将各种元件和机构有机地连接在一起。

5）工序精度分析。根据误差不等式关系检验所规定的精度是否满足本工序加工技术要求，若不满足则应分析可能的原因，采取必要的调整措施，然后重新分析计算精度。

（三）绘制夹具装配图

夹具装配图应能清楚地展示出夹具的工作原理、整体结构和各元件之间的相互关系。主视图应表达出夹具在机床上实际工作时的位置。夹紧机构应处于"夹紧"位置上。要正确选择必要的视图、剖面、剖视以及它们的配置。尽量按1∶1的比例绘制。基本步骤如下：

1）首先用细双点画线将工件的外形轮廓、加工表面、定位基面及夹紧表面绘制在各个视图的相应位置上。注意工件轮廓是假想的透明体，不会挡住夹具上的任何线条。

2）依次绘制定位元件、导向（对刀）元件、夹紧装置、其他辅助元件的结构及夹具体。

3）标注轮廓尺寸、装配尺寸、检验尺寸及其公差和技术要求等。

4）编制夹具标题栏和明细栏。

（四）绘制夹具零件图

对夹具装配图中的非标准零件均应绘制零件图，如夹具体等。视图尽可能与装配图上的位置一致，零件的尺寸、形状及位置精度、表面粗糙度和技术要求等要标注完整。

（五）完善夹具装配图

夹具的零件图绘制完毕后，需要进一步完善夹具装配图。夹具装配图上应标注必要的尺寸和技术要求。

1. 夹具装配图上应标注的尺寸

1）夹具外形轮廓尺寸。

2）夹具与机床工作台或主轴的配合尺寸，以及固定夹具的尺寸等。

3）夹具与刀具的联系尺寸，如对刀塞尺的尺寸、对刀块表面到定位表面的尺寸及公差。

4）夹具中工件与定位元件间，导向元件与刀具、衬套间，夹具中所有相互间有配合关系的元件应标注配合尺寸、种类和精度。

5）各定位元件之间、定位元件与导向元件之间、各导向元件之间装配后的位置尺寸及公差。

2. 夹具装配图上应标注的技术要求

1）定位元件的定位表面间相互位置精度。

2）定位元件的定位表面与夹具安装基面、定向基面间的相互位置精度。

3）定位表面与导向元件工作面间的相互位置精度。

4）各导向元件的工作面间的相互位置精度。

5）若夹具上有检测基准面，还应标注定位表面、导向工作面与该基准面间的位置精度。

三、工件在夹具中加工的精度分析

（一）影响加工精度的因素

夹具的主要功能是用来保证工件加工表面的位置精度。影响位置精度的主要因素有以下三个方面：

1）工件在夹具中的安装误差，它包括定位误差和夹紧误差。夹紧误差是工件在夹具中夹紧后，工件和夹具变形所产生的误差。

2）夹具在机床上的定位误差，指夹具相对于刀具或相对于机床成形运动的位置误差。

3）加工过程中出现的误差，它包括机床的几何精度、运动精度，机床、刀具、工件和夹具组成的工艺系统加工时的受力变形、受热变形、磨损、调整、测量中的误差，以及加工成形原理上的误差等。

第三项一般不易估算,夹具精度验算是指前两项,其和不大于工件允差的 2/3 为合格。

(二) 保证加工精度的条件

工件在夹具中加工时总加工误差 $\sum\Delta$ 为定位误差 Δ_D、对刀误差 Δ_T、安装误差 Δ_A、夹具误差 Δ_Z 和加工方法误差 Δ_G 之和,由于各项误差均为独立随机变量,不可能同时出现最大值,故对于这些随机变量用概率法合成。因此,保证工件加工精度的条件为

$$\sum\Delta = \sqrt{\Delta_D^2 + \Delta_T^2 + \Delta_A^2 + \Delta_Z^2 + \Delta_G^2} \leq \delta_k \quad (4\text{-}21)$$

即工件的总加工误差 $\sum\Delta$ 应不大于工件的加工尺寸公差 δ_k。

为保证夹具有一定的使用寿命,在分析计算工件加工精度时,需留出一定的精度储备量 J_c。因此将式(4-21)改写为

$$\sum\Delta \leq \delta_k - J_c \quad (4\text{-}22)$$

或

$$J_c = \delta_k - \sum\Delta \geq 0 \quad (4\text{-}23)$$

当 $J_c > 0$ 时,夹具能满足工件的加工要求,这是夹具设计必须要满足的基本条件。

习题与思考题

1. 机床夹具的作用是什么?它一般由哪几个部分组成?
2. 机床夹具应满足哪些基本要求?
3. 欠定位和过定位是否均不允许存在?为什么?
4. 试述基准不重合误差、基准位置误差和定位误差的概念及产生的原因。
5. 工件尺寸及工序要求如图 4-49a 所示,欲加工键槽并保证尺寸 45,试计算按图 4-49b 所示方案定位时的定位误差。

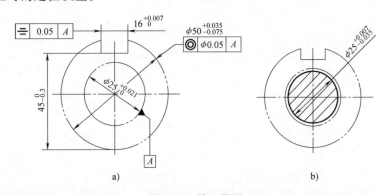

图 4-49 第 5 题图

6. 如图 4-50 所示,在工件上铣台阶面,保证工序尺寸 A,采用 V 形块定位,试进行定位误差计算。
7. 确定夹紧力的方向和作用点应遵循哪些原则?
8. 试述斜楔夹紧机构、螺旋夹紧机构、偏心夹紧机构的优缺点及应用范围。
9. 何谓联动夹紧机构?设计联动夹紧机构时,应注意哪些问题?

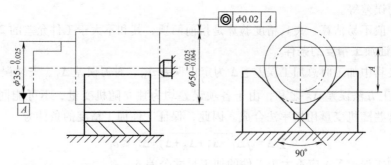

图 4-50　第 6 题图

10. 什么是辅助支承？举例说明辅助支承的应用。

11. 什么是自位支承（浮动支承）？它与辅助支承的作用有何区别？

12. 钻套有几种类型？各有什么特点？怎样选用？

13. 镗模按镗套的布置有哪些形式？各有何优缺点？镗套有几种类型？怎样选用？

14. 对刀块有几种类型？怎样选用？对刀时为什么要使用塞尺？

15. 夹具体的毛坯有几种类型？各有何优缺点？

16. 采取哪些措施可以减小夹具的安装调整误差？

17. 夹具装配图上应标注哪些技术要求？夹具装配图上应标注哪些尺寸和公差？如何确定尺寸公差？

18. 简述机床夹具的设计步骤。

19. 试比较钻床夹具、镗床夹具、铣床夹具和车床夹具与机床连接的特点。其安装精度在机床上如何保证？

20. 简述设计钻、镗类专用夹具时应注意的问题。

第五章

金属切削刀具

本章讲述金属切削刀具的基本概念、分类、在机械制造工业中的作用、材料及合理选用、使用和设计应当注意的问题，重点讲述车刀、孔加工刀具、铣削和铣刀、螺纹刀具、齿轮刀具，使学生了解刀具在生产过程中的地位与作用，具备根据不同工艺需求选择刀具和确定刀具几何参数的能力，为学习机械加工生产制造工艺并完成相关的工程训练打下良好的基础。

第一节 概 述

金属切削刀具是机械制造中用于从金属工件表面切除多余材料的工具。绝大多数的刀具是机用的，但也有手工用的。由于机械制造中使用的刀具基本上都用于切削金属材料，所以"刀具"一词一般就理解为金属切削刀具。切削木材用的刀具则称为木工刀具。

一、金属切削刀具在机械制造中的作用、地位及发展趋势

（1）通用刀具和齿轮刀具进入更新换代的新阶段　通用刀具（指麻花钻、丝锥、立铣刀等）已进入优质高性能的新时代，它们广泛采用钴高速工具钢、粉末冶金高速工具钢、细颗粒硬质合金材料，并可涂覆 TiN、TiCW、TiAlN、金刚石膜等复合涂层，使这类刀具的切削性能成倍地提高，同时也扩大了淬硬钢、模具钢等难加工材料的应用范围。

（2）可转位立铣刀朝着多功能、高性能、多品种方向发展　可转位刀具是当前刀具发展的主要趋势，尤其是可转位立铣刀的发展更为迅速。由于它在数控机床上应用范围广，通用性好，可加工轮廓、沟槽、仿形以及钻孔、镗孔等，已成为数控机床的主要刀具。此外，立铣刀作为模具加工的主要刀具，随着模具行业的快速崛起，这类刀具也得以迅速发展。例如，日本三菱公司推出的多功能铣刀，可安装八角形或圆形刀片，适用于五种加工范围。

（3）专用刀具趋向智能化　随着汽车、摩托车、柴油机等行业生产线或特殊零件加工的发展，国内外一些工具厂商专门开发了适应批量生产和特定零件加工的高效专用刀具，如曲轴内、外铣刀，缸体轴承孔镗刀等。其特点是：结构复杂、功能复合、高效，刀具与机床、工艺构成有机整体，能巧妙地实现刀具的附加运动，如加工空刀槽、背面倒角、锪平面等，故又称为智能化刀具。

（4）刀具的新型夹头及装夹技术的发展　随着切削加工朝着高速度、高精度方向发展，

对带柄刀具的装夹提出了新的要求。弹簧夹头、螺钉等传统的刀具装夹方法已不能满足要求且制约着新型刀具切削性能的发挥。因此，新型刀柄和夹头已成为精密高效刀具的重要组成部分。

二、刀具的分类

（1）切刀　包括各种车刀、刨刀、插刀、镗刀、成形车刀等。

（2）孔加工刀具　包括各种钻头、扩孔钻、铰刀、复合孔加工刀具（如钻-铰复合刀具）等。

（3）拉刀　包括圆拉刀、平面拉刀、成形拉刀（如花键拉刀）等。

（4）铣刀　包括加工平面的圆柱铣刀、面铣刀等；加工沟槽的立铣刀、键槽铣刀、三面刃铣刀、锯片铣刀等；加工特形面的模数铣刀、凸（凹）圆弧铣刀、成形铣刀等。

（5）螺纹刀具　包括螺纹车刀、丝锥、板牙、螺纹切头、搓丝板等。

（6）齿轮刀具　包括齿轮滚刀、蜗轮滚刀、插齿刀、剃齿刀、花键滚刀等。

（7）磨具　包括砂轮、砂带、砂瓦、磨石和抛光轮等。

（8）其他刀具　包括数控机床专用刀具、自动线专用刀具等。

三、刀具材料及合理选用

1. 刀具材料简介

刀具切削部分材料的性能应满足以下基本要求：①高的硬度；②高的耐磨性；③高的耐热性（热稳定性）；④足够的强度和韧性；⑤良好的工艺性。

刀具材料有碳素工具钢、合金工具钢、高速工具钢、硬质合金、陶瓷、金刚石、立方氮化硼等。碳素工具钢（如 T10A、T12A）及合金工具钢（如 9SiCr、CrWMn），因耐热性较差，通常仅用于手工工具和切削速度较低的刀具。陶瓷、金刚石和立方氮化硼等仍仅用于较为有限的场合。目前，刀具材料中使用最广泛的仍是高速工具钢和硬质合金。

（1）高速工具钢　高速工具钢具有较高的硬度（热处理硬度可达 62~67HRC）和耐热性（切削温度可达 550~600℃），且具有较高的强度和韧性，抗冲击、振动的能力较强。高速工具钢刀具制造工艺较简单，切削刃锋利，适用于制造各种形状复杂的刀具（如钻头、丝锥、成形刀具、拉刀、齿轮刀具等）。

（2）硬质合金　硬质合金是用高耐热性和高耐磨性的金属碳化物（如碳化钨、碳化钛、碳化钽等）与金属粘结剂（如钴、钨、钼等）在高温下烧结而成的粉末冶金材料，它的硬度可达 89~93HRA，切削温度可达 800~1000℃，允许切削速度可达 100~300m/min，但其抗弯强度低，不能承受较大的冲击载荷。通常，硬质合金可分为 K、P、M、N、S、H 六个主要类别。

（3）涂层刀具材料　它是在硬质合金或高速工具钢基体上，涂覆一层几微米厚的高硬度、高耐磨性的金属化合物（如碳化钛、氮化钛、氧化铝等）而制成的。涂层硬质合金的刀具寿命至少可提高 1~3 倍，涂层高速工具钢的刀具寿命可提高 2~10 倍。

2. 合理选择刀具材料

一般情况下，孔加工刀具、铣刀和螺纹刀具这一类普通刀具，相对于复杂刀具制造工艺较为简单，精度要求较低，材料费用占刀具成本的比例较大，所以生产上常采用

W6Mo5Cr4V2、W18Cr4V 等通用型高速工具钢。而拉刀、齿轮刀具等一些复杂刀具，由于制造精度高，制造费用占刀具成本的比例较大，故宜采用硬度和耐磨性均较高的高性能高速工具钢。为了提高生产率，延长刀具寿命，应尽量采用硬质合金。目前，硬质合金在面铣刀、钻头、铰刀和齿轮刀具等方面已得到广泛应用。近年来，国内外已广泛使用涂层刀具。

四、刀具使用和设计中应当注意的若干问题

（1）选择合理的刀具类型　加工同一个零件，有时可用多种不同类型的刀具。这就需要根据零件的加工要求、生产批量、工艺要求、设备条件等因素综合考虑，选用合适的刀具。基本原则是：在保证加工质量的前提下，优先考虑提高生产率。

（2）选择合理的切削方式　切削方式是指刀具切削刃从工件上切去加工余量的形式。切削方式的合理与否，将直接影响切削刃形状、加工质量、刀具寿命和生产率等。

（3）选择合理的几何参数　选择刀具几何参数时，除需要遵循"锐字当头，锐中求固"的原则外，还应考虑刀具的工作条件、重磨情况等因素。

（4）设计正确的切削刃廓形　对于成形刀具，其切削刃的廓形会直接影响零件成形表面的形状，因此必须根据零件的轮廓形状，正确地设计切削刃的廓形，同时要兼顾制造、检测、重磨等方面的简便性。

（5）合理处理好容屑、排屑和强度、刚度的关系　对于麻花钻、立铣刀、丝锥、拉刀等有容屑要求的刀具，切屑能否顺利排出，这是确保刀具能否正常工作的关键。

（6）考虑刀具的刃磨或重磨　刀具的刃磨表面应根据磨损形式和刀具使用要求来选择。

（7）合理选择刀具的结构形式及有关尺寸　应根据不同的条件选用合理的刀具结构，优先采用机夹式、可转位式、模块式、成组式等结构。同时，应根据切削负荷强度、刚度等要求，正确设计刀具夹持部分的结构尺寸。

（8）其他方面　还应考虑刀具与机床、工装的合理配置，及选择合理的切削用量和切削液等。

第二节　车　刀

一、车刀简介

1. 车刀的分类

车刀的分类方法较多，归纳起来有以下几种：
1) 按用途可分为外圆车刀、端面车刀、切断（槽）刀、镗孔刀、螺纹车刀等。
2) 按切削部分材料可分为高速工具钢车刀、硬质合金车刀、陶瓷车刀等。
3) 按结构可分为整体式、焊接式、机夹重磨式、可转位式等。

2. 车刀的结构和应用

（1）硬质合金焊接式车刀　这种车刀是将一定形状的硬质合金刀片用焊料焊接在刀杆的刀槽内制成的，如图 5-1 所示。

（2）硬质合金机夹式车刀（又称重磨式车刀）　这种车刀是用机械方法将硬质合金刀片夹固在刀杆上，刀片磨损后，可卸下重磨切削刃，然后再安装使用。与焊接式车刀相比，刀

杆可多次重复使用，且避免了因焊接而引起的裂纹、崩刃和硬度降低等缺点，提高了刀具寿命。图 5-2 所示为上压式机夹重磨式车刀。

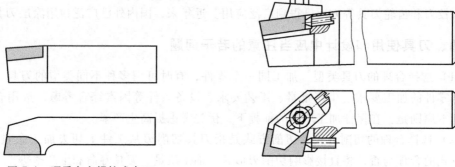

图 5-1　硬质合金焊接式车刀　　　　图 5-2　上压式机夹重磨式车刀

（3）可转位车刀（旧称机夹不重磨式车刀）　这种车刀是将机夹式车刀结构进一步改进的结果。它的刀片也是采用机械夹固方法装夹的，但可转位刀片可为正多边形（如正三角形、正方形等），周边经过精磨，刃口用钝后只需将刀片转位，即可使新的切削刃投入切削。

二、可转位车刀

1. 可转位车刀的结构和特点

可转位车刀由刀杆、刀片、刀垫和夹紧元件组成，如图 5-3 所示。

可转位车刀与焊接式车刀相比，具有下列优点：

（1）提高刀具寿命　可转位车刀避免了焊接式车刀在焊接刀片时所产生的缺陷，刀具寿命一般比焊接式车刀提高一倍以上，并能使用较大的切削用量。

（2）节约大量的刀杆材料　焊接式车刀一把刀杆一般只能焊一次刀片，而一把可转位车刀的刀杆可重复使用多次，节约大量的刀杆材料。

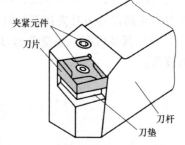

图 5-3　可转位车刀的组成

（3）保证切削稳定可靠　可转位刀片的几何参数及断屑槽的形状是压制成形的（或用专门的设备刃磨），采用先进的几何参数，只要切削用量选择适当，完全能保证切削性能稳定、断屑可靠。

（4）减少硬质合金材料的消耗　可转位刀片使用报废后，可回收利用，重新制造刀片或其他硬质合金刀具。

（5）提高生产率　可转位车刀刀片转位、更换方便、迅速，并能保持切削刃与工件的相对位置不变，从而缩短辅助时间，提高生产率。

（6）有利于涂层刀片的使用　可转位刀片不焊接不刃磨，有利于涂层刀片的使用。涂层刀片耐磨性、耐热性好，可提高切削速度和使用寿命。此外，涂层刀片通用性好，一种涂层刀片可替代数种牌号的硬质合金刀具，减少了刀片的种类，简化了刀具管理。

2. 可转位刀片

刀片形状较多，常用的有正三角形、正方形、正五边形、菱形和圆形等，见图 5-4 及

表 5-1。可转位车刀类型与夹紧结构特点见表 5-2。

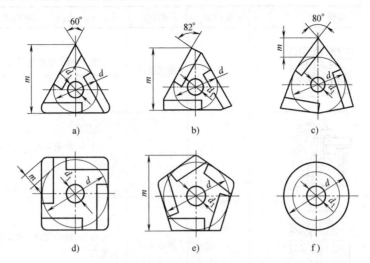

图 5-4 硬质合金可转位刀片的常用形状

a) 三角形　b) 六边形 82°　c) 六边形 80°　d) 正方形　e) 五边形　f) 圆形

表 5-1　各种刀片代号

刀片形状	代号	刀片形状	代号
三角形	T	菱形 35°	V
六边形 80°	W	菱形 55°	D
六边形 82°	F	菱形 75°	E
正方形	S	菱形 80°	C
五边形	P	菱形 86°	M
六边形	H	55°刀尖角平行四边形	K
八边形	O	82°刀尖角平行四边形	B
矩形	L	85°刀尖角平行四边形	A
圆形	R		

表 5-2　可转位车刀类型与夹紧结构特点

名称	结构示意图	定位面	夹紧件	主要特点
杠杆式		底面周边	杠杆螺钉	定位精度高,调节余量大,夹紧可靠,拆卸方便
杠销式			杠销螺钉	杠销比杠杆制造简单,调节余量小,装卸刀片不如杠杆方便

（续）

名称	结构示意图	定位面	夹紧件	主要特点
斜楔式		底面周边	楔块螺钉	定位准确,刀片尺寸变化较大时也可夹紧,定位精度不高
上压式			压板螺钉	元件小,夹紧可靠,装卸容易,排屑受一定影响
偏心式			偏心螺钉	元件小,结构紧凑,调节余量小,要求制造精度高
拉垫式			拉垫螺钉	夹紧可靠,允许刀片尺寸有较大变动。刀头刚性弱不宜用于粗加工
压孔式		底面锥孔	沉头螺钉	结构紧凑、简单,夹紧可靠,刀头尺寸可做得较小

3. 先进车刀简介

HELIGRIP 刀片是 ISCAR 霸王刀片系列的其中一种产品。它以切断刀为基础,改制成双头螺旋刃形式,增加了端面切槽和外圆、端面车削等功能,还可用于深槽加工。它集原有刀片优势于一身,可用于八种不同的车削加工,如图 5-5 所示。

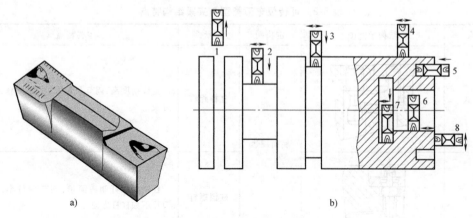

图 5-5 霸王车刀及加工范围
a) 霸王车刀   b) 加工范围

三、成形车刀

1. 成形车刀的种类、用途和装夹

（1）按结构和形状分类　可分为平体成形车刀、棱体成形车刀和圆体成形车刀三类，如图 5-6 所示。

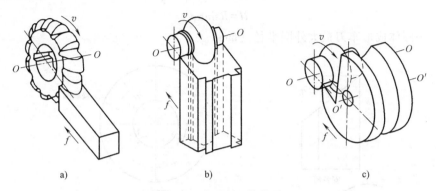

图 5-6　成形车刀的类型
a）平体成形车刀　b）棱体成形车刀　c）圆体成形车刀

（2）按进刀方式分类　可分为径向成形车刀、切向成形车刀和斜向成形车刀。

1）径向成形车刀。工作时，这种成形车刀沿工件的半径方向进给，大部分成形车刀都按这种方式进刀。

2）切向成形车刀。工作时，切削刃沿工件外圆表面的切线方向进给。

3）斜向成形车刀。其进给方向与工件轴线不垂直，用于车削直角台阶。

通常，成形车刀是通过专用刀夹装夹在机床上的。图 5-7 所示为棱体成形车刀和圆体成形车刀常用的装夹方法。

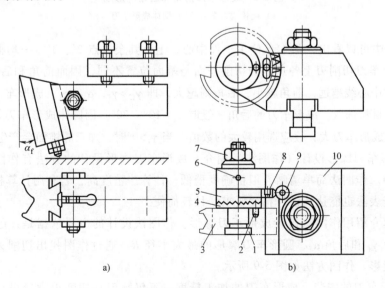

图 5-7　成形车刀的装夹
a）棱体成形车刀的装夹　b）圆体成形车刀的装夹
1—心轴　2—销子　3—圆体刀　4—齿环　5—扇形板　6—螺钉　7—夹紧螺母　8—销子　9—蜗杆　10—刀夹

2. 成形车刀的几何角度与安装

(1) 成形车刀的几何角度 如图 5-8 所示,在制造时,将成形车刀的前面加工成距其中心距离为 h,在安装时,要求基准点与工件中心等高。刀具中心 O_2 比工件中心 O 高 H,即可形成所需的前角 γ_f 和后角 α_f。h 与 H 值可由下列公式计算,即

$$h = R\sin(\gamma_f + \alpha_f) \tag{5-1}$$

$$H = R\sin\alpha_f \tag{5-2}$$

式中 R——圆体成形车刀最大外圆半径(mm)。

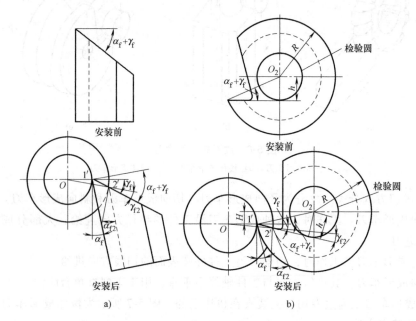

图 5-8 成形车刀前角和后角的形成
a) 棱体成形车刀 b) 圆体成形车刀

从图 5-8 中可以看出,除 1′点位于工件中心线上,其余各点 2′、3′、…均低于工件中心线,所以成形车刀切削刃上各点处的切削平面与基面位置不同,因而前角和后角都不相同,而且,离工件中心线越远,前角越小,后角则越大,即 $\gamma_{f2} > \gamma_f$,$\alpha_{f2} > \alpha_f$。成形车刀的前角可根据不同的工件材料选取。成形车刀的后角一般取 $\alpha_f = 10° \sim 30°$。因圆体成形车刀切削刃上的后角变化比棱体成形车刀大,故应选用较大的数值。当 $\gamma_f > 0°$ 时,加工圆锥面会产生双曲线误差。

(2) 成形车刀廓形设计(作图法)简介 成形车刀廓形设计的方法有作图法、计算法和查表法三种。作图法简单清晰,但精确度稍低;计算法精度高,若利用计算机编程运算则更为方便;查表法也能达到设计精度要求,且较简便。

下面简单介绍用作图法设计成形车刀廓形。作图法设计的主要依据是:已知零件的廓形、刀具前角 γ_f 和后角 α_f、圆形车刀廓形的最大半径 R。通过作图找出切削刃在垂直后面的平面上的投影。作图方法如图 5-9 所示。

(3) 成形车刀的安装 成形车刀的加工精度,不仅与刀具切削刃廓形设计与制造精度有关,而且与该刀具在机床上的安装精度有关。安装成形车刀时,应满足以下要求:

1) 圆体成形车刀切削刃上的基准点应与工件中心等高。

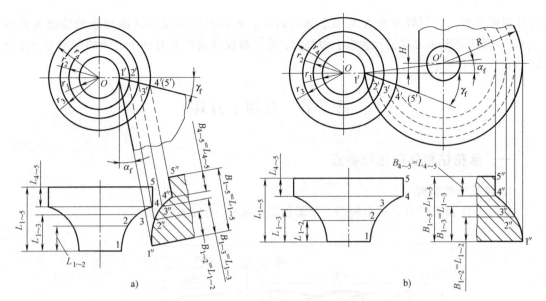

图 5-9 作图法设计成形车刀廓形
a) 棱体成形车刀 b) 圆体成形车刀

2) 棱体成形车刀的燕尾定位基面及圆体成形车刀的轴线必须与工件的轴线平行。

3) 成形车刀安装后的前角 γ_f 和后角 α_f 应符合设计所规定的数值,尤其要保证所需的后角的大小(要求安装误差 $\leqslant \pm 30'$)。

4) 成形车刀的装夹必须可靠牢固。

5) 成形车刀装夹后,应先进行试切削,并测量工件的加工尺寸,待检验合格后方可正式投入生产。

3. 成形车刀的刃磨

使用中,当成形车刀达到规定的磨损限度(一般后面的最大磨损量为 0.4~0.5mm)时,应进行刃磨。刃磨质量的好坏不仅影响工件的表面质量,还会影响切削刃的形状,造成工件表面产生形状误差。通常,在工具磨床上进行重磨,圆体成形车刀和棱体成形车刀均只刃磨前面,重磨的基本要求是保证原设计的前角和后角数值不变。

如图 5-10a 所示,棱体成形车刀刃磨较为简便,只要在工具磨床上用一台双向万能刃磨

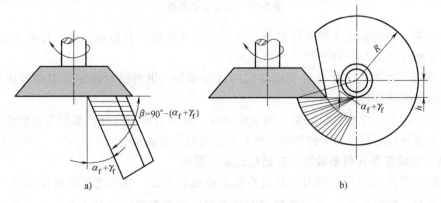

图 5-10 成形车刀重磨示意图
a) 棱体成形车刀 b) 圆体成形车刀

夹具即可刃磨，它可以在竖直及水平面内转动，刃磨时应保证刀具面与砂轮轴线夹角为 $\gamma_f+\alpha_f$。圆体成形车刀在工具磨床上刃磨时，应严格保证前面至刀具中心线的距离为设计值 h，如图 5-10b 所示。

第三节　孔加工刀具

一、麻花钻和钻削过程特点

1. 麻花钻的结构

如图 5-11 所示，麻花钻由柄部、颈部和工作部分三个部分组成。

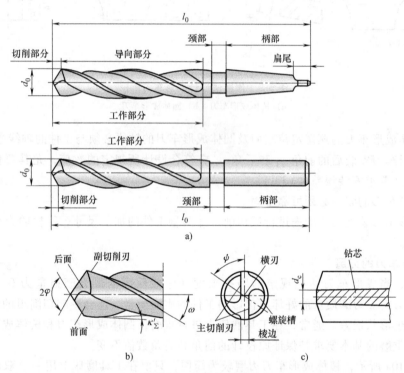

图 5-11　麻花钻的组成

（1）柄部　柄部是钻头的夹持部分，用于与机床连接，并传递动力，按麻花钻直径的大小分为直柄（小直径）和锥柄（大直径）两种。

（2）颈部　颈部是工作部分和柄部间的过渡部分，供磨削时砂轮退刀和打印标记用，小直径直柄钻头没有颈部。

（3）工作部分　工作部分是钻头的主要部分，前端为切削部分，承担主要的切削工作；后端为导向部分，起引导钻头的作用，也是切削部分的后备部分。

2. 麻花钻的主要几何参数及其对钻削过程的影响

钻头的基面 p_r 是通过切削刃上某点并包含轴线的平面，也是通过该点且垂直于该点切削速度的平面。切削平面 p_s 是与切削刃上某点的加工表面相切并与该点的基面垂直，也是包含该点切削速度的平面。正交平面 p_o 同时垂直于上述两个平面。表示钻头几何角度所用的正交平面系与车刀的相应定义相同,但麻花钻主切削刃上的各点切削速度方向不同,故各点的基面方向不同,如图 5-12 和图 5-13 所示。

（1）螺旋角 ω　指钻头棱边螺旋线展开成的直线与钻头轴线的夹角,螺旋角实际上就是钻头假定工作平面内的前角 γ_f。

（2）顶角 2φ 和主偏角 κ_r　钻头的顶角（即锋角）为两条主切削刃在与其平行的轴向平面上投影之间的夹角。

（3）前角 γ_o　钻头的前角是在正交平面内测量的前面与基面的夹角。

（4）后角 α_f　钻头主切削刃上任意点 x 的后角是在假定工作平面（即通过该点的,以钻头轴线为轴心的圆柱面的切平面）内测量的切削平面与主后面之间的夹角,如图 5-14 所示。

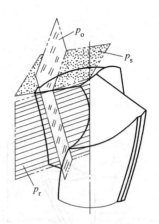

图 5-12　麻花钻正交平面参考系

（5）横刃角度（图 5-15）　横刃角度包括横刃斜角、横刃前角与横刃后角。

由于标准麻花钻在结构及几何参数上存在很多问题,如切削刃较长、切屑较宽、前角变化大、排屑不畅、横刃部分切削条件很差等,因此在使用时常需要根据具体使用条件进行修磨。图 5-16 所示为麻花钻常见的几种修磨形式。

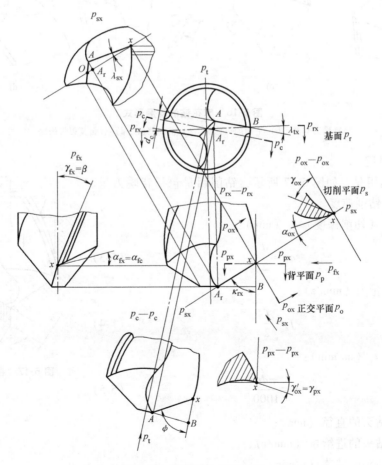

图 5-13　麻花钻的几何角度

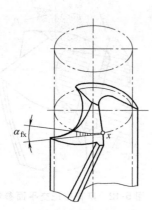
图 5-14 钻头的后角

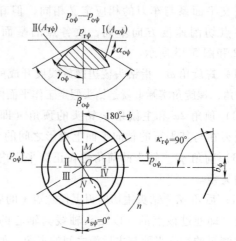
图 5-15 横刃角度

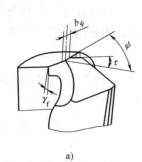
a)

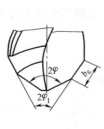
b)

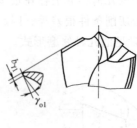
c)

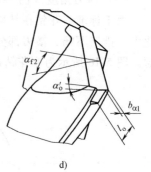
d)

图 5-16 麻花钻的修磨形式
a) 横刃修磨　b) 主切削刃修磨　c) 前面修磨　d) 后面及刃带修磨

3. 钻削过程

（1）钻削用量　如图 5-17 所示，钻削用量包括背吃刀量、每齿进给量和钻削速度。

背吃刀量（切削深度）a_p（mm）：

$$a_p = \frac{d}{2} \tag{5-3}$$

每齿进给量 f_z（mm/z）：

$$f_z = \frac{f}{2} \tag{5-4}$$

钻削速度 v_c（m/min）：

$$v_c = \frac{\pi d n}{1000} \tag{5-5}$$

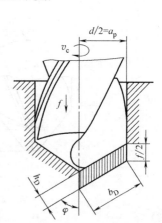
图 5-17 钻削用量

式中　d——钻头的直径（mm）；
　　　f——钻头的进给量（mm/r）；
　　　n——钻头的转速（r/min）。

(2) 切削层参数　钻孔时切削层参数有切削宽度 b_D、切削厚度 h_D 和每刃切削层横截面面积 A_{Dz}。

切削宽度 b_D（mm）：

$$b_D \approx \frac{d}{2\sin\varphi} \tag{5-6}$$

切削厚度 h_D（mm）：

$$h_D \approx \frac{f}{2}\sin\varphi \tag{5-7}$$

每刃切削层横截面面积 A_{Dz}（mm²）：

$$A_{Dz} = \frac{fd}{4} \tag{5-8}$$

(3) 钻削力与钻削功率　如图 5-18 所示，钻头的每一个切削刃都产生切削力，包括主切削力（切向力）F_c、背向力（径向力）F_p 和进给力（轴向力）F_f。扭矩 M_c 是各切削刃在主运动方向的主切削力 F_c 形成的，它消耗的功率最多，约占 80%；进给力主要由横刃产生，约占总进给力的 57%。

扭矩 M_c 和进给力 F_f 可由试验公式求得。

钻削功率为

$$P_c = \frac{M_c v_c}{30d} \tag{5-9}$$

式中　P_c——钻削功率（kW）；
　　　M_c——钻削扭矩（N·m）；
　　　v_c——切削速度（m/min）。

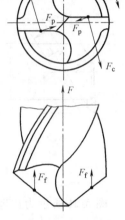

图 5-18　钻削力

二、扩孔钻和锪钻

1. 扩孔钻

扩孔钻是用于扩大孔径、提高孔质量的刀具。它可用于孔的最终加工或铰孔、磨孔前的预加工，如图 5-19a 所示。

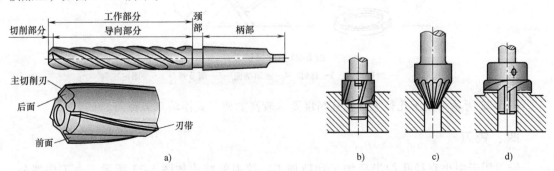

图 5-19　扩孔钻和锪钻
a) 扩孔钻　b) 带导柱平底锪钻　c) 锥面锪钻　d) 端面锪钻

2. 锪钻

锪钻用于加工埋头螺钉沉孔、锥孔和凸台面等。图 5-19b 所示为带导柱平底锪钻，适用于加工圆柱形沉孔。图 5-19c 所示为锥面锪钻，它的钻尖角有 60°、90° 及 120° 三种，用于加工中心孔和孔口倒角。图 5-19d 所示为端面锪钻，它仅在端面上有切削齿，用来加工孔的端面。锪钻可制成高速工具钢锪钻、硬质合金锪钻及可转位锪钻等。

三、镗刀

镗孔能纠正孔的直线度误差，获得高的位置精度，特别适合于箱体零件的孔系加工。镗孔是加工大孔的主要精加工方法。图 5-20 所示为机夹式单刃镗刀，其结构简单、制造方便。在镗不通孔或阶梯孔时，镗刀头在镗杆内要倾斜安装，δ 一般取 $10° \sim 45°$，镗通孔时取 $\delta = 0°$。

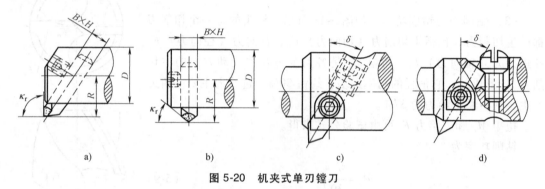

图 5-20 机夹式单刃镗刀

图 5-21 所示为在坐标镗床和数控机床上使用的一种微调镗刀。

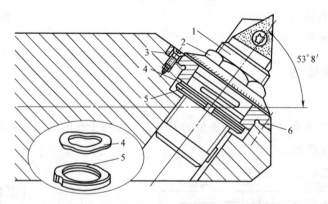

图 5-21 微调镗刀

1—镗刀头　2—微调螺母　3—螺钉　4—波形垫圈　5—调节螺母　6—固定座套

图 5-22 所示为用于孔径大且镗孔精度要求较高的调节式浮动双刃镗刀。

四、铰刀

铰刀用于中小直径孔的半精加工和精加工。铰刀的结构如图 5-23 所示，由工作部分、颈部和柄部组成，工作部分有切削部分和校准部分，校准部分有圆柱部分和倒锥部分。

铰刀的类型如图 5-24 所示。

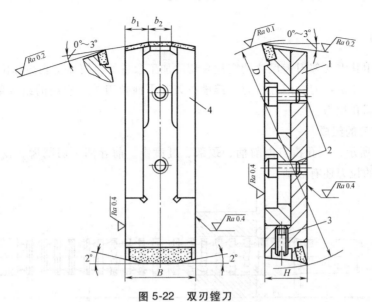

图 5-22 双刃镗刀

1—上刀体 2—紧固螺钉 3—调节螺钉 4—下刀体

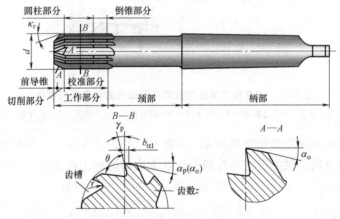

图 5-23 铰刀的结构

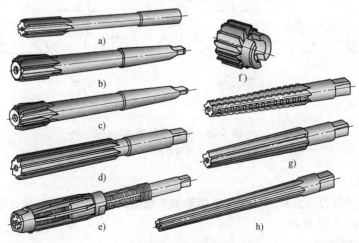

图 5-24 铰刀的类型

a) 直柄机用铰刀 b) 锥柄机用铰刀 c) 硬质合金锥柄机用铰刀 d) 手用铰刀
e) 可调节手用铰刀 f) 套式机用铰刀 g) 直柄莫氏圆锥铰刀 h) 手工 1∶50 锥度铰刀

五、拉刀

拉刀是利用其上相邻刀齿尺寸的变化来切除加工余量的。按加工表面部位不同,拉刀可分为圆孔拉刀、花键拉刀、四方拉刀、键槽拉刀和平面拉刀等。它们的组成部分基本相同,下面主要介绍圆孔拉刀。

1. 圆孔拉刀的组成

如图 5-25 所示,圆孔拉刀由前柄、颈部、过渡锥、前导部、切削齿、校准齿和后导部组成,长而重的拉刀还有后柄。

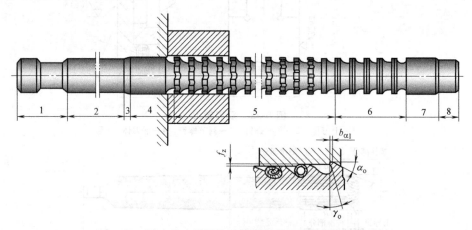

图 5-25 圆孔拉刀的结构及其切削部分的主要几何参数
1—前柄 2—颈部 3—过渡锥 4—前导部 5—切削齿 6—校准齿 7—后导部 8—后柄

相邻刀齿之间的轴向距离称为齿距 p,一般 $p=(1.2\sim1.9)\sqrt{L}$(L 为拉削长度),其大小影响拉刀刀齿容屑空间、拉刀强度和在加工长度 L 中的同时工作齿数 z,为确保拉削过程的平稳性,应满足 $z=3\sim8$。相邻齿间加工出容屑槽,如图 5-26 所示。

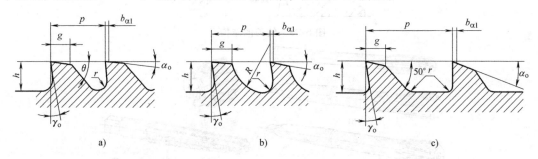

图 5-26 容屑槽的形式
a) 直线齿背式 b) 圆弧齿背式 c) 直线双圆弧式

2. 拉削方式

拉削方式是指拉刀逐齿从工件表面上切除加工余量的方式,主要包括分层式、分块式和组合式三种,如图 5-27 所示。

3. 拉刀的合理使用

(1) 防止拉刀断裂及刀齿损坏 拉削时刀齿上受力过大、拉刀强度不够,是损坏拉刀

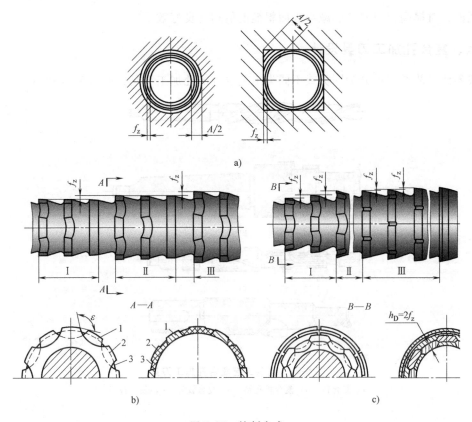

图 5-27 拉削方式
a) 分层式 b) 分块式 c) 组合式
1、2、3—刀齿

和刀齿的主要原因。可采取如下措施解决：

1) 要求预制孔尺寸公差等级为 IT10~IT8，表面粗糙度 $Ra \leqslant 5\mu m$，预制孔与定位端面垂直度偏差不超过 0.05mm。

2) 严格检查拉刀的制造精度，对于外购拉刀可进行齿升量、容屑空间和拉刀强度检验。

3) 对难加工材料，采取适当热处理，改善材料的可加工性。

4) 保管、运输拉刀时，防止拉刀弯曲变形和破坏刀齿。

（2）消除拉削表面缺陷 拉削时表面产生鳞刺、纵向划横、压痕、环状波纹和啃刀等是影响拉削表面质量的常见缺陷。一般采取如下措施解决：

1) 提高刀齿刃磨质量，保持刀齿刃口锋利性，防止微纹产生，各齿前角、刃带宽保持一致。

2) 保持稳定的拉削，增加同时工作的齿数，减小精切齿和校准齿齿距或做成不等分布齿距，提高拉削系统的刚度。

3) 合理选用拉削速度，在较高的拉削速度下，拉削表面质量较高，所以应采用硬质合金拉刀、氮化钛涂层拉刀等。

4) 合理选用切削液，拉削碳素钢、合金钢材料，选用极压乳化液、硫化油及极压添加剂切削液，对提高拉刀寿命、减小表面粗糙度值均有良好效果。

六、复合孔加工刀具设计

按零件工艺类型可分为同类或不同类工艺复合的孔加工刀具，如图 5-28 和图 5-29 所示。

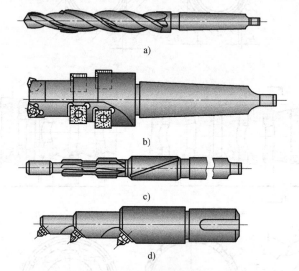

图 5-28 同类工艺复合孔加工刀具
a）复合钻 b）复合扩孔钻 c）复合铰刀 d）复合镗刀

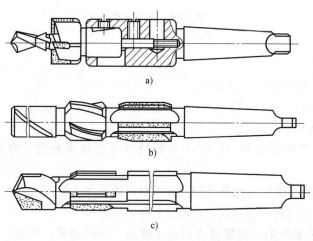

图 5-29 不同类工艺复合孔加工刀具
a）钻-扩 b）扩-铰 c）钻-铰

1. 复合刀具设计的特点

复合刀具是由通用刀具组合而成的，除应考虑一般刀具设计的各种问题外，还要注意如下一些问题：

（1）要有足够的强度和刚度 复合刀具切削时产生较大的切削力，同时刀体的尺寸又受到孔径的限制，所以复合刀具刀体材料均采用合金钢，以提高其强度和刚度。对于孔的同轴度要求高的复合刀具，在刀体上一定要有导向部分，它支承在夹具上的导套内。导向部分可安置在复合刀具的前端、后端、中间或前、后端位置处。

（2）合理选择切削用量　切削速度应按最大直径的刀具选择，以免因速度过高而影响刀具寿命，背吃刀量由相邻单刀的直径差来决定，不宜过大。进给量是所有刀具共有的，进给量应按最小尺寸的单刀来选定，以免因切削力过大而使刀具折断。对于先后切削的复合刀具，如采用钻-铰复合刀具加工时，切削速度应按铰刀确定，而进给量应按钻头确定。

（3）排屑　复合刀具切削时产生的切屑多，因此要有足够大的容屑槽和排屑通道，以避免切屑阻塞和相互干扰。对切屑的控制一般从分屑、断屑、控制切屑流向及适当加大容屑槽等方面考虑，也可以发挥切削液的作用。

（4）刃磨、调整方便　尺寸小的复合刀具采用整体式结构，刚性好，能使各单刀间保持高的同轴度、垂直度等位置精度，缺点是制造、刃磨困难，使用寿命较短。尺寸较大的刀具可采用装配式结构，避免上述缺点。图5-29a所示为钻-扩镶装可调的复合刀具，钻头和扩孔钻分别固定在刀体上，钻头重磨后，可用螺钉调节其伸出长度。

（5）采用可转位复合孔加工刀具　在复合刀具上采用可转位刀片可避免因焊接引起的缺陷，从而延长刀具的寿命；还可以缩短换刀、调刀等辅助时间，提高生产率；刀杆可重复使用，经济性好。图5-28b所示为可转位复合扩孔钻，刀片通过锥形沉头螺钉夹紧在刀体上。其结构简单，刀片转位迅速，节省了刀具重磨、调刀的时间。

2. 设计举例

在组合机床上加工液压泵上 $\phi 8.7 \text{mm}$ 的孔采用先钻后铰的方法，工件材料为铸铁，切削速度 $v_c = 11.1 \text{m/min}$，进给量 $f = 0.18 \text{mm/r}$，使用柴油作为切削液，加工示意图如图5-30所示，试设计一把整体硬质合金钻-铰复合刀具。

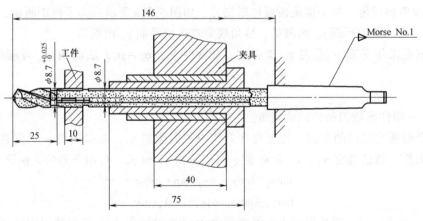

图5-30　钻铰加工示意图

（1）外廓设计　钻-铰复合刀具外廓及相关尺寸应符合加工示意图的要求，它由钻头的切削部分、导向部分、颈部，以及铰刀的铰削部分、校准部分、颈部及柄部组成。钻头直径为8.4mm。铰刀的切削刃必须锋利，因此磨削时不留刃带。各部分的具体参数取决于加工示意图和刀具制造工艺。

（2）设计原理简介　钻头的螺旋角 β 由螺旋槽的导程 S 和钻头直径 D 决定。因此螺旋角越大，切削刃越锋利。螺旋槽倾斜程度大，切屑容易排出，但刚性也随之降低。钻孔时，螺旋角的大小可根据被加工材料确定，钻青铜和黄铜时，螺旋角取 8°～12°；钻纯铜和铝合金时，螺旋角取 35°~40°；钻高强度钢和铸铁时，螺旋角取 10°~15°。本刀具的螺旋角取 15°。钻头和铰刀的导向部分外径磨有倒锥量，即外径从切削部分向尾部逐渐减小，从而减小钻头棱边与孔壁的摩擦。

为增加被铰孔的精度和减小孔的表面粗糙度值，使切屑顺畅排出，把铰刀的螺旋角设计成与钻头螺旋角一致，都是 15°，以便于刀具的加工。齿数 $z=8$，使螺旋槽的方向为右旋，与钻头方向一致。

铰刀前角为 5°，后角为 8°，刃宽为 4mm。铰刀切削部分刀齿必须锋利，因此不留刃带。校准部分长为 10mm，切削刃上留有 0.2mm 刃带。

(3) 技术要求　刀具的材料为高速钢 W18Cr4V。热处理硬度：刃部为 63~66HRC，柄部为 30~45HRC，各部外圆对轴线的径向圆跳动公差为 0.02mm，钻头沟抛光必须延伸到铰刀前端部位，钻头的倒锥量为 0.05mm，铰刀的倒锥量为 0.02mm。

第四节　铣削和铣刀

一、铣刀几何角度和铣削要素

1. 铣刀几何角度

铣削时的主运动是铣刀的旋转运动，进给运动一般是工件的直线或曲线运动。铣刀几何角度可以按圆柱形铣刀和面铣刀两种基本类型来分析。基面 p_r 是通过切削刃上选定点且包含铣刀轴线的平面，切削平面 p_s 相切于切削刃且垂直于基面。两者是基准参考平面。

(1) 前角和后角　对于螺旋齿圆柱形铣刀，如图 5-31a 所示，为了便于制造，前角常用法前角 γ_n，规定在法平面 p_n 内测量。后角规定在正交平面 p_o 内测量。

此时假定工作平面 p_f 是与 p_o 重合的，故 $\gamma_o = \gamma_f$，$\alpha_o = \alpha_f$，法前角 γ_n 与前角 γ_o 的关系为

$$\tan\gamma_n = \tan\gamma_o \cos\omega \tag{5-10}$$

式中　ω——圆柱形铣刀的外圆螺旋角。

为了获得所需的切削角度，使刀齿在刀体中径向倾斜 γ_f、轴向倾斜 γ_p，需在刀体上开出相应的刀槽。若已确定 γ_o、λ_s 和 κ_r 值，可以算出 γ_f 和 γ_p，可由下列公式换算，即

$$\tan\gamma_f = \tan\gamma_o \sin\kappa_r - \tan\lambda_s \cos\kappa_r \tag{5-11}$$

$$\tan\gamma_p = \tan\gamma_o \cos\kappa_r - \tan\lambda_s \sin\kappa_r \tag{5-12}$$

(2) 刃倾角　对于圆柱形铣刀，其螺旋角 ω 就是刃倾角 λ_s，它能使刀齿逐渐切入和切离工件，能增加实际工作前角，使切削轻快平稳；同时形成螺旋形切屑，排屑容易，防止切屑出现堵塞现象。一般细齿圆柱形铣刀 $\omega = 30°~35°$，粗齿圆柱形铣刀 $\omega = 40°~45°$。对于面铣刀铣削加工时冲击较大，加工钢和铸铁时一般取 $\lambda_s = -5°~-15°$。λ_s 如图 5-31b 中 S 视图所示。

2. 铣削要素

(1) 铣削用量　如图 5-32 所示，铣削用量如下。

1) 铣削速度 v_c。铣削速度是指铣刀切削刃选定点相对于工件的主运动的瞬时速度，计算公式为

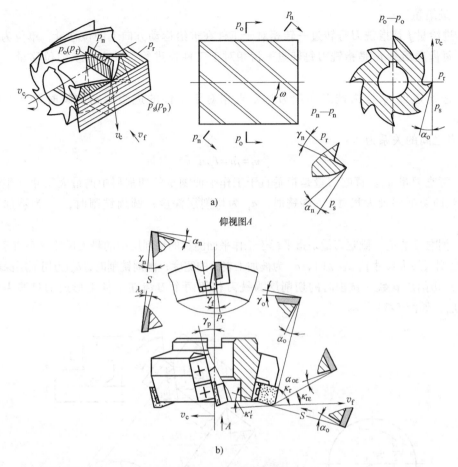

图 5-31 铣刀的几何角度

a) 螺旋齿圆柱形铣刀　b) 硬质合金面铣刀

$$v_c = \frac{\pi d n}{1000} \tag{5-13}$$

式中　v_c——瞬时速度（m/min 或 m/s）；

　　　d——铣刀直径（mm）；

　　　n——铣刀转速（r/min 或 r/s）。

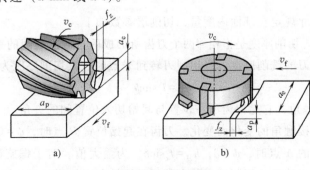

图 5-32 铣削用量

a) 圆周铣削　b) 端铣

2)进给量。

① 进给量 f 是指铣刀每转过一转相对于工件在进给运动方向上的位移量,单位为 mm/r。

② 每齿进给量 f_z 是指铣刀每转过一齿相对于工件在进给运动方向上的位移量,单位为 mm/z。

③ 进给速度 v_f 是指铣刀切削刃选定点相对于工件的进给运动的瞬时速度,单位为 mm/min。

三者之间的关系为

$$v_f = fn = f_z z n \tag{5-14}$$

3)背吃刀量 a_p。背吃刀量是指垂直于工作平面测量的切削层中的最大尺寸(平行于铣刀轴测量的切削层最大尺寸)。端铣时,a_p 为切削层深度;圆周铣削时,a_p 为被加工表面宽度。

4)侧吃刀量 a_e。侧吃刀量是指平行于工作平面测量的切削层中的最大尺寸(垂直于铣刀轴测量的切削层最大尺寸)。端铣时,a_e 为被加工表面的宽度;圆周铣削时,a_e 为切削层深度。

(2)切削层参数 铣削时的切削层为铣刀相邻两个刀齿在工件上形成的过渡表面之间的金属层,如图 5-33 所示。

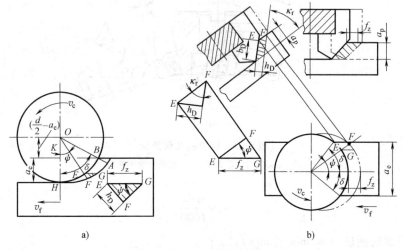

图 5-33 铣刀切削层参数
a)圆柱形铣刀 b)面铣刀

切削层形状与尺寸规定在基面内度量,切削层参数如下。

1)切削厚度 h_D。切削厚度是指相邻两个刀齿所形成的过渡表面间的垂直距离,图 5-33a 所示为直齿圆柱形铣刀的铣削厚度。当切削刃转到 F 点时,其切削厚度为

$$h_D = f_z \sin\psi \tag{5-15}$$

式中 ψ——瞬时接触角,它是刀齿所在位置与起始切入位置间的夹角。

切削厚度随瞬时接触角的变化而变化。刀齿在起始位置 H 点时,$\psi = 0$,因此 $h_D = 0$。刀齿转到即将离开工件的 A 点时,$\psi = \delta$,$h_D = f_z \sin\delta$,为最大值。对于螺旋齿圆柱形铣刀切削刃是逐渐切入和切离工件的,切削刃上各点的瞬时接触角不相等,因此切削刃上各点的切削厚度也不相等。

图 5-33b 所示为端铣时的切削厚度 h_D，刀齿在任意位置时切削厚度为

$$h_D = \overline{EF}\sin\kappa_r = f_z\cos\psi\sin\kappa_r \tag{5-16}$$

刀齿到中间位置时，切削厚度为最大，然后逐渐减小。

2) 切削宽度 b_D。切削宽度是指切削刃参加工作的长度。直齿圆柱形铣刀的 b_D 等于 a_p，而螺旋齿圆柱形铣刀的 b_D 是随刀齿工作位置不同而变化的。刀齿切入工件后，b_D 由零逐渐增大至最大值，然后又逐渐减小至零，因而铣削过程较为平稳。端铣时每个刀齿的切削宽度始终保持不变，其值为

$$b_D = \frac{a_p}{\sin\kappa_r} \tag{5-17}$$

3. 铣削力与铣削功率

(1) 铣刀总切削力及分力

1) 切削力（切向力）F_c 作用在铣刀的主运动方向上，消耗功率最多。

2) 垂直切削力 F_{cN} 是指在工作平面内，总切削力 F 在垂直于主运动方向上的分力，它使刀杆产生弯曲。

3) 背向力 F_p 是指总切削力 F 在铣刀轴向的分力。

圆周铣削时，F_{cN} 和 F_p 的大小和圆柱形铣刀的螺旋角 ω 有关；端铣时，与面铣刀的主偏角 κ_r 有关。

作用在工件上的总切削力 F' 与 F 大小相等、方向相反，通常把总切削力 F' 沿着机床工作台方向分解为三个分力：进给力 F_f、横向进给力 F_e 和垂直进给力 F_{fN}。

4) 进给力 F_f 是指总切削力在纵向进给方向的分力。

5) 横向进给力 F_e 是指总切削力在横向进给方向的分力。

6) 垂直进给力 F_{fN} 是指总切削力在垂直进给方向的分力。

(2) 铣削功率 切削力 F_c 可按试验公式计算，然后根据 F_c 计算出铣削总切削力 F。铣削功率 P_c 的计算公式为

$$P_c = \frac{F_c v_c}{60 \times 1000} \tag{5-18}$$

式中　P_c——铣削功率（kW）；

　　　F_c——切削力（N）；

　　　v_c——铣削速度（m/min）。

4. 铣削方式

(1) 圆柱形铣刀铣削　根据铣刀切入工件的旋转方向与工件的进给方向组合不同，分为逆铣和顺铣。铣刀的旋转方向与工件的进给方向相反时称为逆铣，两者方向相同时称为顺铣，如图 5-34 所示。

逆铣时，切削厚度由零逐渐增大，由于铣刀的刀齿有刃口钝圆半径，使刀齿要产生一段"滑行"才能切入工件，导致工件表面产生冷硬层，加剧刀齿磨损。由于垂直进给力的作用，工件有被抬起的趋势。

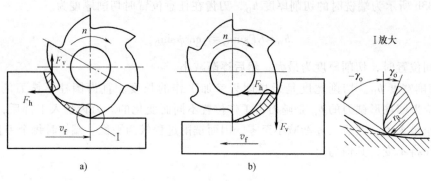

图 5-34 顺铣与逆铣
a) 逆铣 b) 顺铣

顺铣时,切削厚度从最大开始,无"滑行"现象。垂直进给力向下压向工作台,进给力与进给方向一致,可能使工作台带动丝杠窜动,要求进给机构必须有消除间隙的机构。

(2) 端铣方式 端铣可分为三种不同的铣削方式,即对称端铣、不对称逆铣和不对称顺铣,如图 5-35 所示。

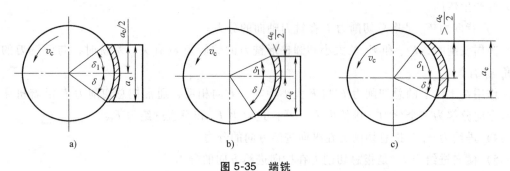

图 5-35 端铣
a) 对称端铣 b) 不对称逆铣 c) 不对称顺铣

对称端铣是指铣刀轴位于工件的对称中心位置,切入、切出时的厚度相同。

不对称逆铣时,刀齿切入厚度较小,切出厚度较大。

不对称顺铣时,刀齿切入厚度较大,切出厚度较小。

5. 铣削特点

(1) 多刃回转切削 铣刀同时有多个刀齿参加切削,其切削刃长度总和较长,生产率高,但由于制造、刃磨、安装的误差,刀齿产生径向或轴向圆跳动,会造成每个刀齿负荷不一,磨损不均匀,影响加工质量。

(2) 断续切削 铣削时刀齿依次切入和切出工件,这个过程使刀齿应力产生周期性循环变化。另外,由于周期性受热、冷却所导致的热应力循环,在这种机械冲击和热冲击作用下,容易造成刀具破损。

(3) 铣削均匀性 铣削时由于切削厚度、切削宽度和同时工作齿数的周期性变化,导致切削总面积周期性变化,切削力和转矩也出现周期性变化,均匀性较差。

(4) 半封闭切削 每个刀齿的容屑空间小,呈半封闭状态,排屑条件差。

(5) 铣削方式 可根据工件材料和加工条件合理选择不同的铣削方式。

二、常用尖齿铣刀及其选用

1. 圆柱形铣刀（图 5-36a）

圆柱形铣刀只在圆柱表面上有切削刃，一般用于卧式铣床上加工平面。

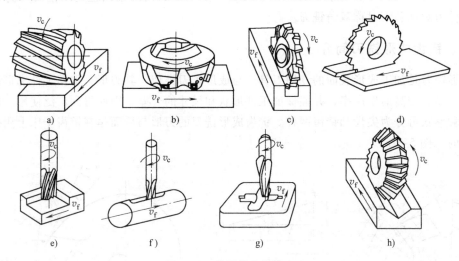

图 5-36　常用的几种铣刀

a）圆柱形铣刀　b）硬质合金面铣刀　c）错齿三面刃铣刀　d）锯片铣刀
e）立铣刀　f）键槽铣刀　g）模具铣刀　h）角度铣刀

2. 硬质合金面铣刀（图 5-36b）

其圆周表面和端面上都有切削刃，一般用于高速铣削平面。目前广泛采用机夹可转位式结构，它是将硬质合金可转位刀片直接用机械夹固的方法安装在铣刀刀体上的，磨钝后，可直接在铣床上转换切削刃或更换刀片。和高速工具钢圆柱形铣刀相比，它的铣削速度较高，加工生产率高，加工表面质量也较好。

3. 盘形铣刀

盘形铣刀分为错齿三面刃铣刀（图 5-36c）和槽铣刀。

槽铣刀只在圆柱表面上有刀齿，铣削时，为了减少两侧端面与工件槽壁的摩擦，两侧做有 30′ 的副偏角，一般用于加工浅槽。

薄片的槽铣刀也称锯片铣刀（图 5-36d），用于切削窄槽或切断工件。

三面刃铣刀在两侧端面上都有切削刃。

4. 立铣刀（图 5-36e）

其圆柱面上的切削刃是主切削刃，端面上的切削刃没有通过中心，是副切削刃，工作时不宜做轴向进给运动，一般用于加工平面、凹槽、台阶面以及利用靠模加工成形表面。

5. 键槽铣刀（图 5-36f）

键槽铣刀主要用于加工圆头封闭键槽。它有两个刀齿，圆柱面和端面上都有切削刃，端面切削刃延伸至中心，工作时能沿轴线做进给运动。

6. 模具铣刀（图 5-36g）

模具铣刀用于加工模具型腔或凸模成形表面，在模具制造中广泛应用，是钳工机械化的重要工具。它是由立铣刀演变而成的。硬质合金模具铣刀可取代金刚石锉刀和磨头加工淬火后硬度小于 65HRC 的模具，切削效率可提高几十倍。

7. 角度铣刀（图 5-36h）

角度铣刀一般用于加工带角度的沟槽和斜面，分单角铣刀和双角铣刀。单角铣刀的圆锥切削刃为主切削刃，端面切削刃为副切削刃；双角铣刀的两圆锥面上的切削刃均为主切削刃，它分为对称和不对称双角铣刀。

三、铲齿成形铣刀简介

成形铣刀是加工成形表面的专用刀具。与成形车刀类似，其刃形是根据工件廓形设计计算的。它具有较高的生产率，并能保证工件形状和尺寸的公差，因此得到广泛使用。成形铣刀按齿背形状可分为尖齿和铲齿两种。铲齿成形铣刀的刃形与后面是在铲齿车床上用铲刀铲齿获得的（图 5-37a）。

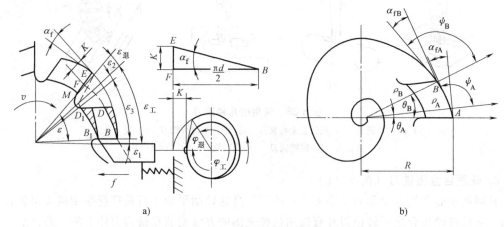

图 5-37　铲齿过程和重磨后铲齿成形铣刀的后角变化
a）铲齿过程　b）重磨后铲齿成形铣刀的后角变化

铲齿后所得的齿背曲线为阿基米德螺旋线。它具有下列特性。

1）由图 5-37a 可知，由铲齿车刀的顶刃和根刃分别铲出的 BD 和 B_1D_1 为径向等距线，其径向距离保持不变，沿铣刀前面重磨后，其形状保持不变。

2）如图 5-37b 所示，阿基米德齿背曲线的方程式可由图中的几何关系获得。重磨后，铣刀的直径（半径为 R）变化不大，所以 ψ 角变化很小，故后角变化也很小。

第五节　螺纹刀具

一、丝锥

丝锥是加工内螺纹的刀具，按用途和结构的不同，主要有手用丝锥、机用丝锥、螺母丝锥、锥形丝锥、板牙丝锥、螺旋槽丝锥、挤压丝锥、拉削丝锥等，如图 5-38 所示。

1. 丝锥的结构与几何参数

图 5-39 所示为丝锥的外形结构。

丝锥的参数包括螺纹参数与切削参数两部分。螺纹参数如大径 d、中径 d_2、小径 d_1、螺

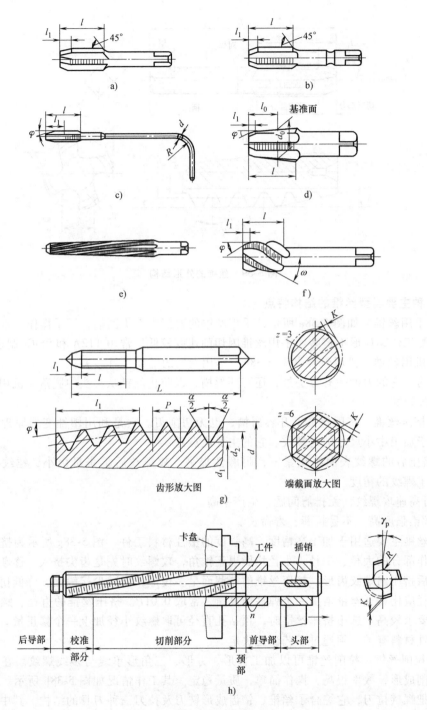

图 5-38 常用的几种丝锥

a) 手用丝锥 b) 机用丝锥 c) 螺母丝锥 d) 锥形丝锥
e) 板牙丝锥 f) 螺旋槽丝锥 g) 挤压丝锥 h) 拉削丝锥

距 P、牙型角 α 及螺纹旋向（一般为右旋）等，按被加工螺纹的规格来选择。切削参数如锥角 2φ、端截面前角 γ_p、后角 α_p、槽数 z 等，由被加工螺纹的精度、尺寸来选择。

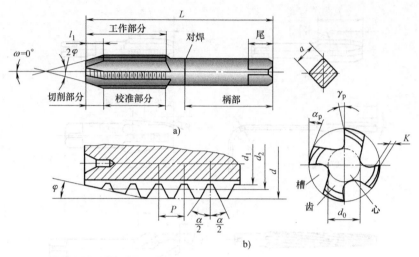

图 5-39 丝锥的外形结构

2. 几种主要类型丝锥的结构特点

（1）手用丝锥　如图 5-38a 所示，手用丝锥的刀柄为方头圆柄，用手操作，常用于小批和单件修配工作，齿形不铲磨。手用丝锥因切削速度较低，常用 T12A 和 9SiCr 制造。

（2）机用丝锥　机用丝锥（图 5-38b）是用专门的辅助工具装夹在机床上由机床传动来切削螺纹的，它的刀柄除有方头外，还有环形槽，以防止丝锥从夹头中脱落，机用丝锥的螺纹齿形均经铲磨。

（3）挤压丝锥　挤压丝锥不开容屑槽，也无切削刃。它是利用塑性变形原理加工螺纹的，可用于加工中小尺寸的内螺纹。它的主要优点是：

1）挤压后的螺纹表面组织紧密，耐磨性提高。攻螺纹后扩张量极小，螺纹表面被挤光，提高了螺纹的精度。

2）可高速攻螺纹，无排屑问题，生产率高。

3）丝锥强度高，不易折断，寿命长。

挤压丝锥主要适用于加工高精度、高强度的塑性材料工件，图 5-38g 所示为挤压丝锥的结构。工作部分的大径、中径、小径均做出正锥角，攻螺纹时先是齿尖挤入，逐渐扩大到全部齿，最后挤压出螺纹齿形。挤压丝锥的端截面呈多棱形，以减少接触面，降低扭矩。挤压丝锥的直径应比普通丝锥增加一个弹性恢复量，常取 $0.01P$。挤压丝锥的直径、螺距等参数制造精度要求较高。选用挤压丝锥时，预钻孔直径可取螺纹小径加上一个修正量。修正量的数值与工件材料有关，须通过工艺试验决定。

（4）拉削丝锥　拉削丝锥可以加工梯形、方形、三角形单线与多线螺纹。在卧式车床上一次拉削成形，效率很高，操作简单，质量稳定。其工作情况如图 5-38h 所示。拉削丝锥实质是一把螺旋拉刀，它综合了丝锥、铲齿成形铣刀及拉刀三种刀具的结构。其中螺纹部分的参数、切削锥角、校准部分的齿形等都属于梯形丝锥参数。后角、铲削量、前角及齿形角修正都按铲齿成形铣刀设计方法计算。头、颈和引导部分的设计均类似拉刀。

二、其他螺纹刀具

1. 板牙

板牙是加工和修整外螺纹的标准刀具之一，它的基本结构是一个螺母，轴向开出容屑槽以形成切削齿前面。因其结构简单,制造方便,故在小批量生产中应用很广。加工普通外螺纹常用圆板牙,其结构如图 5-40a 所示。板牙只能加工精度要求不高的螺纹。

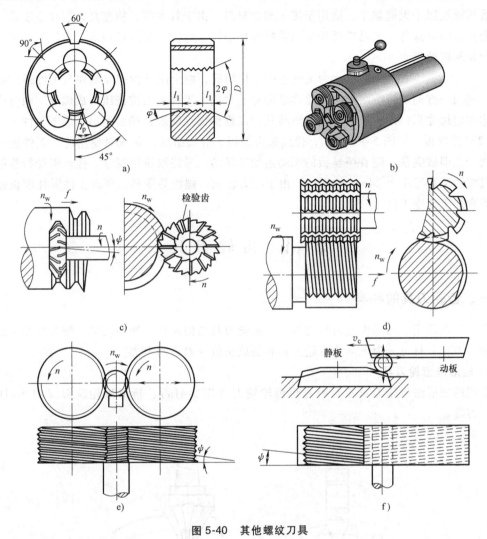

图 5-40 其他螺纹刀具

a) 圆板牙 b) 螺纹切头 c) 盘形螺纹铣刀 d) 梳形螺纹铣刀 e) 滚丝轮 f) 搓丝板

2. 螺纹切头

螺纹切头是一种组合式螺纹刀具,通常是开合式。图 5-40b 所示为加工外螺纹的圆梳刀螺纹切头,使用时可通过手动或自动操纵梳刀的径向开合。因此可在高速切削螺纹时快速退刀,生产率很高。梳刀可多次重磨,使用寿命较长。螺纹切头结构复杂,成本较高,通常在转塔、自动或组合机床上使用。

3. 螺纹铣刀

螺纹铣刀分为盘形(图 5-40c)、梳形(图 5-40d)与铣刀盘三类,多用于铣削精度不高的螺纹或对螺纹进行粗加工,但都有较高的生产率。铣刀盘是用硬质合金刀头高速铣削的螺纹刀具。常见的有内、外旋风铣削刀盘,刀盘轴线相对于工件轴线倾斜一个螺旋线导程角,刀盘高速旋转形成主运动。工件每转一周,旋风头沿工件轴线移动一个导程的距离为进给运动。螺纹表面是切削刃运动的轨迹与工件相对螺旋运动包络形成的。

4. 螺纹滚压工具

滚压螺纹属于无屑加工，适用于滚压塑性材料。由于效率高，精度高，螺纹强度高，工具寿命长，因此这种工艺已广泛用于制造螺纹标准件、丝锥、螺纹量规等。常用的滚压工具是滚丝轮和搓丝板。

（1）滚丝轮　图 5-40e 所示为滚丝轮的工作情况，两个滚丝轮螺纹旋向与工件螺纹旋向相反，向同一方向旋转。滚丝时动轮逐渐向静轮靠拢，工件表面被挤压形成螺纹。两轮中心距到达预定尺寸后，停止进给，继续滚转几圈以修整螺纹廓形，然后退出，取下工件。

（2）搓丝板　如图 5-40f 所示，搓丝板由动板、静板组成，是成对使用的。工件进入两板之间，立即被夹住，随着搓丝板的运动迫使其转动，最终滚压出螺纹。搓丝板受行程的限制，只能加工直径小于 24mm 的螺纹。由于压力较大，螺纹易变形，所以工件圆柱度误差较大，不宜加工薄壁工件。

第六节　齿轮刀具

一、齿轮刀具的种类

齿轮刀具是用于切削齿轮齿形的刀具。齿轮刀具结构复杂，种类较多。按齿形加工的工作原理，齿轮刀具可分为成形法齿轮刀具和展成法齿轮刀具两大类。

1. 成形法齿轮刀具

常用的成形法齿轮刀具主要有盘形齿轮铣刀（图 5-41a）、指形齿轮铣刀（图 5-41b）、齿轮拉刀等。

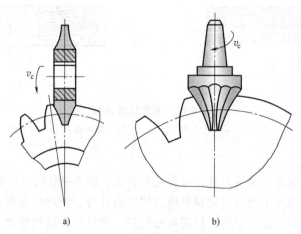

图 5-41　成形法齿轮铣刀
a）盘形齿轮铣刀　b）指形齿轮铣刀

当盘形齿轮铣刀前角为 0° 时，其刃口形状就是被加工齿轮的渐开线齿形。压力角为 20° 的直齿渐开线圆柱齿轮的盘形齿轮铣刀已标准化，每种模数备有 8 把铣刀（模数为 0.3～8mm）或 15 把铣刀（模数为 9～16mm）分别组成一套。

盘形齿轮铣刀也可加工斜齿圆柱齿轮，所用铣刀的模数和压力角应与被加工齿轮的法向模数和压力角相同,而刀号则由当量齿数 z_v 确定。

2. 展成法齿轮刀具

这类刀具是利用齿轮啮合原理加工齿轮的。切齿时,刀具就相当于一个齿轮,它与被加工齿轮做无侧隙啮合,工件的齿形是刀具齿形运动轨迹包络而成的。其加工齿轮的精度和生产率较高,刀具通用性好,生产中已被广泛使用。

这类刀具中最常用的有以下几种:

(1) 齿轮滚刀　可加工直齿、斜齿圆柱齿轮,生产率较高,应用最广泛。

(2) 蜗轮滚刀　用于加工各种蜗轮,需专门设计和制造。

(3) 插齿刀　常用于加工内外齿轮,还可加工台肩齿轮和外圆柱斜齿轮等。

(4) 剃齿刀　用于未经淬硬(<32HRC)的直齿、斜齿圆柱齿轮精加工。剃削齿轮前,需用专用的剃前滚刀或剃前插齿刀加工齿槽,并留有剃削余量。剃齿刀生产率高,在大批量生产中使用较多。

二、齿轮滚刀及其选用

齿轮滚刀是加工直齿和螺旋齿圆柱齿轮最常用的一种展成法刀具,利用螺旋齿轮啮合原理来加工齿轮。其加工范围广,模数为 0.1~40mm 的齿轮均可使用滚刀加工,且同一把齿轮滚刀可加工模数、压力角相同而齿数不同的齿轮。

1. 齿轮滚刀的基本蜗杆

齿轮滚刀相当于一个齿数很少、螺旋角很大,而且轮齿很长的斜齿圆柱齿轮,因此,其外形就像一个蜗杆。为了使这个蜗杆能起到切削作用,需要在其圆周上开出几个容屑槽(直槽或螺旋槽),形成很短的刀齿,产生前面和切削刃。

如图 5-42 所示,每个刀齿有两个侧刃和一个顶刃,同时,需对齿顶后面和齿侧后面进行铲齿加工,从而产生后角。但是,滚刀的切削刃必须保持在蜗杆的螺旋面上,这个蜗杆就是滚刀的铲形蜗杆,也称为滚刀的基本蜗杆。

而阿基米德蜗杆齿形在轴平面内的截形是直线,实质上是一个梯形螺纹,在端平面是阿基米德螺旋线;法向直廓蜗杆实质上是在法平面中具有直线齿形的梯形螺纹,其端平面是延伸渐开线,它们的几何特性如图 5-43 和图 5-44 所示。

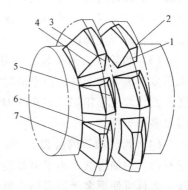

图 5-42　滚刀的基本蜗杆和切削要素

1—前面　2—顶刃　3、4—侧刃
5—齿顶后面　6、7—齿侧后面

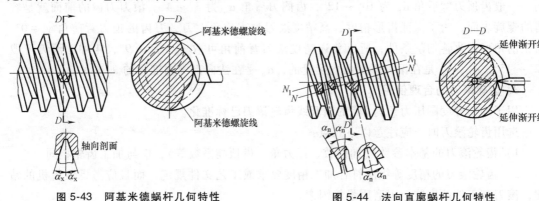

图 5-43　阿基米德蜗杆几何特性　　　图 5-44　法向直廓蜗杆几何特性

由于制造和检验较为方便，因此，实际生产中常采用阿基米德蜗杆或法向直廓蜗杆作为齿轮滚刀的基本蜗杆。这种以代用蜗杆作为滚刀基本蜗杆的设计方法称为滚刀的"近似造形法"。用阿基米德滚刀和法向直廓滚刀加工出来的齿轮齿形，理论上都不是渐开线，但是由于齿轮滚刀的分度圆柱上的螺旋升角很小，故加工出来的齿形误差也很小，尤其是阿基米德滚刀，不仅误差较小，而且误差的分布对齿形造成一定的修缘，有利于齿轮的传动。因此，一般精加工和小模数（$m \leqslant 10mm$）的齿轮滚刀，均为阿基米德滚刀；而粗加工和大模数齿轮加工多用法向直廓蜗杆滚刀，加工误差稍大。

2. 齿轮滚刀的有关参数

齿轮滚刀的有关参数及选用原则简述如下。

（1）齿轮滚刀的外径 d_e　滚刀的外径是一个重要的结构尺寸，它直接影响其他结构参数（如孔径、齿数等）的合理性、滚刀的精度和寿命、切削过程的平稳性以及滚刀的制造工艺性。滚刀外径可自由选定，但根据使用条件，应尽量增大滚刀外径。增大滚刀外径可增多滚刀的齿数，有利于减小齿面的包络误差和降低每齿的切削负荷；而且也可以增大滚刀内孔直径，采用直径较大的心轴，提高刚度。然而，外径过大，在制造、刃磨和安装上均有不便，还会增加切入时间，影响生产率。

（2）齿轮滚刀的长度 L　滚刀的最小长度应满足两个要求：①滚刀能完整地包络齿轮的齿廓；②滚刀边缘的刀齿负荷不应过重。此外，还应考虑滚刀两端边缘的不完整刀齿及使用中轴向窜刀等因素，适当增大滚刀的长度，滚刀轴台的长度 a 一般不小于 $4mm$，作为检验滚刀安装是否正确的基准。

（3）齿轮滚刀的头数　滚刀的螺旋头数对于滚刀的切齿效率和加工精度都有重要影响。采用多头滚刀加工时，由于同时参与切削的刀齿增加了，其生产率比单头滚刀高，但加工精度较低，常用于粗切。多头滚刀若适当增大外径、增加圆周齿数，也可提高加工精度。单头滚刀多用于精切。

（4）齿轮滚刀的齿数 z　滚刀的齿数关系到切削过程的平稳性、齿面加工质量和刀具使用寿命。增加齿数，不仅可减轻每个刀齿的切削负荷，有利于切削热的散发和切削温度的降低，而且可使更多个刀齿切出每一个齿形，形成的渐开线齿廓的包络线精度高，并可获得较小的表面粗糙度值，所以精加工齿轮用的滚刀齿数应比粗加工用得多。通常，Ⅰ型（大外径）滚刀齿数为 12~16 个，Ⅱ型（小外径）滚刀齿数为 9~12 个。

（5）前角 γ 和后角 α　为使滚刀重磨后齿形与齿高不变，刀齿的顶面及两侧都经过铲削，一般齿顶刃背后角 α_p 为 10°~12°，齿侧刃后角 α_o 为 3°~4°。滚刀刀齿的前面就是容屑的螺旋表面，为了保证齿形精度，高精度滚刀为零前角滚刀，刀齿的顶刃背前角 $\gamma_p = 0°$，而正前角可以改善切削条件，所以普通精度滚刀背前角可取 $\gamma_p = 7°~9°$，粗加工滚刀可取 12°~15°。α_p、γ_p 是在滚刀端剖面内度量的，α_o 是在法向剖面内度量的。

3. 齿轮滚刀的合理使用

用于加工分度圆压力角为 20°的渐开线齿轮滚刀已标准化。

选用齿轮滚刀时，应注意以下几点：

1) 齿轮滚刀的基本参数（如模数、压力角、齿顶高系数等），应与加工齿轮相同。

2) 齿轮滚刀的精度等级应符合加工精度要求或工艺文件规定，而且应考虑滚齿机的精度，滚刀与工件的安装、刃磨质量等因素。

3) 齿轮滚刀的旋向应尽可能与加工齿轮的旋向相同，以减小滚刀的安装角度，避免产生切削振动，提高加工精度和表面质量。

4) 滚刀类型按滚切工艺要求有粗滚、精滚、剃前与磨前滚刀等。粗滚刀可用双头，以提高生产率。精滚刀用单头阿基米德滚刀。中等模数用直槽整体式滚刀，模数大于 10mm 的可选用镶齿滚刀。成批生产可使用正前角滚刀，以增大切削用量。

三、蜗轮滚刀及其使用

蜗轮滚刀是利用蜗杆与蜗轮啮合原理切削蜗轮的专用刀具，一种规格的蜗轮滚刀只能加工一种相应类型与尺寸的蜗轮，如图 5-45 所示。

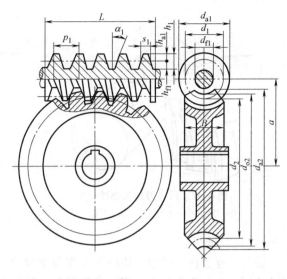

图 5-45 蜗杆滚刀的几何参数

蜗轮滚刀的切削方式有径向进给和切向进给两种方式，如图 5-46 所示。

图 5-46 蜗轮滚刀的进给方式
a) 径向进给　b) 切向进给

当小批量或单件生产蜗杆时，可采用蜗轮飞刀，飞刀相当于切向进给蜗轮滚刀的一个齿，结构简单，制造方便，如图 5-47 所示。

四、插齿刀及其使用

1. 插齿刀的结构

插齿刀工作时，实质上是应用两个啮合的圆柱齿轮相互对滚原理而切出齿形。它的形状如同圆柱齿轮，但具有前角、后角和切削刃。整个插齿刀可看作由无穷多的每片厚度无限小，且具有不同变位系数的薄片齿轮叠加而成，直齿插齿刀的刀齿如图 5-48 所示。

为了形成后角，以及重磨后齿形不变，插齿刀的不同端面就具有不同的变位系数的变位齿轮的廓形，如图 5-49 所示。

为了改善插齿刀的切削条件，要求插齿刀的顶刃和侧刃都具有一定的前角，可将前面磨成内凹的圆锥面，标准插齿刀顶刃的前角为 5°。

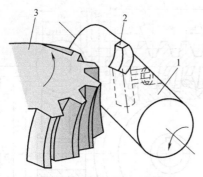
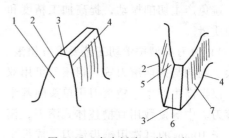

图 5-47 用飞刀加工蜗轮
1—刀杆 2—飞刀刀头 3—蜗轮

图 5-48 直齿插齿刀的刀齿
1—前面 2、4—侧切削刃 3—顶切削刃
5、7—侧后面 6—顶后面

插齿刀有了前、后角，切削刃在端面上投影（又称为铲形齿轮齿形）就不再是理论上正确的渐开线，而会产生一定的齿形误差，即齿顶处齿厚增大，齿根处齿厚减小。为了减小这些齿形误差，可适当增大插齿刀分度圆处的压力角，使刀齿在端面的投影接近于正确的渐开线齿形。

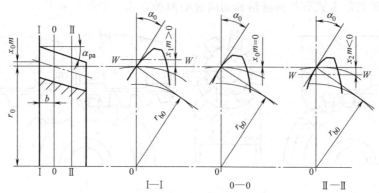

图 5-49 插齿刀不同端面的齿形

2. 插齿刀的选用

插齿刀实质上是一个变位齿轮，根据渐开线的啮合原理，一个齿轮可以与标准齿轮啮合，也可以与变位齿轮啮合，因此，同一把插齿刀可以切削任意齿数的标准齿轮和变位齿轮。

标准直齿插齿刀按其结构特点，可分为盘形、碗形和整体锥柄型三种类型。

选用插齿刀时，首先应根据加工齿轮的类型和精度等级选择与之相应的插齿刀类型和精度等级，然后再选择插齿刀的各种参数，即模数、压力角和齿顶高系数，并与加工齿轮一致。

五、齿轮滚刀和插齿刀的发展方向

1. 加工硬齿面的硬质合金滚刀

这种滚刀采用焊接式结构，刀体选用合金结构钢或合金工具钢，刀片选用优质硬质合金。加工硬齿面的硬质合金滚刀，设计成大负前角，通常为 -10°~-30°，以减小切入时对刀齿的冲击。滚刀的容屑槽为直槽，外径和孔径都较大，刚性好，可减少切削振动。硬滚切工艺对滚齿机传动系统的刚性要求较高，使用时应充分注意。同样，也有这种特点的加工硬齿面的插齿刀。

2. 硬质合金可转位（不重磨）插齿刀

这种插齿刀由两部分组成，即夹持部分（即刀体、压板、螺钉等）和切削部分（硬质合金可转位刀片）。插齿刀的变位系数、顶刃和侧刃的后角等均采用优化方法确定，组装好的插齿刀可按常规方法安装在插齿机的主轴上。当刀片达到磨损标准后，只需更换刀片，刀具尺寸和几何参数都不变，不需重新调整机床，这样大大提高了生产率和加工质量。

3. 涂层齿轮滚刀和插齿刀

近年来，涂层刀具的应用越来越广，而且越来越显示出优良的性能。尤其对于高速工具钢齿轮滚刀和插齿刀的改进和发展更为突出。这些齿轮刀具经 TiN 涂层后，齿形精度基本不变，而刀具寿命提高 5~10 倍，有的甚至高达 20 倍，即使重磨后，其寿命仍比未涂层刀具提高 3~5 倍。这是齿轮刀具发展的一个重要方向。

第七节 磨 具

磨削加工是用高速回转的砂轮或其他磨具以给定的背吃刀量，对工件表面进行加工的方法。根据工件被加工表面的形状和砂轮与工件之间的相对运动，磨削主要有外圆、内圆、平面磨削和无心磨削等几种主要加工类型。

根据磨具的基本形状和使用方法，磨具主要包括砂轮、磨石、砂瓦、抛光轮等，其中砂轮是应用最广泛、最重要的磨削工具。

一、砂轮的特性及其选择

1. 磨料

磨料分天然磨料和人造磨料两大类。天然磨料为金刚砂、天然刚玉、金刚石等。目前常用的磨料大多为人造磨料，可分为氧化物系（主要成分为 Al_2O_3，又称刚玉）、碳化物系（主要以碳化硅、碳化硼为基体）和超硬材料（主要有人造金刚石和立方氮化硼等）。

2. 粒度

粒度表示磨料颗粒的大小。通常把磨料粒度按大小分为磨粒和微粉两类。颗粒尺寸大于 $40\mu m$ 的磨料称为磨粒，用机械筛分法决定其粒度号。号数就是该种颗粒刚能通过的筛网号，即每 1in（25.4mm）长度上的筛孔数，粒度号为 F4~F220。

磨料的粒度将直接影响磨削表面质量和生产率。砂轮粒度的选择原则是：

1）精磨时，应选用粒度号较大的砂轮，以减小加工表面粗糙度值；粗磨时，应选用粒度号较小的砂轮，以提高磨削效率。

2）砂轮速度较高时，或砂轮与工件接触面积较大时，应选用粗粒度的砂轮，以减少同时参加磨削的磨粒数，避免磨削热量过大而引起工件表面烧伤。

3）磨削软而韧的金属时，宜选用粒度号较小的砂轮，以增大容屑空间，避免砂轮过早堵塞；磨削硬而脆的金属时，宜选用粒度号较大的砂轮，以增加同时参加磨削的磨粒数，提高生产率。

3. 结合剂

砂轮的结合剂将磨粒粘结起来，使砂轮具有一定的形状和强度，且对砂轮的硬度、耐冲击性、耐蚀性、耐热性及砂轮寿命有直接影响。

常用的结合剂有树脂或其他热固性有机结合剂（B）、橡胶结合剂（R）、陶瓷结合剂（V）等。此外，还有金属结合剂（M），主要用于金刚石砂轮。

4. 硬度

砂轮的硬度是指在磨削力作用下，磨粒从砂轮表面脱落的难易程度。它主要取决于磨粒与结合剂的粘固强度，而与磨粒本身的硬度是两个不同的概念。砂轮硬度高，磨粒不易脱落；硬度低，则反之。砂轮的硬度从低到高分为超软、很软、软、中、硬、很硬、超硬七个等级。

一般来说，砂轮组织较疏松时，硬度低些；树脂结合剂的砂轮，硬度比陶瓷结合剂低些。砂轮硬度的选用原则为：

1）工件材料越硬，应选用越软的砂轮。因为硬材料易使磨粒磨损，使用较软的砂轮可以使磨钝的磨粒及时脱落。

2）砂轮与工件磨削接触面积大时，磨粒参加切削的时间较长，较易磨损，应选用较软的砂轮。

3）半精磨与粗磨相比，应选用较软的砂轮，以免工件发热而烧伤表面，但精磨或成形磨削时，为使砂轮廓形保持较长时间，则应选用较硬的砂轮。

5. 组织

砂轮的组织表示砂轮中磨料、结合剂、气孔三者之间的比例关系。磨料在砂轮体积中所占的比例越大，砂轮的组织越紧密，气孔越少；反之，则组织疏松。

组织号越大，磨料所占的体积越小，砂轮越疏松，因气孔越多越大，砂轮就不易被切屑堵塞，切削液和空气也易进入磨削区域，改善散热条件，减小工件因发热而引起的变形和烧伤现象。但疏松类砂轮，因磨粒含量少，容易失去正确的廓形，降低成形表面的磨削精度，增大表面粗糙度值。

二、砂轮的形状、尺寸及用途

根据不同的用途、磨削方式和磨床类型，将砂轮制成各种形状和尺寸，并已标准化。不同砂轮的型号、形状及用途见表5-3。

表5-3 不同砂轮的型号、形状及用途

名称	平形砂轮	双斜边砂轮	双面凹一号砂轮	筒形砂轮	杯形砂轮	平形切割砂轮	碗形砂轮	碟形砂轮
型号	1	4	7	2	6	41	11	12
形状								
用途	用于外圆磨、内圆磨、平面磨、无心磨、工具磨、砂轮机等	主要用于磨削齿轮齿面和单线螺纹	可用于外圆磨和刃磨刀具，也可用于无心磨	主要用于立式平面磨床	主要用于刃磨刀具，也可用于外圆磨	适用于切断和切槽等	常用于刃磨刀具，也用于导轨磨削	适用于磨削铣刀、铰刀、拉刀等

三、金刚石砂轮和立方氮化硼砂轮

1. 金刚石砂轮

金刚石砂轮的结构由基体、过渡层和磨料层（又称工作层）组成。金刚石砂轮常用的磨料是人造金刚石，具有优良的磨削性能，一般适用于磨削超硬、脆性材料，如硬质合金、玻璃、陶瓷以及半导体等。用金刚石砂轮磨削的硬质合金刀具，表面粗糙度值小，刃口锋利，表面残余应力小，无裂纹，刀具的使用寿命比用碳化硅砂轮磨削高1~3倍，且砂轮消耗量很小，生产率比碳化硅砂轮高五倍以上。

2. 立方氮化硼砂轮

立方氮化硼砂轮的结构和金刚石砂轮相似，由基体、过渡层和磨料层组成。它的硬度仅次于金刚石，耐热性和化学稳定性优于金刚石。立方氮化硼砂轮填补了金刚石砂轮不宜加工的范围，主要用于磨削各种超硬高速工具钢、高强度钢、耐热钢和钛合金等难加工材料。

第八节　自动化加工中的刀具

一、自动化加工对刀具的要求

1. 刀具应有高的可靠性和寿命

刀具的可靠性是指刀具在规定的切削条件和时间内，完成额定工作的能力。刀具的切削性能要稳定可靠，加工中不会发生意外的损坏，刀具应具备合适的卷屑或断屑装置，以便在加工塑性材料时能可靠地卷屑或断屑，利于切屑的自动排出。刀具寿命是指在保持加工尺寸精度条件下，一次调刀后使用的基本时间。刀具寿命应定得高些，以减少换刀次数。同一批刀具的切削性能和寿命不得有较大差异。

2. 切削性能好，适应高速要求

现代各种数控机床的转速向着高速度的方向发展，因此刀具必须有承受高速切削和较大进给量的能力。对于数控镗铣床，应尽量采用高效铣刀和可转位钻头等先进刀具。若采用高速工具钢刀具应尽量用整体磨制后再经涂层的刀具。要多采用涂层硬质合金刀具、陶瓷刀具和超硬刀具等高性能材料的刀具，以充分发挥数控机床的效能。

3. 刀具结构应能预调整刀具尺寸和便于刀具快速更换

为适应自动化加工的高精度和快速自动换刀的要求，刀具的径向尺寸或轴向尺寸在结构上应允许预调，并能保证刀具装上机床后不需任何附加调整即可切出合格的工件尺寸。经过机外预调尺寸的刀具，应能与机床快速、准确地接合和脱开，并能适应机械手或机器人操作。

4. 尽量减少刀具品种和规格

一般采用各种复合刀具和模块化组合式刀具，力求使刀具标准化、系列化、通用化，可减少刀具品种的数量，便于刀具的管理，同时又提高了生产率。

5. 应配有刀具磨损和破损在线监测装置

通过这种装置测出刀具的磨损、破损状态，再由计算机发出调整或更换刀具的指令，保证加工质量和生产的正常进行。

6. 应有刀具管理系统

对于加工中心（MC）和柔性制造系统（FMS）等自动化设备，每台加工中心都有刀库，有的还有缓冲刀库，整个系统还有中心刀库，所以刀具的数量很多，应有刀具管理系统。

二、刀具尺寸预调和工具系统

1. 刀具尺寸预调

一般需预调的尺寸包括：车刀的径向尺寸或轴向尺寸以及刀具高度位置；镗刀的径向尺寸；铣刀和钻头的轴向尺寸等。所以这些刀具的结构必须允许进行尺寸预调。

如图 5-50 所示，车刀 1 可通过其后面的螺钉 2 调整径向尺寸，斜块 4 向右移动使车刀固定，向左可以松开车刀，实现车刀的快换。

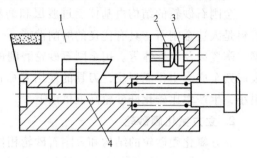

图 5-50 可调长度的车刀
1—车刀 2—螺钉 3—限位块 4—斜块

图 5-51 所示为利用接长杆 2 上的螺母调整钻头的轴向尺寸，调好后，用螺钉 1 紧固。镗刀和铣刀的尺寸预调与检测一般使用专用的调刀仪。

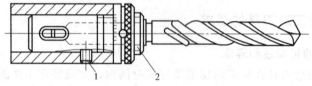

图 5-51 轴向尺寸可调的刀柄结构
1—螺钉 2—接长杆

精度要求高的可用光学测量式调刀仪，图 5-52 所示为单工位立式刀具预调仪，检测时将刀尖对准光学屏幕上的十字线，可读出刀具半径 R 值。它的分辨力为 $0.5\mu m$，重复精度为 $\pm 2\mu m$。预调仪和计算机相连，可将所测刀具的尺寸储存起来，供 FMS 调用刀具时使用。

2. 工具系统

（1）镗铣加工中心用工具系统 模块式镗铣类工具系统结构有多种，图 5-53 所示为其中常用的一种工具系统的结构。

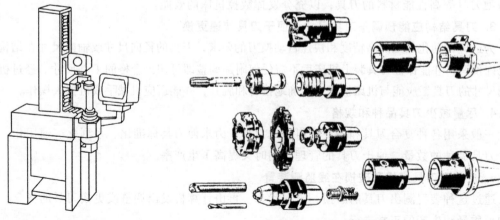

图 5-52 单工位立式刀具预调仪　　图 5-53 模块式镗铣类工具系统

我国生产的"TMG21""TMG53"模块式工具系统连接结构如图5-54所示。

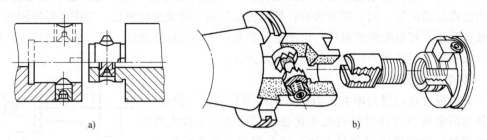

图5-54 模块式工具系统连接结构
a) TMG21工具系统 b) TMG53工具系统

（2）车削加工中心用工具系统 图5-55所示为车削加工中心用工具系统的部分结构。

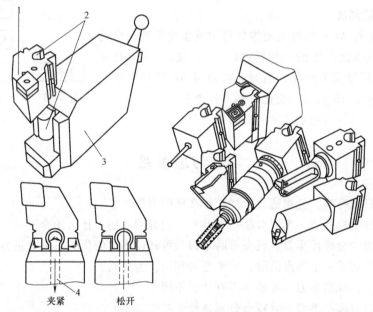

图5-55 车削加工中心用工具系统的部分结构
1—切削头 2—连接部分 3—刀体 4—拉杆

三、刀具管理系统简介

柔性自动化加工中刀具配备的数量很多，必须加强管理，以便及时、准确地对指定的机床提供适用的刀具。其准则是：刀具供应及时，通过时间短，刀具存储量少及组织费用少。

柔性制造系统的刀具管理系统由硬件和软件两部分组成。硬件部分主要包括机床刀库、中央刀库、刀具预调仪、刀具输送装置、计算机工作站、条形码阅读机以及刀具磨损和破损在线监控系统等。软件部分主要包括刀具数据库、刀具在线实时动态管理模块及线外管理模块等。

四、刀具状态的在线监测

在线监测刀具状态的方法很多，一般可分为直接和间接监测法两种。直接监测法有：电阻监测法、刀具工件间距监测法、射线监测法、微结构镀层法、光学监测法、放电监测法、计算机图像处理法等。间接监测法有：切削力监测法、声发射监测法、功率信号监测法、振动信号监测法、切削温度监测法、电流信号监测法、热电压监测法、工件表面粗糙度监测法等。下面简单介绍切削力监测法和声发射监测法。

1. 切削力监测法

刀具磨损导致切削力增大，刀具破损则引起切削力骤变。但工件切削余量不均和材料硬度变化也使切削力发生较大改变，为避免监测时的错误信号干扰，可采用切削分力比值变化和比值的变化率作为监测信号。它是一种效果较好的监测方法。这种方法的缺点是要在机床上装测力传感器，需要改变机床部件的结构。

2. 声发射监测法

声发射（简称AE）信号是固体材料中发生变形或破损时快速释放出的应变能产生的一种弹性波（AE波），在刀具发生磨损时，AE信号发生变化，当刀具破损时AE信号变化更为明显，因此可用AE信号的变化监测刀具破损。

图 5-56 所示为声发射法监测刀具破损原理。

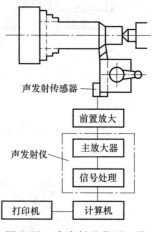

图 5-56　声发射法监测刀具破损原理

习题与思考题

1. 刀具材料有哪些？分别适合于加工什么样的零件？
2. 按用途和结构分类，车刀有哪些类型？它们分别适用于什么场合？
3. 试对硬质合金焊接车刀、机夹重磨车刀和可转位车刀的优点、缺点进行比较。
4. 成形车刀切前刃上各点的前、后角是否相同，为什么？
5. 在使用中，成形车刀与普通车刀有什么不同？
6. 成形车刀有哪些类型？其特点分别是什么？
7. 内螺纹加工和外螺纹加工分别有哪些刀具？试说明各自的特点。
8. 试说明孔加工刀具的类型及其用途。定尺寸孔加工刀具有哪些？
9. 普通镗刀与浮刀镗刀的结构有何不同？它们对孔加工的尺寸精度、位置精度、形状精度分别有什么影响？
10. 说明拉削加工的概念及工艺范围。试比较分层、分块及组合拉削的特点。
11. 拉刀由哪些部分组成？各部分有什么作用？
12. 圆孔拉刀在使用中应注意哪些问题？
13. 什么是孔加工复合刀具？它有哪些特点？
14. 齿轮加工方式有哪些？其工艺范围分别是什么？
15. 齿轮滚刀有哪些主要参数？如何合理地选择齿轮滚刀？
16. 滚刀的前、后角是怎样形成的？
17. 简述插齿刀的工艺范围。
18. 砂轮有哪些类型？如何选择砂轮的粒度？若选择不当会造成什么后果？

参 考 文 献

[1] 李庆余，孟广耀，岳明君. 机械制造装备设计［M］. 4 版. 北京：机械工业出版社，2018.
[2] 戴曙. 金属切削机床［M］. 北京：机械工业出版社，2003.
[3] 顾维帮. 金属切削机床概论［M］. 北京：机械工业出版社，2004.
[4] 乐兑谦. 金属切削刀具［M］. 2 版. 北京：机械工业出版社，2011.
[5] 王正刚. 机械制造装备及其设计［M］. 南京：南京大学出版社，2012.
[6] 张芙丽，张国强. 机械制造装备及其设计［M］. 北京：国防工业出版社，2011.
[7] 王越. 现代机械制造装备［M］. 北京：清华大学出版社，2009.
[8] 黄鹤汀. 机械制造装备［M］. 3 版. 北京：机械工业出版社，2017.
[9] 孟庆鑫，王晓东. 机器人技术基础［M］. 哈尔滨：哈尔滨工业大学出版社，2006.